矢算场论札记

梁昌洪 著

科学出版社
北京

内 容 简 介

本书试图在数学和工程实际之间架起一座桥梁，给广大的初学者和工程技术人员提供重要的基本概念、清晰的数学构架、重要的方法工具和典型的应用范例。大量的物理场，包括数量场、矢量场和张量场是本书的研究对象；Hamilton 算子是描述场与空间相互作用的统一工具；而各种不同的坐标系则是场发挥作用的不同场合。于是，场、算子和坐标系构成了本书的主要内容。本书从最基本的矢量概念讲述到高维 Stokes 定理，内容上的大跨度可以适合各类读者的需要。书后完备的附录也给广大工程技术人员带来很大的方便。

本书适合广大理工科的本科生和研究生学习使用，对于相关专业的科技人员也将是十分有益的入门读物和工具书。

图书在版编目(CIP)数据

矢算场论札记/梁昌洪著. —北京：科学出版社，2007
ISBN 978-7-03-019889-1

Ⅰ.矢… Ⅱ.梁… Ⅲ.矢量—研究 Ⅳ.O183.1

中国版本图书馆 CIP 数据核字(2007)第 136814 号

责任编辑：余 丁 吴伶伶 / 责任校对：陈玉凤
责任印制：赵 博 / 封面设计：陈 敬

科学出版社 出版
北京东黄城根北街 16 号
邮政编码：100717
http://www.sciencep.com

固安县铭成印刷有限公司印刷
科学出版社发行 各地新华书店经销

*

2007 年 9 月第 一 版 开本：720×1000 1/16
2025 年 1 月第十二次印刷 印张：11 3/4
字数：224 000
定价：99.00 元
(如有印装质量问题，我社负责调换)

前　　言

在当前工科教学中,一个较为普遍的问题是不少学生所学到的数学基础不善于甚至不会在工程实践中应用。这一情况使我们认真地反思:工程数学必须考虑数学和工程两个方面。本书的初衷即试图在数学和工程实际之间架起一座紧密的桥梁,给广大的初学者和工程技术人员提供浅显的入门概念、清晰的数学框架、重要的方法工具和典型的应用范例。

本书的核心主题是场。而场本身几乎都是从物理、化学和工程实践中抽象出来的:不论是温度场、气压场、风场、电场和磁场均可以概括为数量场、矢量场乃至张量场,场是本书的研究对象和最重要的概念。

Hamilton算子∇是描写场和空间相互作用的统一工具。本书强调要完整地研究一个矢量场必须引入场的散度($\nabla \cdot$)和旋度($\nabla \times$),而且只需引入散度和旋度。它和矢量的点积($\cdot$)和叉积($\times$)有着奇妙的对应。事实上,由此深入可以扩展到更为一般地算子理论。算子反映更普遍的背景即变换(transformation)。而在大量的工程实践中变换的思想则渗透到各方面。抓住这一枢纽,一切问题即迎刃而解了。

由于实际问题的几何结构不同,我们必然会遇到不同的坐标系。它正是算子和场相互作用的不同"舞台"。"舞台"可以变化,但作用的本质却保持不变。算子和场在不同坐标系中的表达仅仅是表象的差异。综上所述,场、算子和坐标系构成了本书的主要框架。

本书采用札记形式。它的最大好处在于可以灵活方便地表达作者本人对于概念的思考、问题的理解甚至学习的困惑。我们试图从讲台上走下来,摘掉"教人的面具",和读者平起平坐,一起探讨问题的奥秘。当然,一切事物都存在两重性:札记也带来了某些方面论述的不完善和不成熟。但是与它带来的好处相比,这样的代价是完全值得的。

本书从最基本的矢量概念开始,一直论述到高维Stokes定理,其中的跨度可以适合各类读者的需要。而放在书末的完备附录,也给广大工程科技工作者带来极大的便利。

本书反映作者对于工程数学的一种粗略理解和大胆尝试。不可避讳的事实是当前各类工程数学书籍已如汗牛充栋,不计其数。为了能在这百花园内取得一席之地,并得到读者的认同,一条值得探索的道路是与工程应用更为紧密。因为长期的实践已表明:对于数学的应用层面,最为重要的问题并不在于多深,而在于对基本工程数学问题的牢固掌握乃至得心应手地应用。

虽然本书经历了一系列的教学实践,但它肯定包含了很多缺点和不足。作者热诚期望来自各方专家和读者的批评指正,以使本书质量进一步提高。

目　　录

前言
第一章　矢量 ··· 1
   1.1　矢量的数乘和加法 ·· 1
   1.2　矢量的点积 ·· 4
   1.3　矢量叉积 ·· 8
   1.4　矢量的复杂运算 ··· 11
      附录　关于矢量除法 ··· 13
第二章　矢量分析 ··· 16
   2.1　标量函数和矢量函数 ·· 16
   2.2　矢端曲线 ·· 16
   2.3　矢量函数的导数和微分 ·· 17
   2.4　矢量导数的应用 ··· 20
   2.5　矢量函数的积分 ··· 24
   2.6　复矢量函数 ·· 26
第三章　场 ··· 28
   3.1　数量场 ·· 28
   3.2　矢量场 ·· 30
   3.3　Hamilton 算子 ··· 33
   3.4　坐标单位矢 ·· 34
      附录　坐标系转换关系 ··· 36
第四章　梯度 ··· 38
   4.1　$\hat{l}$ 的方向余弦 ·· 38
   4.2　方向导数 $\dfrac{\partial u}{\partial l}$ ················· 38
   4.3　梯度 ··· 40
   4.4　最速下降法 ·· 44
第五章　曲线和曲面积分 ·· 47
   5.1　曲线积分 ·· 47
   5.2　曲面积分 ·· 55

第六章 散度 ······ 61
- 6.1 通量 Ψ ······ 61
- 6.2 Gauss 定理 ······ 65
- 6.3 散度 $\nabla \cdot \vec{A}$ ······ 68
- 6.4 平面场散度 ······ 71

第七章 旋度 ······ 77
- 7.1 旋量 Γ ······ 77
- 7.2 Stokes 定理 ······ 82
- 7.3 旋度 ······ 83
- 7.4 二维旋度 ······ 86

第八章 ∇ 算子理论 ······ 87
- 8.1 矢径 $\vec{r}$ ······ 88
- 8.2 ∇ 算子的两重性 ······ 91
- 8.3 积分变换 ······ 95

第九章 调和场 ······ 97
- 9.1 有位场 ······ 97
- 9.2 管形场 ······ 102
- 9.3 调和场 ······ 107
- 9.4 矢量场定理 ······ 112

第十章 正交曲线坐标系 ······ 114
- 10.1 正交曲线坐标系 ······ 114
- 10.2 弧微分 ······ 115
- 10.3 柱、球坐标系 ······ 118
- 10.4 曲线坐标的算子表示式 ······ 121

第十一章 张量初步 ······ 129
- 11.1 张量概念 ······ 129
- 11.2 张量代数 ······ 130
- 11.3 张量分析 ······ 135
- 11.4 高阶张量 ······ 137

第十二章 高维微积分基本定理 ······ 138
- 12.1 三维微积分 ······ 138
- 12.2 外微分形式和外乘积 ······ 139

12.3 外微分运算·· 143
12.4 梯度、散度和旋度与外微分算子······························ 148
12.5 高维微积分基本定理··· 150

主要参考文献 ·· 153
附录 1　坐标系 ··· 154
附录 2　矢量运算 ··· 165
附录 3　梯度、散度和旋度 ······································· 168
附录 4　矢量分析公式 ··· 170
附录 5　Helmholtz 定理 ·· 178

第一章 矢 量

矢量和矢量理论有广泛的应用背景和深刻的物理意义。

Newton 力学中的力 $\vec{F}$、速度 $\vec{v}$ 和加速度 $\vec{a}$ 都是矢量。

Maxwell 电磁理论中电场 $\vec{E}$、$\vec{D}$,磁场 $\vec{H}$、$\vec{B}$ 和电流 $\vec{J}$ 也是矢量。

信息工程中语音、图像和编码均可以采用高维矢量。

最初的矢量,又称向量,它是由现实世界的三维空间中抽象出来的,空间中任意一点 P,均可以用有序独立的三个数 (P_1, P_2, P_3) 表示确定,记为

$$\vec{r}_1 = \overrightarrow{OP} = (P_1, P_2, P_3) \tag{1-1}$$

式中,O 为标准起始点。矢量有几个最重要的概念:

<u>矢量相等</u>:若

$$\vec{r}_1 = \overrightarrow{OP} = (P_1, P_2, P_3)$$
$$\vec{r}_2 = \overrightarrow{OQ} = (Q_1, Q_2, Q_3) \tag{1-2}$$

满足 $P_1 = Q_1, P_2 = Q_2, P_3 = Q_3$ 则可称

$$\vec{r}_1 = \vec{r}_2 \tag{1-3}$$

<u>$\vec{0}$ 矢量</u>:若表示矢量的三个独立有序数均为 0,即

$$\vec{0} = (0, 0, 0) \tag{1-4}$$

作为一个完备的矢量理论体系,必须定义 $\vec{0}$ 矢量。

1.1 矢量的数乘和加法

矢量的数乘和加法是矢量体系的最基本运算。

【定义】 矢量数乘表示一数字 k 与矢量 $\vec{r}$ 的乘积,它是三个独立有序数分别乘以 k,有

$$k\vec{r} = (kP_1, kP_2, kP_3) \tag{1-5}$$

【定义】 矢量的加法(或减法)是三个独立有序数,分别相加(或相减),即

$$\vec{r}_1 \pm \vec{r}_2 = (P_1 \pm Q_1, P_2 \pm Q_2, P_3 \pm Q_3) \tag{1-6}$$

矢量理论与几何、物理结合的关键步骤是在空间引入笛卡儿坐标系和单位矢量,如图 1-1 所示。

可以用笛卡儿坐标系的 (x, y, z) 三个有序独立数表示 $\vec{r}$,这时的 $\vec{r}$ 称为矢径。

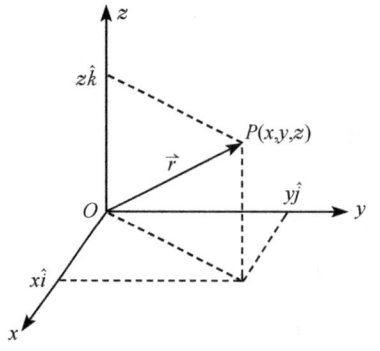

引入 x,y,z 三个方向的单位矢 $\hat{i},\hat{j}$ 和 $\hat{k}$，根据数乘法则可以写出

$$\vec{r} = x\hat{i} + y\hat{j} + z\hat{k} \tag{1-7}$$

而把 r 表示矢量的模或长度，即

$$r = |\vec{r}| = \sqrt{x^2 + y^2 + z^2} \tag{1-8}$$

且有

$$|\hat{i}| = |\hat{j}| = |\hat{k}| = 1 \tag{1-9}$$

图 1-1 笛卡儿坐标系和三维矢量 $\vec{r}$

单位矢的引入是矢量理论思想上的一次突破，它表示一组基（base），任何矢量都可以是基的线性组合。这一思想可以扩展到任意函数可以表达为基函数线性组合的泛函分析。

坐标系的引入在矢量分析理论中突现了几何的形象化（尽管对高维矢量，几何化不得不带有抽象的成分）。

这时，当 $k>0$，$k\vec{A}$ 表示与 $\vec{A}$ 同方向的矢量；而当 $k<0$，则 $k\vec{A}$ 表示与 $\vec{A}$ 反方向的矢量，如图 1-2 所示。

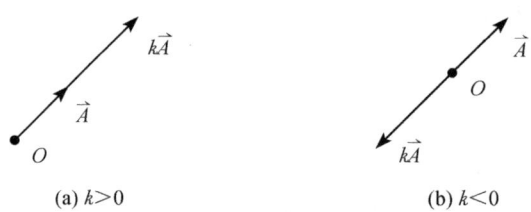

(a) $k>0$ (b) $k<0$

图 1-2 矢量数乘的几何图像

矢量求和在引入坐标系之后满足平行四边形法则——它与力学实验是完全吻合的，即有两个力 $\vec{F}_1$ 和 $\vec{F}_2$ 作用于某物体的同一点上，则合力 $\vec{F}$ 是以 $\vec{F}_1$ 和 $\vec{F}_2$ 为邻边的平行四边形对角线，记为

$$\vec{F} = \vec{F}_1 + \vec{F}_2 \tag{1-10}$$

如图 1-3 所示。

由此可见，矢量加法与物理矢量的实验背景是密切相关的，可以将此进一步推广到三角形法则。

如果在第一个矢量 $\vec{F}_1$ 的终点上开始画出第二个矢量的起点 $\vec{F}_2$，则和矢量 $\vec{F}$ 的起点是第一个矢量的起点，而终点则是第二个矢量的终点，如图 1-4 所示。

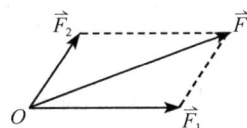
图 1-3 矢量相加的平行四边形法则

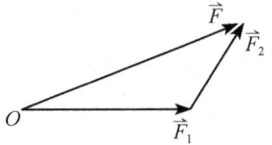
图 1-4 矢量求和的三角形法则

表面看来，矢量求和的三角形法则与平行四边形法则完全等价，但三角形法则的最大优点在于它可以推广到 n 个矢量求和的多边形法则。

当 n 个矢量首尾相接，则总的和矢量是从第一个矢量的起点到第 n 个矢量的终点所构成，如图 1-5 所示。

完全类似，矢量减法如图 1-6 所示，其中，(a) 表示减法的平行四边形法则；(b) 表示减法的三角形法则。必须注意，差矢量的箭头指向被减矢量。

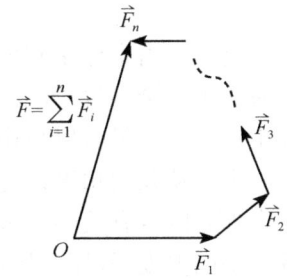
图 1-5 n 个矢量求和的多边形法则

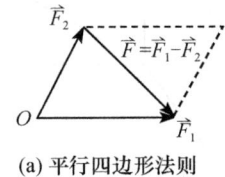
(a) 平行四边形法则

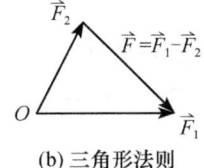
(b) 三角形法则

图 1-6 矢量减法

现在具体研究两个矢量：$\vec{F}_1 = x_1\hat{i} + y_1\hat{j} + z_1\hat{k}$ 和 $\vec{F}_2 = x_2\hat{i} + y_2\hat{j} + z_2\hat{k}$，则可写出

$$\vec{F}_1 - \vec{F}_2 = (x_1 - x_2)\hat{i} + (y_1 - y_2)\hat{j} + (z_1 - z_2)\hat{k} \quad (1\text{-}11)$$

于是

$$|\vec{F}_1 - \vec{F}_2| = \sqrt{(x_1 - x_2)^2 + (y_1 - y_2)^2 + (z_1 - z_2)^2} \quad (1\text{-}12)$$

表示空间两点的距离，这一距离思想亦可进一步发展为函数距离和函数逼近。

数乘和加法满足表 1-1 所示的性质。

表 1-1 矢量数乘和加法性质

矢量数乘	(1) $\lambda(\mu\vec{A}) = (\lambda\mu)\vec{A}$ (2) $(\lambda+\mu)\vec{A} = \lambda\vec{A} + \mu\vec{A}$ (3) $\lambda(\vec{A}+\vec{B}) = \lambda\vec{A} + \lambda\vec{B}$	结合律
矢量加法	(1) $\vec{A} + \vec{B} = \vec{B} + \vec{A}$ (2) $(\vec{A}+\vec{B}) + \vec{C} = \vec{A} + (\vec{B}+\vec{C})$	交换律 结合律

在矢量理论中,矢量的表示与具体坐标系相关,而矢量的本质却与坐标无关。因此提出自由矢量概念。

如果 $Oxyz$ 坐标系和 $O'x'y'z'$ 坐标是由常矢量 $\vec{b}$ 平移而成的,即有

$$\vec{r} = \vec{r}' + \vec{b} \tag{1-13}$$

则可认为 $\vec{r}$ 和 $\vec{r}'$ 对应空间同一点,且有

$$\vec{r}_2 - \vec{r}_1 = \vec{r}'_2 - \vec{r}'_1 \tag{1-14}$$

进一步由坐标系和矢量的相对运动性可以认为:同一矢量(空间点)的不同坐标系表示完全等价于同一坐标系矢量的自由平移——此即自由矢量。简单说来,在坐标系中矢量可以自由平移,可认为是同一矢量,如图 1-7 所示。

上面从几何角度讨论矢量,现在可以进一步向物理工程领域做出推广:凡是与三个独立因素有关的物理量均可以采用三维矢量表示。例如,在大大简化的气象领域中的温度、气压和风速(率)即构成物理中的三维矢量,如图 1-8 所示。

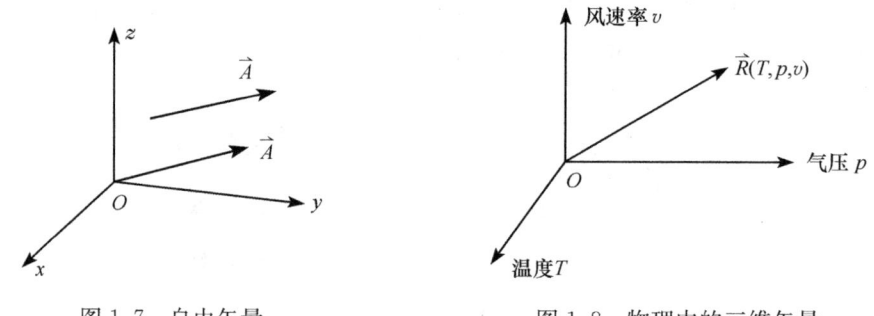

图 1-7 自由矢量　　　　图 1-8 物理中的三维矢量

由此,物理量可以分类为标量、矢量和二阶张量等。

1.2 矢量的点积

点积 $\vec{A} \cdot \vec{B}$ 表示两个矢量之间的一种数量相互作用。

【定义】 矢量 $\vec{A}$ 和 $\vec{B}$ 的点积是一个数量,且有

$$\vec{A} \cdot \vec{B} = |\vec{A}||\vec{B}|\cos\theta \tag{1-15}$$

式中,θ 为两个矢量之间的(最小)夹角,即 $0 \leqslant \theta \leqslant \pi$,如图 1-9 所示。

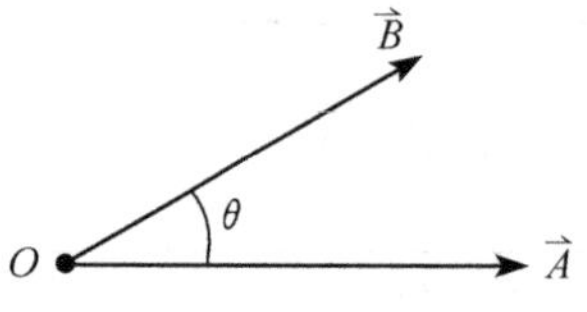

【推论】 由定义可知

$$\vec{A} \cdot \vec{B} = \vec{B} \cdot \vec{A} \tag{1-16}$$

即点积可交换,具有对称性。

图 1-9 矢量 $\vec{A}$ 与 $\vec{B}$ 的点积

十分清楚,只需研究单位矢量之间的点积特性,即可推广到任意矢量情况。表 1-2 列出了坐标单位矢之间的点积。

表 1-2 坐标单位矢之间的点积

	$\hat{i}$	$\hat{j}$	$\hat{k}$
$\hat{i}$	1	0	0
$\hat{j}$	0	1	0
$\hat{k}$	0	0	1

在如表 1-2 所示情况下,若写出 $\vec{A},\vec{B}$ 的分量形式

$$\begin{cases} \vec{A} = A_x \hat{i} + A_y \hat{j} + A_z \hat{k} \\ \vec{B} = B_x \hat{i} + B_y \hat{j} + B_z \hat{k} \end{cases} \tag{1-17}$$

则很容易给出点积的一般计算公式

$$\vec{A} \cdot \vec{B} = A_x B_x + A_y B_y + A_z B_z \tag{1-18}$$

同时,还可给出 $\vec{A}$ 和 $\vec{B}$ 两个矢量之间的夹角余弦

$$\cos\theta = \frac{\vec{A} \cdot \vec{B}}{|\vec{A}||\vec{B}|} = \frac{A_x B_x + A_y B_y + A_z B_z}{\sqrt{A_x^2 + A_y^2 + A_z^2}\sqrt{B_x^2 + B_y^2 + B_z^2}} \tag{1-19}$$

点积有宽广的应用背景,如表 1-3 所示。

表 1-3 矢量点积的应用背景

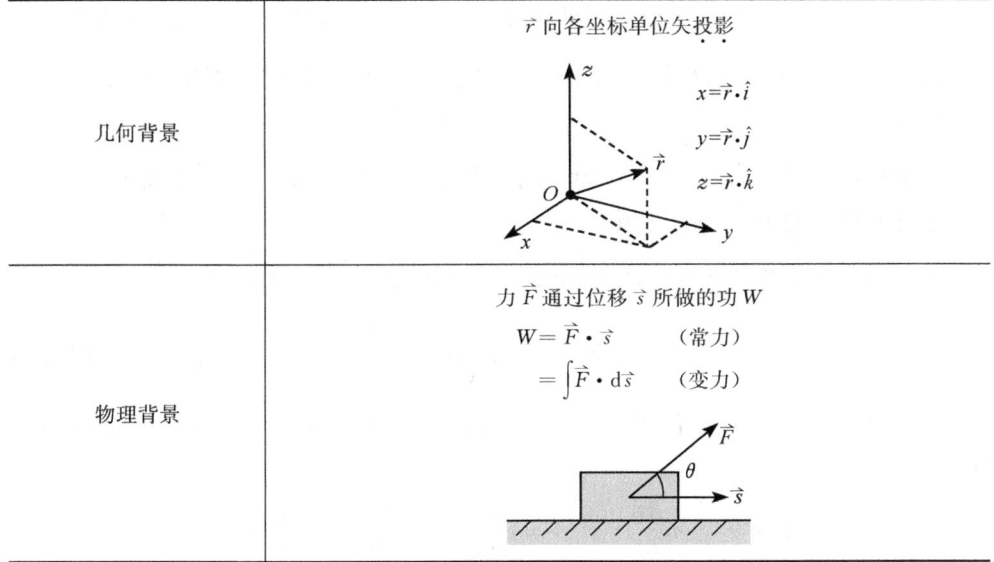

矢径 $\vec{r}$ 与 x 轴、y 轴和 z 轴之间的夹角余弦称为方向余弦,即

$$\begin{cases} \cos\alpha = \dfrac{x}{r} = \dfrac{x}{\sqrt{x^2+y^2+z^2}} \\ \cos\beta = \dfrac{y}{r} = \dfrac{y}{\sqrt{x^2+y^2+z^2}} \\ \cos\gamma = \dfrac{z}{r} = \dfrac{z}{\sqrt{x^2+y^2+z^2}} \end{cases} \quad (1\text{-}20)$$

且有

$$\cos^2\alpha + \cos^2\beta + \cos^2\gamma = 1 \quad (1\text{-}21)$$

必须指出:点积的投影概念是一个十分重要的思想。可以把未知函数 $\vec{F}$ 分别向基函数 $\vec{f}_1$,$\vec{f}_2$,$\cdots$,$\vec{f}_n$ 作点积投影(图 1-10),则可以表示为

$$\vec{F} = \sum_{i=1}^{n} a_i \vec{f}_i \quad (1\text{-}22)$$

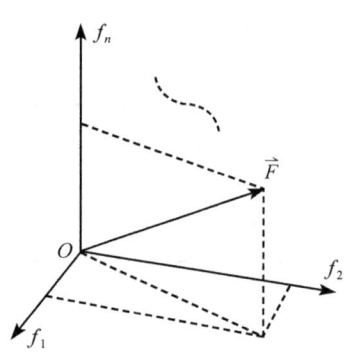

图 1-10 未知函数 $\vec{F}$ 在基函数 $\vec{f}_1,\vec{f}_2,\cdots,\vec{f}_n$ 上的点积投影

【**例 1-1**】 采用矢量理论证明三角形余弦定理。

【**解**】 画出矢量差的三角形法则,如图 1-11 所示。把 $\vec{c}$ 自身作点积,有

$$\vec{c} \cdot \vec{c} = (\vec{a}-\vec{b}) \cdot (\vec{a}-\vec{b}) = \vec{a} \cdot \vec{a} - 2\vec{a} \cdot \vec{b} + \vec{b} \cdot \vec{b}$$

根据点积定义,即得三角形余弦定理为

$$c^2 = a^2 + b^2 - 2ab\cos\theta \quad (1\text{-}23)$$

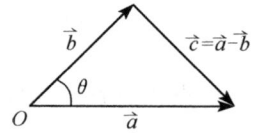

图 1-11 矢量差的三角形法则

特别地,当 $\vec{A}$ 和 $\vec{B}$ 两矢量垂直,即 $\cos\theta=0$ 时,进一步退化为"勾股定理",即

$$c^2 = a^2 + b^2 \quad (1\text{-}24)$$

【**性质**】 两个非零矢量点积为 0 的充要条件是矢量相互垂直(正交)。

【**例 1-2**】 能量(动能)守恒。

在 $\vec{F}=0$ 的力学系统中,动能 $\dfrac{1}{2}mv^2=c$ 守恒,由 Newton 定律

$$\vec{F} = m\vec{a} = m\dfrac{\mathrm{d}\vec{v}}{\mathrm{d}t} \quad (1\text{-}25)$$

式中,m 为物体质量;$\vec{F}$ 为作用于 m 上的力;$\vec{v}$ 为速度。将 $\vec{F}$ 和 $\vec{v}$ 两个矢量点积,即

$$\vec{F} \cdot \vec{v} = m\dfrac{\mathrm{d}\vec{v}}{\mathrm{d}t} \cdot \vec{v} = m\left\{\dfrac{\mathrm{d}v_x}{\mathrm{d}t}v_x + \dfrac{\mathrm{d}v_y}{\mathrm{d}t}v_y + \dfrac{\mathrm{d}v_z}{\mathrm{d}t}v_z\right\}$$

$$= m\,\frac{\mathrm{d}}{\mathrm{d}t}\left\{\frac{1}{2}(v_x^2+v_y^2+v_z^2)\right\} = \frac{\mathrm{d}}{\mathrm{d}t}\left(\frac{1}{2}mv^2\right)$$

若 $\vec{F}=0$，则有

$$\frac{\mathrm{d}}{\mathrm{d}t}\left(\frac{1}{2}mv^2\right) = 0 \tag{1-26}$$

或者

$$\frac{1}{2}mv^2 = \text{constant} \tag{1-27}$$

这正是能量(动能)守恒的一种形式。

附注：矢量可以用到列矩阵对应表示，因为矢量和列矩阵都可以表示三个独立量，如表 1-4 所示。

表 1-4　矢量与矩阵

矢　　量	矩　　阵
$\vec{A}=A_x\hat{i}+A_y\hat{j}+A_z\hat{k}$	$\mathbf{A}=\begin{bmatrix}A_x\\A_y\\A_z\end{bmatrix}$

由此，可以用矩阵简洁运算表示矢量点积，有

$$\vec{A}\cdot\vec{B} = \mathbf{A}^{\mathrm{T}}\mathbf{B} = \mathbf{B}^{\mathrm{T}}\mathbf{A} \tag{1-28}$$

式中，$\mathbf{A}^{\mathrm{T}}$ 为 $\mathbf{A}$ 转置矩阵，

$$\mathbf{A}^{\mathrm{T}} = \begin{bmatrix}A_x & A_y & A_z\end{bmatrix} \tag{1-29}$$

下面进一步研究坐标旋转时的点积性质。如果图 1-12 中打撇与不打撇表示一坐标旋转。同样，A 点和 B 点在两个坐标系中有不同表象，可写为

$$\begin{bmatrix}A'_x\\A'_y\\A'_z\end{bmatrix} = \begin{bmatrix}T_{xx} & T_{xy} & T_{xz}\\T_{yx} & T_{yy} & T_{yz}\\T_{zx} & T_{zy} & T_{zz}\end{bmatrix}\begin{bmatrix}A_x\\A_y\\A_z\end{bmatrix} \tag{1-30}$$

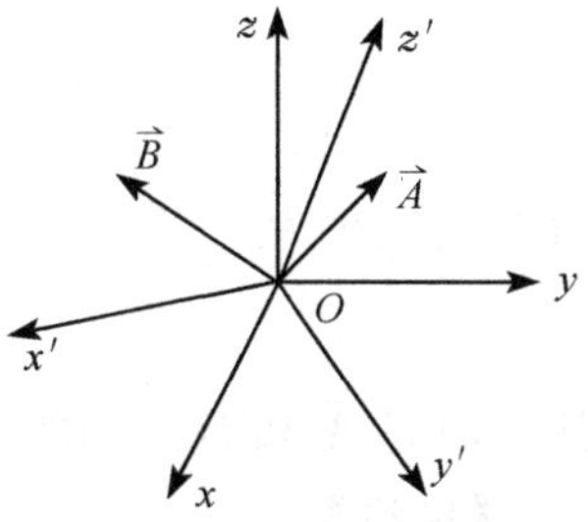

类似另一点 B 有

$$\begin{bmatrix}B'_x\\B'_y\\B'_z\end{bmatrix} = \begin{bmatrix}T_{xx} & T_{xy} & T_{xz}\\T_{yx} & T_{yy} & T_{yz}\\T_{zx} & T_{zy} & T_{zz}\end{bmatrix}\begin{bmatrix}B_x\\B_y\\B_z\end{bmatrix} \tag{1-31}$$

图 1-12　旋转坐标系 $Ox'y'z'$ 和原坐标系 $Oxyz$

进一步简写成

$$\begin{cases}\mathbf{A}' = \mathbf{T}\mathbf{A}\\\mathbf{B}' = \mathbf{T}\mathbf{B}\end{cases} \tag{1-32}$$

其中坐标旋转矩阵 T 有正交矩阵特性,即
$$T^\mathrm{T} = T^{-1} \tag{1-33}$$

【定理】 矢量点积在坐标旋转时保持不变,即点积为坐标旋转的不变量。

【证明】
$$\vec{A}' \cdot \vec{B}' = A'^\mathrm{T} B' = A^\mathrm{T}(T^\mathrm{T} T)B = A^\mathrm{T} B = \vec{A} \cdot \vec{B} \tag{1-34}$$

把坐标旋转时的不变量称为标量。于是两个矢量的点积为标量。特别是当 $\vec{A} = \vec{B}$ 时可表明:矢量的长度(平方)为标量。在坐标旋转时,长度不变。

著名女数学家 Noether 首先把物理上的守恒定律和坐标不变性联系起来。普林斯顿的数学泰斗 Weyl 曾说:"就像坐标不变性保持能量(动量)守恒一样,规范不变性保持了电荷守恒。"

矩阵表示对应矢量的最大优点在于它很容易推广到 n 维情况。

1.3 矢量叉积

两个矢量的叉积是一种矢量型相互作用。

【定义】 矢量 $\vec{A} \times \vec{B}$ 等于 $\vec{C}$ 表示叉积, $\vec{C}$ 是一个矢量,记为
$$\vec{C} = \vec{A} \times \vec{B} \tag{1-35}$$
$\vec{C}$ 的方向由 $\vec{A}$ 和 $\vec{B}$ 构成的右手法则确定,如图 1-13 所示。

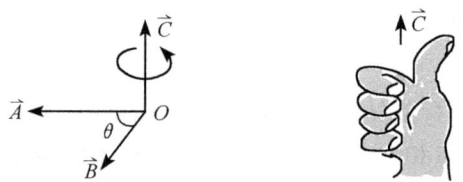

图 1-13 矢量叉积的右手法则 $\vec{C} \perp \vec{A}$ 和 $\vec{C} \perp \vec{B}$

而 $\vec{C}$ 的大小为
$$|\vec{C}| = |\vec{A}||\vec{B}|\sin\theta \tag{1-36}$$
其中, θ 是 $\vec{A}$ 和 $\vec{B}$ 之间的最小夹角,即 $0 \leq \theta \leq \pi$。

【推论】
$$\vec{A} \times \vec{B} = -(\vec{B} \times \vec{A}) \tag{1-37}$$

叉积具有反对称性。

同样,只要弄清坐标系单位矢之间的叉积,即可得到任意矢量之间叉积的一般计算方式,如表 1-5 所示。

表 1-5 坐标系单位矢之间的叉积

	$\hat{i}$	$\hat{j}$	$\hat{k}$
$\hat{i}$	$\vec{0}$	$\hat{k}$	$-\hat{j}$
$\hat{j}$	$-\hat{k}$	$\vec{0}$	$\hat{i}$
$\hat{k}$	$\hat{j}$	$-\hat{i}$	$\vec{0}$

和表 1-3 对比：表 1-3 表示数量，而表 1-5 表示矢量；表 1-3 是对称的，而表 1-5 则是反对称的。

很容易用行列式表示 $\vec{A} \times \vec{B}$ 的一般计算式

$$\vec{A} \times \vec{B} = \begin{vmatrix} \hat{i} & \hat{j} & \hat{k} \\ A_x & A_y & A_z \\ B_x & B_y & B_z \end{vmatrix}$$

$$= (A_y B_z - A_z B_y)\hat{i} + (A_z B_x - A_x B_z)\hat{j} + (A_x B_y - A_y B_x)\hat{k} \quad (1\text{-}38)$$

和矢量点积相类似，叉积同样有很强的应用背景，如表 1-6 所示。

表 1-6 矢量叉积的应用背景

几何背景	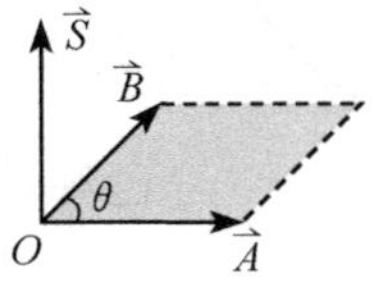	平行四边形有向面积 $\vec{S} = \vec{A} \times \vec{B}$
物理背景	（Ⅰ）	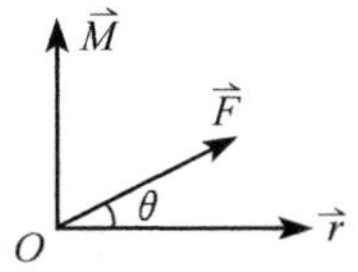 力矩 $\vec{M}$ $\vec{M} = \vec{r} \times \vec{F}$
	（Ⅱ）	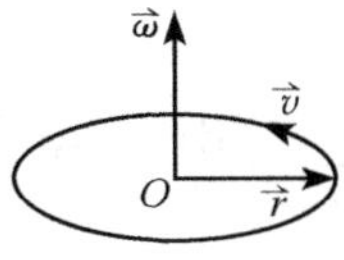 旋转线速度 $\vec{v}$ $\vec{v} = \dfrac{\mathrm{d}\vec{r}}{\mathrm{d}t} = \vec{\omega} \times \vec{r}$

【例 1-3】 采用矢量积证明三角形正弦定理。

【解】 三角形 ABC 的三边分别用矢量 $\vec{a}, \vec{b}$ 和 $\vec{c}$ 表示，如图 1-14 所示，由三角形面积的等价表示可知：

$$\begin{cases} |\vec{a} \times \vec{b}| = |\vec{a}||\vec{b}|\sin C \\ |\vec{b} \times \vec{c}| = |\vec{b}||\vec{c}|\sin A \\ |\vec{c} \times \vec{a}| = |\vec{c}||\vec{a}|\sin B \end{cases} \quad (1\text{-}39)$$

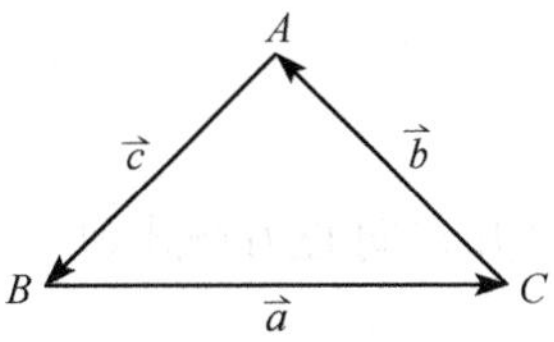

图 1-14 矢量三角形 ABC

且

$$|\vec{a} \times \vec{b}| = |\vec{b} \times \vec{c}| = |\vec{c} \times \vec{a}| \tag{1-40}$$

即得三角形正弦定理

$$\frac{a}{\sin A} = \frac{b}{\sin B} = \frac{c}{\sin C} \tag{1-41}$$

【性质】 两个非零矢量 $\vec{A}, \vec{B}$ 叉积为 $\vec{0}$ 的充要条件是

$$\vec{A} /\!/ \vec{B} \tag{1-42}$$

特别注意到 $\vec{A} /\!/ \vec{B}$ 也可写成

$$\frac{A_x}{B_x} = \frac{A_y}{B_y} = \frac{A_z}{B_z} \tag{1-43}$$

【例 1-4】 向心力体系中动量矩 $\vec{L}$ 守恒。

太阳系是最典型的向心力系,如图 1-15 所示。

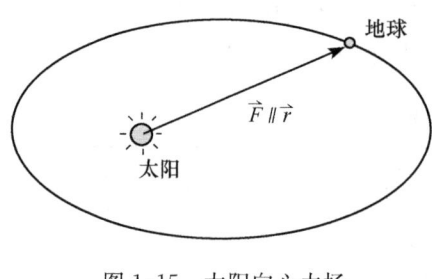

图 1-15 太阳向心力场

【解】 向心力意味着矢径 $\vec{r}$ 和力 $\vec{F}$ 在任何时刻 t 均保持平行,即

$$\vec{F} /\!/ \vec{r} \tag{1-44}$$

已知动量 $\vec{P}$ 可写成

$$\vec{P} = m\vec{v} = m\frac{d\vec{r}}{dt} \tag{1-45}$$

而动量矩 $\vec{L}$ 为

$$\vec{L} = \vec{r} \times \vec{P} \tag{1-46}$$

于是有

$$\frac{d\vec{L}}{dt} = \frac{d\vec{r}}{dt} \times \vec{P} + \vec{r} \times \frac{d\vec{P}}{dt} \tag{1-47}$$

其中

$$\frac{d\vec{r}}{dt} \times \vec{P} = \vec{v} \times m\vec{v} \equiv 0 \tag{1-48}$$

而

$$\frac{d\vec{P}}{dt} = m\frac{d^2\vec{r}}{dt^2} = \vec{F} \tag{1-49}$$

又知在向心力场式(1-44)条件下

$$\vec{r} \times \frac{d\vec{P}}{dt} = \vec{r} \times \vec{F} \equiv 0 \tag{1-50}$$

最后得到
$$\frac{\mathrm{d}\vec{L}}{\mathrm{d}t} \equiv 0 \tag{1-51}$$

也即
$$\vec{L} = \vec{C} \quad (\vec{C} \text{ 为常矢})$$

于是证得了动量矩守恒,它表示在向心力场中 $\vec{r}$ 和 $\vec{P}$ 的叉积不随时间而变化。

1.4 矢量的复杂运算

在这里,主要讨论矢量混合积和矢量两重叉积。

1. 矢量混合积

把 $\vec{A} \cdot (\vec{B} \times \vec{C})$ 称为矢量混合积,它是一个数量。

混合积最重要的性质是旋转法则(图 1-16),即有

$$\vec{A} \cdot (\vec{B} \times \vec{C}) = \vec{B} \cdot (\vec{C} \times \vec{A}) = \vec{C} \cdot (\vec{A} \times \vec{B}) \tag{1-52}$$

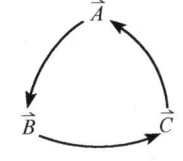

图 1-16　矢量混合积的旋转法则

矢量混合积的几何意义表示由 $\vec{A}, \vec{B}$ 和 $\vec{C}$ 三个矢量为邻边的平行六面体有向体积 V,有

$$V = \vec{A} \cdot (\vec{B} \times \vec{C}) = \begin{vmatrix} A_x & A_y & A_z \\ B_x & B_y & B_z \\ C_x & C_y & C_z \end{vmatrix} \tag{1-53}$$

式(1-53)表示行列式值,如图 1-17 所示。

【性质】 三个非零矢量混合积为 0 的充要条件是:$\vec{A}, \vec{B}$ 和 $\vec{C}$ 三个矢量共面,这时所对应的有向体积 V 为零。

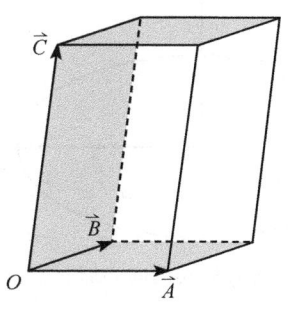

图 1-17　$\vec{A} \cdot (\vec{B} \times \vec{C}) = V$ 表示平行六面体有向体积

2. 矢量二重叉积

把 $\vec{A} \times (\vec{B} \times \vec{C})$ 定义为矢量二重叉积,它是一个矢量,有

$$\vec{A} \times (\vec{B} \times \vec{C}) = \vec{B}(\vec{A} \cdot \vec{C}) - \vec{C}(\vec{A} \cdot \vec{B}) \tag{1-54}$$

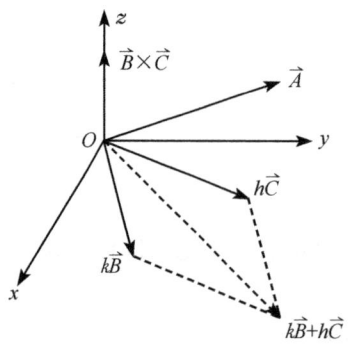

图 1-18 二重叉积的几何关系

【证明】 设 $\vec{B}, \vec{C}$ 处于 xOy 平面不失一般性，如图 1-18 所示。

很易判断 $\vec{A} \times (\vec{B} \times \vec{C})$ 矢量必处于 xOy 平面，可写出

$$\vec{A} \times (\vec{B} \times \vec{C}) = k\vec{B} + h\vec{C} \qquad (1\text{-}55)$$

式中，k 和 h 为数量。另外，由混合积的旋转法则，即

$$\vec{A} \cdot [\vec{A} \times (\vec{B} \times \vec{C})] = (\vec{B} \times \vec{C}) \cdot (\vec{A} \times \vec{A}) \equiv 0 \qquad (1\text{-}56)$$

计及式(1-55)为

$$k(\vec{A} \cdot \vec{B}) + h(\vec{A} \cdot \vec{C}) = 0 \qquad (1\text{-}57)$$

当 $\vec{A} \cdot \vec{B} \neq 0$ 时可进一步写出

$$\vec{A} \times (\vec{B} \times \vec{C}) = k\left[\vec{B} - \frac{(\vec{A} \cdot \vec{B})}{(\vec{A} \cdot \vec{C})}\vec{C}\right] = k'[\vec{B}(\vec{A} \cdot \vec{C}) - \vec{C}(\vec{A} \cdot \vec{B})] \qquad (1\text{-}58)$$

式中，k' 为待定系数。采用特殊情况定出，令

$$\begin{cases} \vec{C} = \vec{A} \\ \vec{A} \perp \vec{B} \end{cases} \qquad (1\text{-}59)$$

对比可知 $k'=1$，即式(1-54)得证。

值得指出的是，叉积不满足结合律，即

$$\vec{A} \times (\vec{B} \times \vec{C}) \neq (\vec{A} \times \vec{B}) \times \vec{C}$$

【例 1-5】 设角速度 $\vec{\omega}$ 为常矢，且 $\vec{\omega} \perp \vec{r}$，如图 1-19 所示。试求旋转运动的加速度 $\vec{a}$。

【解】 根据定义

$$\vec{a} = \frac{\mathrm{d}\vec{v}}{\mathrm{d}t} = \frac{\mathrm{d}}{\mathrm{d}t}(\vec{\omega} \times \vec{r})$$

计及 $\vec{\omega}$ 的常矢条件，进一步写出

$$\vec{a} = \vec{\omega} \times \frac{\mathrm{d}\vec{r}}{\mathrm{d}t} = \vec{\omega} \times \vec{v} = \vec{\omega} \times (\vec{\omega} \times \vec{r})$$

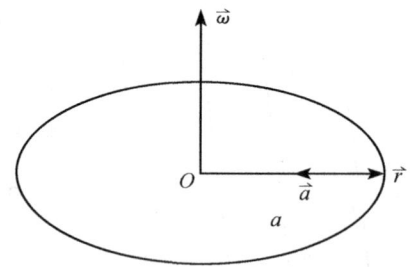

图 1-19 旋转运动的向心加速度 $\vec{a}$

有二重叉积计算公式

$$\vec{a} = \vec{\omega}(\vec{\omega} \cdot \vec{r}) - \vec{r}(\vec{\omega} \cdot \vec{\omega}) = -\omega^2 \vec{r} \qquad (1\text{-}60)$$

式(1-60)表明，旋转运动的加速度 $\vec{a}$ 处于 $-\vec{r}$ 方向，也称为向心加速度。

3. Laplace 公式

这里所介绍的 Laplace 公式为

$$(\vec{A}\times\vec{B})\cdot(\vec{C}\times\vec{D})=(\vec{A}\cdot\vec{C})(\vec{B}\cdot\vec{D})-(\vec{A}\cdot\vec{D})(\vec{B}\cdot\vec{C}) \tag{1-61}$$

【证明】 把 $(\vec{C}\times\vec{D})$ 看成一个矢量,由混合积的旋转法则可知

$$(\vec{A}\times\vec{B})\cdot(\vec{C}\times\vec{D})=\vec{A}\cdot[\vec{B}\times(\vec{C}\times\vec{D})]=\vec{A}\cdot[\vec{C}(\vec{B}\cdot\vec{D})-\vec{D}(\vec{B}\cdot\vec{C})]$$
$$=(\vec{A}\cdot\vec{C})(\vec{B}\cdot\vec{D})-(\vec{A}\cdot\vec{D})(\vec{B}\cdot\vec{C})$$

【例 1-6】 Lagrange 公式

$$|\vec{A}\times\vec{B}|^2+|\vec{A}\cdot\vec{B}|^2=|\vec{A}|^2|\vec{B}|^2 \tag{1-62}$$

【证明】 由基本定义

$$\begin{cases} |\vec{A}\times\vec{B}|^2=|\vec{A}|^2|\vec{B}|^2\sin^2\theta \\ |\vec{A}\cdot\vec{B}|^2=|\vec{A}|^2|\vec{B}|^2\cos^2\theta \end{cases}$$

即得式(1-62)。

Lagrange 公式把点积和叉积联系起来。

著名美国数学家 Polya 对两维情况用复数表示,即

$$\begin{cases} A=A_x+\mathrm{i}A_y \\ B=B_x+\mathrm{i}B_y \end{cases} \tag{1-63}$$

考虑 $\overline{A}B$,其中 $\overline{A}$ 表示 A 的共轭复数。

$$\overline{A}B=(A_xB_x+A_yB_y)+\mathrm{i}(A_xB_y-A_yB_x)=(\vec{A}\cdot\vec{B})+\mathrm{i}\{\vec{A}\times\vec{B}\} \tag{1-64}$$

其中 { } 表示不计方向,只计正负。式(1-64)把点积和叉积联系起来成为一个统一的整体。

附录 关于矢量除法

很容易发现,对于矢量运算中明显缺失乘法的逆运算——矢量除法。

除法的一般提法是:已知两因子的乘积和其中一个因子,求另一个因子的运算。例如:

$$uv=\omega \tag{A-1}$$

已知积 ω 和因子 u,要求取 $v(u\neq 0)$,则有

$$v=\frac{\omega}{u} \tag{A-2}$$

1. 矢量叉乘无法定义唯一性除法运算

矢量的乘法有两种:点乘和叉乘。首先想到的当然是利用叉乘定义除法运算,

即
$$\vec{a} \times \vec{b} = \vec{d} \tag{A-3}$$

已知叉积 $\vec{d}$ 和 $\vec{a}$ 求 $\vec{b}$。其中，$\vec{a},\vec{b}$ 均为非零矢量，且有

$$\begin{cases} \vec{a} = a_x \hat{i} + a_y \hat{j} + a_z \hat{k} \\ \vec{b} = b_x \hat{i} + b_y \hat{j} + b_z \hat{k} \\ \vec{d} = d_x \hat{i} + d_y \hat{j} + d_z \hat{k} \end{cases} \tag{A-4}$$

利用叉乘法则很容易得到一线性方程组

$$\begin{bmatrix} 0 & -a_z & a_y \\ a_z & 0 & -a_x \\ -a_y & a_x & 0 \end{bmatrix} \begin{bmatrix} b_x \\ b_y \\ b_z \end{bmatrix} = \begin{bmatrix} d_x \\ d_y \\ d_z \end{bmatrix} \tag{A-5}$$

由于系数行列式为零，无法由此解出 $\vec{b}$ 矢量。换句话说，光有叉乘的运算还不够。现在，来看这一问题的几何意义。令 $\vec{a},\vec{b}$ 矢量均处于 xOy 平面，且夹角 $\theta <$ π，这不失一般性。于是 $\vec{a} \times \vec{b}$ 的方向是 z 方向。进一步为了方便，把 $\vec{a}$ 处于和 x 轴正方向一致。由图 A-1 可知，无数多个 $\vec{b}_i$ 均能得到同样的叉积值。

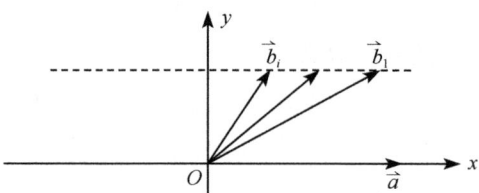

图 A-1　能得到相同 $\vec{a} \times \vec{b}$ 的一簇 $\vec{b}_i$ 矢量

2. 由 *a · b* 和 *a×b* 获得矢量除法运算

现在，可以把矢量除法的定义叙述如下：

$$\begin{cases} \vec{a} \cdot \vec{b} = c \\ \vec{a} \times \vec{b} = \vec{d} \end{cases} \tag{A-6}$$

已知点积 c 和叉积 $\vec{d}$ 及非零矢量 $\vec{a}$，求矢量 $\vec{b}$ 的运算可称为矢量除法。构造

$$\vec{a} \times (\vec{a} \times \vec{b}) = \vec{a}(\vec{a} \cdot \vec{b}) - \vec{b}(\vec{a} \cdot \vec{a})$$

很容易得到

$$\vec{b} = \frac{\vec{a}(\vec{a}\cdot\vec{b}) - \vec{a}\times(\vec{a}\times\vec{b})}{(\vec{a}\cdot\vec{a})} = \frac{\vec{a}c - \vec{a}\times\vec{d}}{(\vec{a}\cdot\vec{a})} \tag{A-7}$$

3. 矢量的点积和叉积

从上面矢量除法的讨论可以清楚地看出矢量的点积和叉积是相互关联且互为补充的。这里,进一步把它退化到平面矢量做出讨论。因为此时可作复数对应,即

$$\begin{cases} \vec{a} = a_x \hat{i} + a_y \hat{j} \leftrightarrow a = a_x + \mathrm{i}a_y \\ \vec{b} = b_x \hat{i} + b_y \hat{j} \leftrightarrow b = b_x + \mathrm{i}b_y \end{cases} \tag{A-8}$$

于是有

$$\bar{a}b = (\vec{a}\cdot\vec{b}) + \mathrm{i}\{\vec{a}\times\vec{b}\} \tag{A-9}$$

式中,$\bar{a}$ 表示 a 的共轭复数;$\{\ \}$ 符号表示不计方向,只计正负的叉积运算。于是很容易得到

$$b = \frac{a(\vec{a}\cdot\vec{b}) + \mathrm{i}a\{\vec{a}\times\vec{b}\}}{|a|^2} \quad (a \neq 0) \tag{A-10}$$

从式(A-9)和式(A-10)进一步看到点积和叉积是复函数中的一对实部和虚部。如果是一般解析函数则满足 Cauchy-Riemann 条件,可见其联系之紧密。

在本书中后面讨论的 Hamilton 算子 $\mathbf{\nabla}$、散度 $\mathbf{\nabla}\cdot\vec{A}$ 和旋度 $\mathbf{\nabla}\times\vec{A}$ 正好也是一对运算。以这种视角去理解已知场的散度和旋度能唯一确定场,或许会有更深刻体会。

第二章 矢量分析

如果说,第一章主要研究常矢量问题,那么,本章则讨论变化的矢量,即矢量函数。

矢量函数有广泛的物理背景:变速度 $\vec{v}$、变加速度 $\vec{a}$ 等都是矢量函数的典型实例。

在实际应用中矢量函数可以分解为空间函数 (x,y,z) 和时间函数 (t),或者两者的联合函数。将矢量的空间函数专门放到"场论"中做深入讨论。于是本节的函数是矢量对于 t(t 可以代表时间,也可以更广义地理解为参数)的函数。

2.1 标量函数和矢量函数

【定义】 标量 u 随参量 t 而变化,即

$$u = u(t) \tag{2-1}$$

则称 $u(t)$ 为标量函数,如图 2-1 所示。

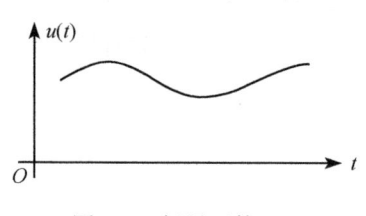

图 2-1 标量函数 $u(t)$

【定义】 矢量 $\vec{A}$ 随参数 t 而变化,即

$$\vec{A} = \vec{A}(t) \tag{2-2}$$

则称 $\vec{A}(t)$ 为矢量函数。若利用分量形式,则有

$$\vec{A}(t) = A_x(t)\hat{i} + A_y(t)\hat{j} + A_z(t)\hat{k} \tag{2-3}$$

由式(2-3)可以进一步地看出:一个矢量函数 $\vec{A}(t)$ 实际上是由三个独立有序的数量函数 $A_x(t)$,$A_y(t)$ 和 $A_z(t)$ 结合而成的。

【注记】 这一点和复解析函数不同:复解析函数 $w=u+iv$ 也是由两个二元实函数结合而成,但 u 和 v 之间并不独立,它们要受 Cauchy-Riemann 条件约束。

2.2 矢端曲线

矢量函数 $\vec{A}(t)$ 终点 M 随参量 t 的变化曲线 $\vec{l}$ 称为矢端曲线。方程(2-2)和(2-3)即为矢端曲线方程。

如果把 $\vec{A}(t)$ 的起始点取定坐标原点 O,则从 O 点出发的 $\vec{A}(t)$ 即矢径 $\vec{r}$,可以

写出
$$\vec{r} = \vec{A}(t) = \overrightarrow{OM} = x\hat{i} + y\hat{j} + z\hat{k} \tag{2-4}$$
其中
$$\begin{cases} x = A_x(t) \\ y = A_y(t) \\ z = A_z(t) \end{cases} \tag{2-5}$$
是曲线 l 以 t 为参数的参数方程,如图 2-2 所示。

【例 2-1】 典型的圆柱螺旋线,如图 2-3 所示,其参数方程为
$$\begin{cases} x = a\cos t \\ y = a\sin t \\ z = ht \end{cases} \tag{2-6}$$

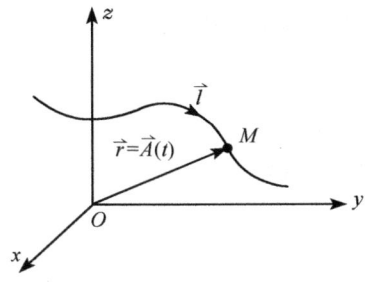

图 2-2 矢端曲线

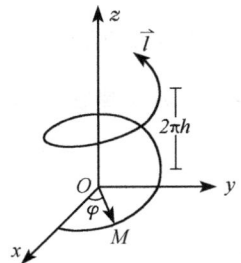

图 2-3 圆柱螺旋线的矢端曲线

应该注意到,当定义随 t 增大的方向为 $\vec{l}$ 走向,则矢端曲线 $\vec{l}$ 为有向曲线,如图 2-3 所示。

2.3 矢量函数的导数和微分

已经知道,从本质上讲所谓矢量函数 $\vec{A}(t)$ 即是由三个独立有序的数量函数 $A_x(t)$,$A_y(t)$ 和 $A_z(t)$ 结合而成。于是当 t 变化时,矢量函数 $\vec{A}(t)$ 的连续和极限完全可以归结为对应三个数量函数 $A_x(t)$,$A_y(t)$ 和 $A_z(t)$ 的连续和极限,这里就不再赘述。

【定义】 若矢量函数在参量 t 的邻域内有定义,且
$$\frac{\Delta \vec{A}}{\Delta t} = \frac{\vec{A}(t + \Delta t) - \vec{A}(t)}{\Delta t} \tag{2-7}$$
在 $\Delta t \to 0$ 时,其极限存在,则式(2-7)的极限即为矢量函数 $\vec{A}(t)$ 在 t 处的导数,记

作 $\dfrac{\mathrm{d}\vec{A}(t)}{\mathrm{d}t}$ 或 $\vec{A}'(t)$，也就是

$$\frac{\mathrm{d}\vec{A}}{\mathrm{d}t} = \lim_{\Delta t \to 0} \frac{\Delta \vec{A}}{\Delta t} \tag{2-8}$$

事实上，它就是三个独立有序数量函数导数的结合，具体写为

$$\frac{\mathrm{d}\vec{A}(t)}{\mathrm{d}t} = \frac{\mathrm{d}A_x(t)}{\mathrm{d}t}\hat{i} + \frac{\mathrm{d}A_y(t)}{\mathrm{d}t}\hat{j} + \frac{\mathrm{d}A_z(t)}{\mathrm{d}t}\hat{k} \tag{2-9}$$

也可简写为

$$\vec{A}'(t) = A'_x(t)\hat{i} + A'_y(t)\hat{j} + A'_z(t)\hat{k} \tag{2-10}$$

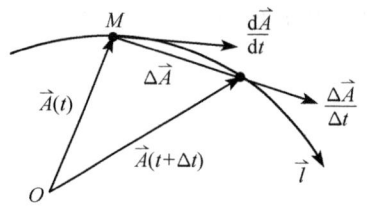

图 2-4 矢量函数导数的几何意义

矢量函数的导数是一个矢量，它是矢端曲线的切线，并始终指向对应 t 增大的方向，如图 2-4 所示。

【例 2-2】 圆柱螺旋线对应矢量函数

$$\vec{A}(t) = a\cos t\, \hat{i} + a\sin t\, \hat{j} + ht\, \hat{k}$$

求其导数 $\dfrac{\mathrm{d}\vec{A}}{\mathrm{d}t}$。

【解】 事实上，它是三个独立有序数量函数导数的结合，即

$$\frac{\mathrm{d}\vec{A}}{\mathrm{d}t} = -a\sin t\, \hat{i} + a\cos t\, \hat{j} + h\hat{k} \tag{2-11}$$

完全和数量函数相似，可以定义矢量函数微分。

【定义】 把矢量函数 $\vec{A} = \vec{A}(t)$ 在 t 处的微分为

$$\mathrm{d}\vec{A} = \vec{A}'(t)\mathrm{d}t \tag{2-12}$$

$\mathrm{d}\vec{A}$ 是一个矢量，它满足

$$\begin{cases} \mathrm{d}\vec{A} \text{ 与 } \vec{A}'(t) \text{ 方向一致} & \mathrm{d}t > 0 \\ \mathrm{d}\vec{A} \text{ 与 } \vec{A}'(t) \text{ 方向相反} & \mathrm{d}t < 0 \end{cases} \tag{2-13}$$

如图 2-5 所示。

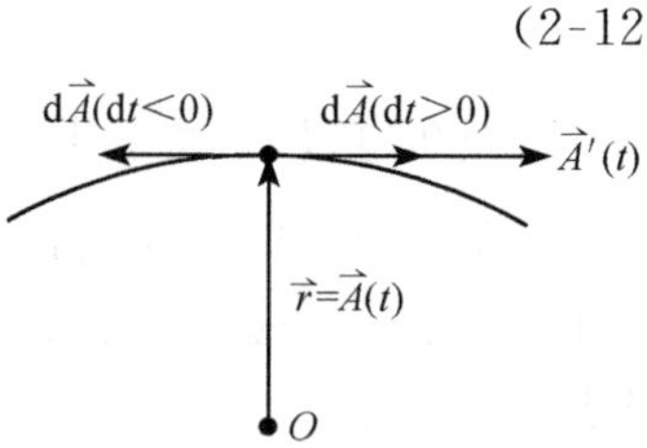

图 2-5 $\mathrm{d}\vec{A}$ 与 $\vec{A}'(t)$ 的方向关系

由表 2-1 可以清楚地看出，矢量函数的导数公式完全是数量函数导数的直接推广，只是在某种运算（如叉积）时，需要谨慎地写出变量的次序。

表 2-1 矢量函数的基本性质

$$\frac{\mathrm{d}}{\mathrm{d}t}\vec{c} = \vec{0} \quad (c\ \text{为常矢})$$

$$\frac{\mathrm{d}}{\mathrm{d}t}(\vec{A} \pm \vec{B}) = \frac{\mathrm{d}\vec{A}}{\mathrm{d}t} \pm \frac{\mathrm{d}\vec{B}}{\mathrm{d}t}$$

$$\frac{\mathrm{d}}{\mathrm{d}t}(k\vec{A}) = k\frac{\mathrm{d}\vec{A}}{\mathrm{d}t} \quad (k\ \text{为常数})$$

$$\frac{\mathrm{d}}{\mathrm{d}t}(u\vec{A}) = \frac{\mathrm{d}u}{\mathrm{d}t}\vec{A} + u\frac{\mathrm{d}\vec{A}}{\mathrm{d}t} \quad (u\ \text{为数量函数})$$

$$\frac{\mathrm{d}}{\mathrm{d}t}(\vec{A} \cdot \vec{B}) = \vec{A} \cdot \frac{\mathrm{d}\vec{B}}{\mathrm{d}t} + \frac{\mathrm{d}\vec{A}}{\mathrm{d}t} \cdot \vec{B}$$

$$\frac{\mathrm{d}}{\mathrm{d}t}(\vec{A} \times \vec{B}) = \vec{A} \times \frac{\mathrm{d}\vec{B}}{\mathrm{d}t} + \frac{\mathrm{d}\vec{A}}{\mathrm{d}t} \times \vec{B}$$

对复合函数 $\vec{A} = \vec{A}[u(t)]$，有

$$\frac{\mathrm{d}\vec{A}}{\mathrm{d}t} = \frac{\mathrm{d}\vec{A}}{\mathrm{d}u}\frac{\mathrm{d}u}{\mathrm{d}t}$$

【例 2-3】 研究矢径微分 $\mathrm{d}\vec{r}$ 和弧长微分 $\mathrm{d}s$。

【解】 可以把 $\vec{r}(t)$ 矢径函数看作矢量函数

$$\vec{r} = x\hat{i} + y\hat{j} + z\hat{k} \tag{2-14}$$

则矢径微分有

$$\mathrm{d}\vec{r} = \mathrm{d}x\hat{i} + \mathrm{d}y\hat{j} + \mathrm{d}z\hat{k} \tag{2-15}$$

对应的模

$$|\mathrm{d}\vec{r}| = \sqrt{(\mathrm{d}x)^2 + (\mathrm{d}y)^2 + (\mathrm{d}z)^2} \tag{2-16}$$

给出图 2-6，以有向曲线 $\vec{l}$ 上的 M_0 作为弧长起点，则微分弧长

$$\mathrm{d}s = \pm\sqrt{(\mathrm{d}x)^2 + (\mathrm{d}y)^2 + (\mathrm{d}z)^2} \tag{2-17}$$

在式(2-17)中，$\vec{l}$ 的正向取 +，反向取 −。并可知

$$\left|\frac{\mathrm{d}\vec{r}}{\mathrm{d}s}\right| = 1 \tag{2-18}$$

而 $\dfrac{\mathrm{d}\vec{r}}{\mathrm{d}s}$ 则表示一切向单位矢，常用 $\hat{\tau}$ 表示，有

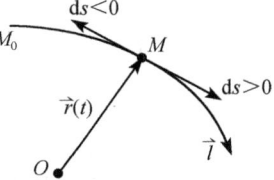

图 2-6 弧长微分 $\mathrm{d}s$

$$\hat{\tau} = \frac{\mathrm{d}\vec{r}}{\mathrm{d}s} = \cos\alpha\hat{i} + \cos\beta\hat{j} + \cos\gamma\hat{k} \tag{2-19}$$

式中，$\cos\alpha$、$\cos\beta$ 和 $\cos\gamma$ 表示矢端切线方向的方向余弦，具体为

$$\begin{cases} \cos\alpha = \dfrac{\mathrm{d}x}{\sqrt{(\mathrm{d}x)^2+(\mathrm{d}y)^2+(\mathrm{d}z)^2}} = \dfrac{\mathrm{d}x}{\mathrm{d}s} \\ \cos\beta = \dfrac{\mathrm{d}y}{\sqrt{(\mathrm{d}x)^2+(\mathrm{d}y)^2+(\mathrm{d}z)^2}} = \dfrac{\mathrm{d}y}{\mathrm{d}s} \\ \cos\gamma = \dfrac{\mathrm{d}z}{\sqrt{(\mathrm{d}x)^2+(\mathrm{d}y)^2+(\mathrm{d}z)^2}} = \dfrac{\mathrm{d}z}{\mathrm{d}s} \end{cases} \quad (2\text{-}20)$$

且满足

$$\cos^2\alpha + \cos^2\beta + \cos^2\gamma = 1 \qquad (2\text{-}21)$$

【例 2-4】 矢量函数 $\vec{A}(t)$ 模不变的充要条件是

$$\vec{A} \cdot \frac{\mathrm{d}\vec{A}}{\mathrm{d}t} = 0 \qquad (2\text{-}22)$$

【证明】 设 $|\vec{A}| = C'$，则

$$\vec{A} \cdot \vec{A} = |\vec{A}|^2 = C'^2 = C \qquad (2\text{-}23)$$

对式(2-23)两边求导，得

$$2\vec{A} \cdot \frac{\mathrm{d}\vec{A}}{\mathrm{d}t} = 0 \qquad (2\text{-}24)$$

反之设

$$\vec{A} \cdot \frac{\mathrm{d}\vec{A}}{\mathrm{d}t} = 0$$

也即

$$\frac{\mathrm{d}}{\mathrm{d}t}(\vec{A} \cdot \vec{A}) = 0$$

于是有

$$|\vec{A}| = C'$$

作为特例，单位矢长度不变，可知单位矢与它本身的导数矢相互垂直，即

$$\hat{A} \perp \frac{\mathrm{d}\hat{A}}{\mathrm{d}t} \qquad (2\text{-}25)$$

2.4 矢量导数的应用

矢量函数的导数在实际上有广泛的应用。这里着重讨论它们的几何应用和物理应用。

1. 矢量导数的几何应用

Case1 曲线 l 的切线和法平面

采用矢径函数 $\vec{r}(t)$ 给出曲线 $\vec{l}$，如图 2-7 所示。

$$\vec{r} = \vec{r}(t) = x\hat{i} + y\hat{j} + z\hat{k}$$
$$\vec{v} = \frac{d\vec{r}}{dt} = \frac{dx}{dt}\hat{i} + \frac{dy}{dt}\hat{j} + \frac{dz}{dt}\hat{k} \quad (2\text{-}26)$$

式中，$\vec{v}$ 表示曲线的切线方向。特别在 M_0 点，写出
$$\vec{r}_0 = x_0\hat{i} + y_0\hat{j} + z_0\hat{k} \quad (2\text{-}27)$$

引入切线上动点 M，对应

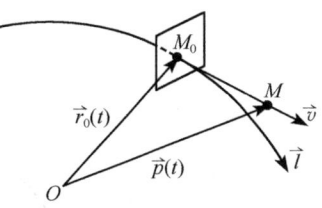

图 2-7　曲线 $\vec{l}$ 在 M_0 处的切线和法平面

$$\vec{p} = \vec{p}(t) = X\hat{i} + Y\hat{j} + Z\hat{k} \quad (2\text{-}28)$$

则必满足
$$\vec{p} = \vec{r}_0 + \lambda\vec{v}_0 \quad (2\text{-}29)$$

式中，λ 为常数，于是可写出切线方程
$$\begin{cases} X = x_0 + \lambda\dfrac{dx}{dt} \\ Y = y_0 + \lambda\dfrac{dy}{dt} \\ Z = z_0 + \lambda\dfrac{dz}{dt} \end{cases} \quad (2\text{-}30)$$

或写为
$$\frac{X - x_0}{\dfrac{dx}{dt}} = \frac{Y - y_0}{\dfrac{dy}{dt}} = \frac{Z - z_0}{\dfrac{dz}{dt}} \quad (2\text{-}31)$$

另外，曲线上的法平面指的是与 M_0 切线相垂直的平面。

令 $M_1(X, Y, Z)$ 是法平面上任一动点，则由定义可知
$$\overrightarrow{M_1 M_0} \cdot \vec{v} = 0 \quad (2\text{-}32)$$

而
$$\overrightarrow{M_1 M_0} = (X - x_0)\hat{i} + (Y - y_0)\hat{j} + (Z - z_0)\hat{k} \quad (2\text{-}33)$$

于是法平面方程是
$$\frac{dx}{dt}(X - x_0) + \frac{dy}{dt}(Y - y_0) + \frac{dz}{dt}(Z - z_0) = 0 \quad (2\text{-}34)$$

只要注意到式(2-31)和式(2-34)中 X, Y 和 Z 是不同的意义即可。

Case2　曲面的法线和切平面

讨论一般情况，设曲面的方程为
$$F(x, y, z) = 0 \quad (2\text{-}35)$$

如图 2-8 所示。

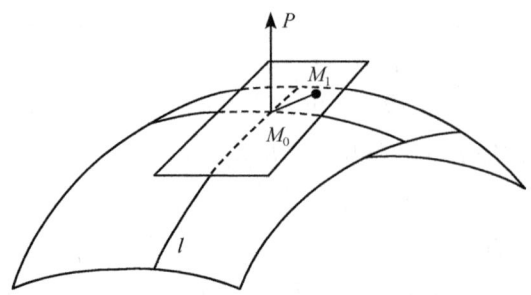

图 2-8 曲面在 M_0 处的法线和切平面

对式(2-35)两边取导,得到

$$\frac{\partial F}{\partial x}\frac{\mathrm{d}x}{\mathrm{d}t} + \frac{\partial F}{\partial y}\frac{\mathrm{d}y}{\mathrm{d}t} + \frac{\partial F}{\partial z}\frac{\mathrm{d}z}{\mathrm{d}t} = 0 \tag{2-36}$$

已计及取 l 是经过 M_0 的任一条曲线

$$l: \begin{cases} x_0 = x(t) \\ y_0 = y(t) \\ z_0 = z(t) \end{cases} \tag{2-37}$$

$$\overrightarrow{PM_0} = \frac{\partial F}{\partial x}\hat{i} + \frac{\partial F}{\partial y}\hat{j} + \frac{\partial F}{\partial z}\hat{k} \tag{2-38}$$

则式(2-36)可进一步写成

$$\overrightarrow{PM_0} \cdot \vec{v} = 0 \tag{2-39}$$

鉴于 l 假设的任意性,则 $\overrightarrow{PM_0}$ 即为法线方向。

若具体引入 $M_0(x_0, y_0, z_0)$ 和 $P(X, Y, Z)$,则给出法线方程

$$\frac{X - x_0}{\left(\frac{\partial F}{\partial x}\right)} = \frac{Y - y_0}{\left(\frac{\partial F}{\partial y}\right)} = \frac{Z - z_0}{\left(\frac{\partial F}{\partial z}\right)} \tag{2-40}$$

又另设 $M_1(x, y, z)$ 为切平面上一点,则切平面方程是

$$\frac{\partial F}{\partial x}(X - x_0) + \frac{\partial F}{\partial y}(Y - y_0) + \frac{\partial F}{\partial z}(Z - z_0) = 0 \tag{2-41}$$

也应该注意到式(2-40)和式(2-41)中 X, Y, Z 有不同的意义。

【例 2-5】 圆柱螺旋线矢量函数的切线与 z 轴之间夹角不变(为一定角)。

【解】 已知圆柱螺旋线矢量函数

$$\vec{r} = \vec{r}(t) = a\cos t\hat{i} + a\sin t\hat{j} + ht\hat{k}$$

而 $\dfrac{\mathrm{d}\vec{r}}{\mathrm{d}t}$ 表示切线方向,具体为

$$\frac{\mathrm{d}\vec{r}}{\mathrm{d}t} = -a\sin t\hat{i} + a\cos t\hat{j} + h\hat{k} \tag{2-42}$$

$$\left|\frac{\mathrm{d}\vec{r}}{\mathrm{d}t}\right| = \sqrt{a^2 + h^2} \tag{2-43}$$

于是切线与 z 轴夹角为

$$\hat{k} \cdot \frac{\mathrm{d}\vec{r}}{\mathrm{d}t} = \left|\frac{\mathrm{d}\vec{r}}{\mathrm{d}t}\right|\cos\theta = h \tag{2-44}$$

$$\cos\theta = \frac{h}{\sqrt{a^2 + h^2}} \tag{2-45}$$

确实是一定角。

2. 矢量导数的物理应用

从数学角度看问题,Newton 力学主要讨论矢量函数 $\vec{r}(t)$。

这里,采用矢量导数的概念研究一般质点的曲线运动,如图 2-9 所示。

已经知道,速度为切线方向,且写出

$$\vec{v} = \frac{\mathrm{d}\vec{r}}{\mathrm{d}t} \tag{2-46}$$

则很容易获得切向单位矢 $\hat{\tau}$

$$\hat{\tau} = \frac{\vec{v}}{|\vec{v}|} \tag{2-47}$$

再进一步给出加速度矢量 $\vec{a}$

$$\vec{a} = \frac{\mathrm{d}\vec{v}}{\mathrm{d}t} = \frac{\mathrm{d}|\vec{v}|}{\mathrm{d}t}\hat{\tau} + |\vec{v}|\frac{\mathrm{d}\hat{\tau}}{\mathrm{d}t} \tag{2-48}$$

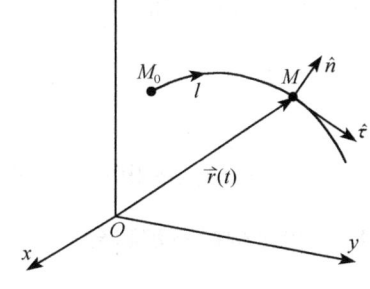

图 2-9 Newton 质点运动轨迹

例 2-4 中已指出

$$\frac{\mathrm{d}\hat{\tau}}{\mathrm{d}t} \perp \hat{\tau} \tag{2-49}$$

于是又可引入质点运动轨迹的法向单位矢 $\hat{n}$

$$\hat{n} = \frac{\dfrac{\mathrm{d}\hat{\tau}}{\mathrm{d}t}}{\left|\dfrac{\mathrm{d}\hat{\tau}}{\mathrm{d}t}\right|} \tag{2-50}$$

和前面所讨论的相同,若定义 s 是曲线 $\vec{l}$ 从 M_0 点起算的弧长,则有

$$\frac{\mathrm{d}\hat{\tau}}{\mathrm{d}t} = \frac{\mathrm{d}s}{\mathrm{d}t} \cdot \frac{\mathrm{d}\hat{\tau}}{\mathrm{d}s} = |\vec{v}|\frac{\mathrm{d}\hat{\tau}}{\mathrm{d}s} \tag{2-51}$$

式中,$\dfrac{\mathrm{d}s}{\mathrm{d}t} = |\vec{v}|$,由此重新写出式(2-50),即

$$\hat{n} = \frac{-\dfrac{\mathrm{d}\hat{\tau}}{\mathrm{d}t}}{|\vec{v}|\left|\dfrac{\mathrm{d}\hat{\tau}}{\mathrm{d}s}\right|} \tag{2-52}$$

定义曲线 $\vec{l}$ 在 M 点处的曲率半径 R 为

$$R = \frac{1}{\left|\dfrac{\mathrm{d}\hat{\tau}}{\mathrm{d}s}\right|} \tag{2-53}$$

特别当 $\dfrac{\mathrm{d}\hat{\tau}}{\mathrm{d}s}=0$，即 $R=\infty$ 的点，称为曲线的拐点。

这时，一般曲线运动加速度 $\vec{a}$ 的式(2-48)变为

$$\vec{a} = -\hat{n}\frac{|\vec{v}|^2}{R} + \hat{\tau}\frac{\mathrm{d}|\vec{v}|}{\mathrm{d}t} \tag{2-54}$$

作为著名特例——匀速圆周运动，有

$$\vec{a} = -\frac{|\vec{v}|^2}{|\vec{r}|}\hat{r} \tag{2-55}$$

也即常称的向心加速度。

2.5 矢量函数的积分

一矢量函数的积分是数量函数积分的推广，因此也可分为不定积分和定积分。

1. 矢量函数的不定积分

【定义】 在规定的 t 区间上讨论。设 $\dfrac{\mathrm{d}}{\mathrm{d}t}\vec{B}(t)=\vec{A}(t)$，则称 $\vec{B}(t)$ 是该区间上 $\vec{A}(t)$ 的一个原函数，且 $\vec{A}(t)$ 的全体原函数即 $\vec{A}(t)$ 在该区间的不定积分，记作 $\int \vec{A}(t)\mathrm{d}t$，由上述定义很容易得出

$$\int \vec{A}(t)\mathrm{d}t = \vec{B}(t) + \vec{C} \quad (\vec{C} \text{ 代表常矢}) \tag{2-56}$$

下面进一步写出分量的形式，若已知

$$\vec{A} = \vec{A}(t) = A_x(t)\hat{i} + A_y(t)\hat{j} + A_z(t)\hat{k}$$

则矢量函数的不定积分有

$$\int \vec{A}(t)\mathrm{d}t = \hat{i}\int A_x(t)\mathrm{d}t + \hat{j}\int A_y(t)\mathrm{d}t + \hat{k}\int A_z(t)\mathrm{d}t \tag{2-57}$$

这说明，矢量函数的不定积分实质上是三个独立有序的数量函数的不定积分（表 2-2）。

表 2-2　矢量函数不定积分的基本性质

$$\int k\vec{A}(t)\mathrm{d}t = k\int \vec{A}(t)\mathrm{d}t \quad (k \text{ 为常数})$$

$$\int [\vec{A}(t) \pm \vec{B}(t)]\mathrm{d}t = \int \vec{A}(t)\mathrm{d}t \pm \int \vec{B}(t)\mathrm{d}t$$

$$\int \vec{a}u(t)\mathrm{d}t = \vec{a}\int u(t)\mathrm{d}t \quad (\vec{a} \text{ 为常矢})$$

$$\int \vec{a} \cdot \vec{A}(t)\mathrm{d}t = \vec{a} \cdot \int \vec{A}(t)\mathrm{d}t$$

$$\int \vec{a} \times \vec{A}(t)\mathrm{d}t = \vec{a} \times \int \vec{A}(t)\mathrm{d}t$$

【例 2-6】　计算矢量函数的不定积分。

$$\int \vec{A}(t) \times \frac{\mathrm{d}^2 \vec{A}}{\mathrm{d}t^2}\mathrm{d}t$$

【解】　矢量函数和数量函数类似，可以采用分部积分法。

$$\int \vec{A}(t) \times \frac{\mathrm{d}^2 \vec{A}}{\mathrm{d}t^2}\mathrm{d}t = \int \vec{A}(t) \times \mathrm{d}\left(\frac{\mathrm{d}\vec{A}}{\mathrm{d}t}\right) = \vec{A}(t) \times \frac{\mathrm{d}\vec{A}(t)}{\mathrm{d}t} - \int \frac{\mathrm{d}\vec{A}}{\mathrm{d}t} \times \frac{\mathrm{d}\vec{A}}{\mathrm{d}t}\mathrm{d}t$$

$$= \vec{A}(t) \times \frac{\mathrm{d}\vec{A}}{\mathrm{d}t} + \vec{C}$$

2. 矢量函数的定积分

只需要指出：矢量函数的定积分完全等价于三个独立有序数量函数的定积分，即有

$$\int_{t_1}^{t_2} \vec{A}(t)\mathrm{d}t = \hat{i}\int_{t_1}^{t_2} A_x(t)\mathrm{d}t + \hat{j}\int_{t_1}^{t_2} A_y(t)\mathrm{d}t + \hat{k}\int_{t_1}^{t_2} A_z(t)\mathrm{d}t \tag{2-58}$$

就足够了。

【例 2-7】　求 $t \in [0, 2\pi]$ 的圆柱螺旋线长度 e。

【解】　已知螺旋线的矢径方程

$$\vec{r}(t) = x\hat{i} + y\hat{j} + z\hat{k} = a\cos t\hat{i} + a\sin t\hat{j} + ht\hat{k}$$

弧长的微分为

$$\mathrm{d}s = \sqrt{(\mathrm{d}x)^2 + (\mathrm{d}y)^2 + (\mathrm{d}z)^2} = \sqrt{\left(\frac{\mathrm{d}x}{\mathrm{d}t}\right)^2 + \left(\frac{\mathrm{d}y}{\mathrm{d}t}\right)^2 + \left(\frac{\mathrm{d}z}{\mathrm{d}t}\right)^2}\mathrm{d}t$$

于是有

$$l = \int_0^{2\pi} \sqrt{\left(\frac{\mathrm{d}x}{\mathrm{d}t}\right)^2 + \left(\frac{\mathrm{d}y}{\mathrm{d}t}\right)^2 + \left(\frac{\mathrm{d}z}{\mathrm{d}t}\right)^2}\mathrm{d}t = 2\pi\sqrt{a^2 + h^2} \tag{2-59}$$

事实上，矢量函数的积分种类繁多，有弧长积分、曲线积分、曲面积分等。本节所讨论的仅仅是矢量函数的参数 t 积分。

2.6 复矢量函数

电磁场理论中的频域问题既涉及复量,又涉及矢量。也即实际上需要提出复矢量函数,即

$$\widetilde{\vec{A}}(t) = \widetilde{A}_x(t)\hat{i} + \widetilde{A}_y(t)\hat{j} + \widetilde{A}_z(t)\hat{k} \tag{2-60}$$

它是三个独立有序的复函数之结合。这里,将以平面复矢量函数为例加以说明,即

$$\widetilde{\vec{A}}(t) = \widetilde{A}_x(t)\hat{i} + \widetilde{A}_y(t)\hat{j} = \widetilde{X}(t)\hat{i} + \widetilde{Y}(t)\hat{j} \tag{2-61}$$

其中

$$\begin{aligned}\widetilde{X}(t) &= x_1(t) + \mathrm{i}x_2(t) \\ \widetilde{Y}(t) &= y_1(t) + \mathrm{i}y_2(t)\end{aligned} \tag{2-62}$$

式中,i 表示单位虚数,即 i=$\sqrt{-1}$;$x_1(t), x_2(t), y_1(t)$ 和 $y_2(t)$ 均为实函数。从这一点考虑,复矢量函数又是实矢量函数的进一步推广。

很容易把 $\widetilde{\vec{A}}(t)$ 重新组合如下:

$$\widetilde{\vec{A}}(t) = (x_1(t)\hat{i} + y_1(t)\hat{j}) + \mathrm{i}(x_2(t)\hat{i} + y_2(t)\hat{j}) = \vec{A}_1(t) + \mathrm{i}\vec{A}_2(t) \tag{2-63}$$

其中

$$\begin{cases}\vec{A}_1(t) = x_1(t)\hat{i} + y_1(t)\hat{j} \\ \vec{A}_2(t) = x_2(t)\hat{i} + y_2(t)\hat{j}\end{cases} \tag{2-64}$$

请注意,平面复矢量在理论上不可能画出几何图像,因为它表示四维空间。但是为了形象起见,犹如在计算机计算方法中把二维矩阵压缩成一维数组那样,把 $x_1(t) > 0, y_1(t) > 0$ 分别放在 $\widetilde{X}(t)$ 和 $\widetilde{Y}(t)$ 的正方向。同一个 $x_1(t)$(或 $y_1(t)$)把 $x_2(t)$(或 $y_2(t)$)由小到大顺序排列;反之 $x_1(t) < 0, y_1(t) < 0$ 则就在反方向。于是,可给出复平面矢量的示意图,如图 2-10 所示。

引入复模概念 $[\tilde{r}]$

$$[\tilde{r}] = \sqrt{\widetilde{X}^2 + \widetilde{Y}^2} \tag{2-65}$$

且定义

$$\begin{cases}\cos\widetilde{\varphi} = \dfrac{\widetilde{X}(t)}{[\tilde{r}]} \\ \sin\widetilde{\varphi} = \dfrac{\widetilde{Y}(t)}{[\tilde{r}]}\end{cases} \quad [\tilde{r}] \neq 0 \tag{2-66}$$

则可进一步写出

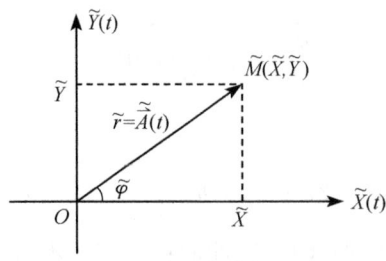

图 2-10 复平面矢量示意图

$$\widetilde{\vec{A}}(t) = [\tilde{r}]\cos\widetilde{\varphi}\hat{i} + [\tilde{r}]\sin\widetilde{\varphi}\hat{j} \tag{2-67}$$

其中

$$\widetilde{\varphi} = \arctan\frac{\widetilde{Y}(t)}{\widetilde{X}(t)} \tag{2-68}$$

且满足恒等式

$$\cos^2\widetilde{\varphi} + \sin^2\widetilde{\varphi} \equiv 1 \tag{2-69}$$

第三章 场

19世纪,电磁理论首次在思想上摆脱了Newton力学的严重桎梏,闯出一条全新的道路。

本质上,电磁革命最重要的概念是它们的相互作用必须通过空间中的场得以实现,而波则以有限(光)速度进行传播。由此,一直霸占统治地位的"超距作用"学说开始被打破。

著名物理学家杨振宁在总结20世纪物理学时,把"场和对称性"认为是最重要的两个革命性概念。他指出:"Faraday凭借着他的直觉概念以及他在实验现象中找到的那些正确的东西,最后便对力线做出非常明确的陈述。"

1851年,Faraday写了一篇题为"论磁力线,它们的确定特征以及它们在磁铁内和空间中的分布"经典论文,进一步阐明"顺着力线的方向有吸引力,而各力线之间则相互排斥(绝不相交)。"于是场的概念便在直观上成熟了。

下一步,如何把Faraday的伟大思想用明晰的数学加以表述,这个任务几乎毫无争议地落在比Faraday小整整40岁的Maxwell肩上。尽管Faraday十分担心数学漂亮的外壳是否会掩盖物理本质,但是天才的Maxwell把"场"神奇地引进到物理学的殿堂。他的论文"电磁场的动力学理论"(1865年)是19世纪物理学中最伟大的文献之一。而Maxwell也是第一个明确使用场(field)这个词的人。

发生物理现象的空间部分称为场。场是物理量的空间函数,根据物理量的性质,场也可以分为数量场(例如,温度、密度、电位等)、矢量场(例如,力$\vec{F}$、电场$\vec{E}$和磁场$\vec{H}$)等,甚至还可以进一步包括张量场。

场有两个显著的特点:

(1) 场是物理的客观实在。因此,它不以坐标系的选取而变化。当然,不同的坐标系场会有不同的外部表象。

(2) 广而言之,场可以随时间和空间联合变化,本章将重点讨论场的空间变化,也即不随时间变化的稳定场论。

3.1 数 量 场

在空间中,数量函数u是点M的函数,即

$$u = u(M) \tag{3-1}$$

则称 u 是空间的一个数量场。当坐标系选定之后,进一步可写出

$$u = u(x,y,z) \qquad (3\text{-}2)$$

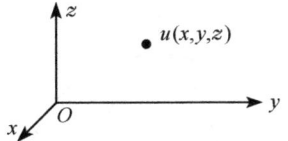

图 3-1 空间中数量场 $u(x,y,z)$

如图 3-1 所示。假定数量函数 u 单值、连续且可导(偏导),这符合大多数物理和工程中所遇到的实际情况。

数量场中最值得讨论的重要宏观特征是等值面。它具体是指把数量函数 u 取相同值的点连接起来而构成的一个曲面,定义为

$$u(x,y,z) = \text{constant} \qquad (3\text{-}3)$$

对应在物理中,有温度场的等温面、电位场的等位面等。等值面有两个重要的性质:

(1) 空间的每一点(例如,$M_0(x_0,y_0,z_0)$)均属于一个等值面,有

$$u(x,y,z) = u(x_0,y_0,z_0) \qquad (3\text{-}4)$$

(2) 不同的等值面互不相交。也就是说,空间中的每一点只属于一个等值面,如图 3-2 所示。

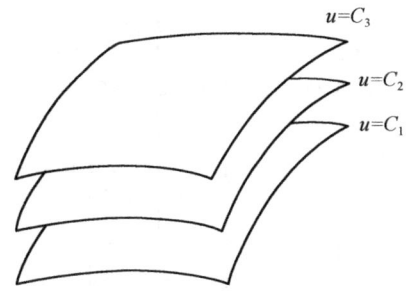

图 3-2 空间数量场 $u(x,y,z)$ 的几个等值面

【例 3-1】 一座复杂山脉。$M(x,y,z)$ 表示山上任何一点。可以把相同高度的点连接起来构成等高线,对应方程是

$$H = H(x,y,z_0) \qquad (3\text{-}5)$$

具体如图 3-3 所示。

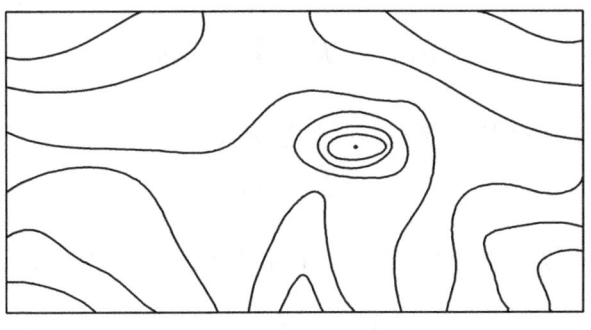

图 3-3 山地等高线

【例 3-2】 三维静电场等位面。

设点电荷 Q 处于三维笛卡儿坐标系 $Oxyz$ 的原点 O,它的静电位 u 可以写为

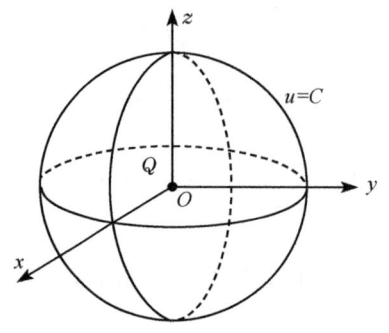

图 3-4　点电荷 Q 形成的电位场 u 的等位面

$$u = u(x,y,z) = \frac{Q}{4\pi\varepsilon R} \quad (3\text{-}6)$$

它是一个数量场函数,其中

$$R = \sqrt{x^2 + y^2 + z^2} \quad (3\text{-}7)$$

这种情况下,等位面方程可写为

$$R^2 = x^2 + y^2 + z^2 = C \quad (3\text{-}8)$$

即是一个以 O 点为球心的球面,如图 3-4 所示。

如果所遇到的是一类柱面问题,即数量场 u 与 z 无关,可以写为

$$u = u(x,y) \quad (3\text{-}9)$$

这类情况称为平面数量场。

【例 3-3】　二维静电场的等位面。

研究与 z 轴重合的无穷长带电直线,电荷线密度为 ρ,则可以把二维静电位表示为

$$u = \frac{\rho}{2\pi\varepsilon} \ln\left(\frac{1}{r}\right) + c \quad (3\text{-}10)$$

$$r = \sqrt{x^2 + y^2} \quad (3\text{-}11)$$

这是一个平面数量场,与 z 无关。等位面是圆柱面,即

$$r^2 = x^2 + y^2 = c \quad (3\text{-}12)$$

如图 3-5 所示。

要注意到,对于二维柱面问题,其电位标准点(即 $u=0$ 点)不能选择为无穷远点。

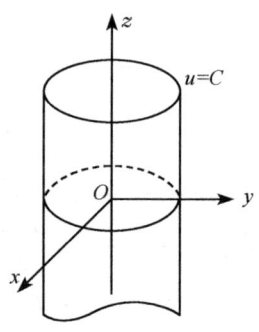

图 3-5　二维静电场的等位柱面

3.2 矢 量 场

如果在空间中任何点 M 都对应一矢量函数

$$\vec{A} = \vec{A}(M) \quad (3\text{-}13)$$

则称 $\vec{A}$ 是此空间一矢量场,具体建立一坐标系,则可进一步写出

$$\vec{A} = \vec{A}(x,y,z) \quad (3\text{-}14)$$

如图 3-6 所示。

矢量场的最重要宏观特征是矢量线,简称矢线,线上每一点都与该点的矢量 $\vec{A}$ 相切。它非常直观地表示矢量场的分布情况。在物理史上,Faraday 从长期的实

验现象中得出明晰的磁力线概念,如图 3-7 所示。

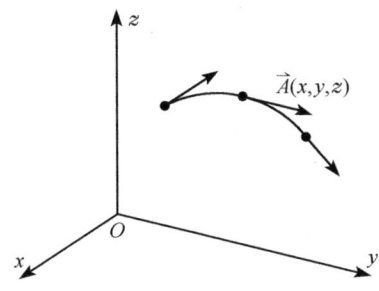

图 3-6 空间的矢量场 $\vec{A}(x,y,z)$

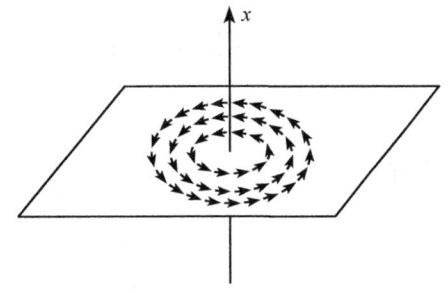

图 3-7 Faraday 磁力线实验

下面,进一步研究矢线微分方程,设 $\vec{l}$ 表示典型的一条矢量线,如图 3-8 所示。建立坐标系后又写出矢径 $\vec{r}$

$$\vec{r} = x\hat{i} + y\hat{j} + z\hat{k}$$

已经知道

$$\mathrm{d}\vec{r} = \mathrm{d}x\hat{i} + \mathrm{d}y\hat{j} + \mathrm{d}z\hat{k} \quad (3\text{-}15)$$

处于 $\vec{l}$ 的切线方向,它必与 M 点处矢量场 $\vec{A} = A_x\hat{i} + A_y\hat{j} + A_z\hat{k}$ 平行共线。由平行条件可知

$$\frac{\mathrm{d}x}{A_x} = \frac{\mathrm{d}y}{A_y} = \frac{\mathrm{d}z}{A_z} \quad (3\text{-}16)$$

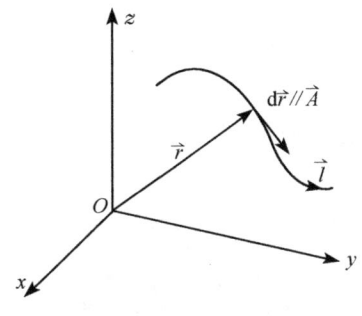

图 3-8 矢线微分方程

式(3-16)即为矢线微分方程。

除个别奇点(即物理源)外,矢量线之间互不相交。因此,可以由任何一条曲线 C 截出一矢量线面,或者由任何一闭合曲线 D 截出一矢量线管(体),如图 3-9 所示。

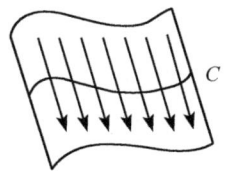

(a) 矢量线面(曲线段C)

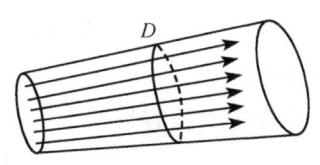

(b) 矢量线管(闭合曲线D)

图 3-9 矢量线面和矢量线管

【例 3-4】 研究点电荷 Q 的电力线微分方程。

【解】 设点电荷 Q 处于坐标原点,写出电场 $\vec{E}$ 为

$$\vec{E} = \frac{Q\vec{r}}{4\pi\varepsilon r^3} = \frac{Q(x\hat{i} + y\hat{j} + z\hat{k})}{4\pi\varepsilon r^3} \tag{3-17}$$

式中，$r = \sqrt{x^2 + y^2 + z^2}$，则写出力线微分方程为

$$\frac{\mathrm{d}x}{E_x} = \frac{\mathrm{d}y}{E_y} = \frac{\mathrm{d}z}{E_z} \tag{3-18}$$

具体有

$$\frac{\mathrm{d}x}{\frac{Qx}{4\pi\varepsilon r^3}} = \frac{\mathrm{d}y}{\frac{Qy}{4\pi\varepsilon r^3}} = \frac{\mathrm{d}z}{\frac{Qz}{4\pi\varepsilon r^3}}$$

它等价于

$$\begin{cases} \dfrac{\mathrm{d}x}{x} = \dfrac{\mathrm{d}y}{y} \\ \dfrac{\mathrm{d}x}{x} = \dfrac{\mathrm{d}z}{z} \end{cases} \tag{3-19}$$

容易解出

$$\begin{cases} y = C_1 x \\ z = C_2 x \end{cases} \tag{3-20}$$

式中，C_1 和 C_2 为常数，即是原点发出的一簇射线，而原点 O 则为奇点，并且 Q 为正时力线向外，Q 为负时力线向内，如图 3-10 所示。

和数量场类似，若矢量场与 z 无关，即形成广义柱形平面矢量场，在这种情况下 $\vec{A}$ 处于一个平面，如 xOy 平面有

$$\vec{A} = \vec{A}(x, y) \tag{3-21}$$

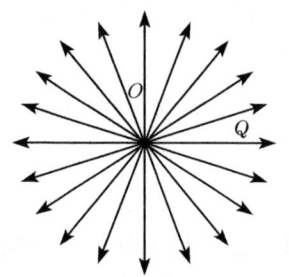

图 3-10　点电荷 Q 的电力线分布

【例 3-5】　研究平面矢量场

$$\vec{A} = (x^2 - y^2)\hat{i} + 2xy\hat{j} \tag{3-22}$$

的矢线微分方程。

【解】　根据定义很容易写出

$$\frac{\mathrm{d}x}{x^2 - y^2} = \frac{\mathrm{d}y}{2xy} \tag{3-23}$$

转换成极坐标

$$\begin{cases} x = \rho\cos\varphi \\ y = \rho\sin\varphi \end{cases} \tag{3-24}$$

可以得到

$$\begin{cases} dx = \cos\varphi d\rho - \rho\sin\varphi d\varphi \\ dy = \sin\varphi d\rho + \rho\cos\varphi d\varphi \\ x^2 - y^2 = \rho^2 \cos2\varphi \\ 2xy = \rho^2 \sin2\varphi \end{cases} \quad (3\text{-}25)$$

把式(3-25)代入式(3-23),有

$$\frac{\cos\varphi d\rho - \rho\sin\varphi d\varphi}{\cos2\varphi} = \frac{\sin\varphi d\rho + \rho\cos\varphi d\varphi}{\sin2\varphi} \quad (3\text{-}26)$$

简化后给出

$$\sin\varphi d\rho = \rho\cos\varphi d\varphi$$

也即

$$\frac{d\rho}{\rho} = \frac{d\sin\varphi}{\sin\varphi} \quad (3\text{-}27)$$

上述微分方程解是

$$\rho = C\sin\varphi \quad (3\text{-}28)$$

或者写成

$$\rho^2 = x^2 + y^2 = Cy \quad (3\text{-}29)$$

式中,C 为矢线微分方程的常数。

式(3-29)表示一簇圆方程

$$x^2 + \left(y - \frac{C}{2}\right)^2 = \left(\frac{C}{2}\right)^2 \quad (3\text{-}30)$$

如图 3-11 所示。

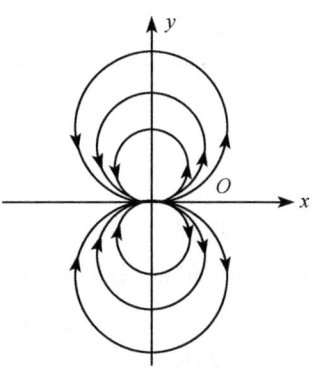

图 3-11 平面矢量场 $\vec{A}$ 的矢线分布

3.3 Hamilton 算子

场的空间变化确定其微观(精细)特征。它的研究方法是考虑场的空间微分和导数,并给出相应分析。为此,在三维情况引入

$$\mathbf{\nabla} = \hat{i}\frac{\partial}{\partial x} + \hat{j}\frac{\partial}{\partial y} + \hat{k}\frac{\partial}{\partial z} \quad (3\text{-}31)$$

表示场与空间相互作用的 Hamilton 矢量算子。

首先需要指出,$\mathbf{\nabla}$ 表示一个运算符号,它本身缺乏独立意义。只有和场结合才显示它的作用。其次,Hamilton 算子具有矢量和运算双重特性,这是认识算子的极为重要的一个概念。

可以把 $\mathbf{\nabla}$ 算子推广到一般正交曲线坐标,其中,q_1, q_2 和 q_3 表示一组独立的正交坐标,$\hat{e}_1, \hat{e}_2$ 和 $\hat{e}_3$ 则表示其相应的切向单位矢。因此,可写出广义正交曲线坐标的 $\mathbf{\nabla}$ 算子的一般形式为

$$\mathbf{V} = \hat{e}_1 \frac{1}{H_1}\frac{\partial}{\partial q_1} + \hat{e}_2 \frac{1}{H_2}\frac{\partial}{\partial q_2} + \hat{e}_3 \frac{1}{H_3}\frac{\partial}{\partial q_3} \tag{3-32}$$

式中,H_1,H_2 和 H_3 为 Lamè 系数,具体将在后面导出。表 3-1 给出几种典型正交坐标系的 $\mathbf{V}$ 算子。

表 3-1　三种典型正交坐标系的 Hamilton 算子 $\mathbf{V}$

坐标系	q_1	q_2	q_3	H_1	H_2	H_3	$\mathbf{V}$
直角坐标系	x	y	z	1	1	1	$\mathbf{V} = \hat{i}\frac{\partial}{\partial x} + \hat{j}\frac{\partial}{\partial y} + \hat{k}\frac{\partial}{\partial z}$
圆柱坐标系	ρ	φ	z	1	ρ	1	$\mathbf{V} = \hat{e}_\rho \frac{\partial}{\partial \rho} + \hat{e}_\varphi \frac{1}{\rho}\frac{\partial}{\partial \varphi} + \hat{e}_z \frac{\partial}{\partial z}$
球坐标系	r	θ	φ	1	r	$r\sin\theta$	$\mathbf{V} = \hat{e}_r \frac{\partial}{\partial r} + \hat{e}_\theta \frac{1}{r}\frac{\partial}{\partial \theta} + \hat{e}_\varphi \frac{1}{r\sin\theta}\frac{\partial}{\partial \varphi}$

3.4　坐标单位矢

在物理和工程上,根据具体对象的几何构架特点,我们可以选用不同的坐标系。其中最常用的是直角坐标系(即笛卡儿坐标系)、圆柱坐标系和球坐标系。

于是,同一矢量场 $\vec{A}$ 在不同的坐标系中可以有不同的表象和形式:

直角坐标系

$$\vec{A} = A_x \hat{i} + A_y \hat{j} + A_z \hat{k} \tag{3-33}$$

圆柱坐标系

$$\vec{A} = A_\rho \hat{e}_\rho + A_\varphi \hat{e}_\varphi + A_z \hat{e}_z \tag{3-34}$$

球坐标系

$$\vec{A} = A_r \hat{e}_r + A_\varphi \hat{e}_\varphi + A_\theta \hat{e}_\theta \tag{3-35}$$

三者可以等价互换。其中,$\hat{i},\hat{j},\hat{k}$;$\hat{e}_\rho,\hat{e}_\varphi,\hat{e}_z$ 和 $\hat{e}_r,\hat{e}_\varphi,\hat{e}_\theta$ 分别表示直角、圆柱和球坐标中的单位矢量。

在这里必须强调指出:三种坐标系中只有直角坐标系的 $\hat{i},\hat{j},\hat{k}$ 和圆柱坐标系的 $\hat{e}_z$ 是不变单位矢,其形如 $\hat{e}_\rho,\hat{e}_\varphi;\hat{e}_r,\hat{e}_\varphi,\hat{e}_\theta$ 均为变单位矢。换句话说,在空间的不同位置,它们的方向是不同的,因此,必须参与空间的微分和积分。

【例 3-6】　研究圆柱坐标系单位矢 $\hat{e}_\rho,\hat{e}_\varphi$ 和 $\hat{e}_z$。

【解】　圆柱坐标系单位矢如图 3-12 所示。十分清楚,在空间不同的位置,$\hat{e}_\rho$ 和 $\hat{e}_\varphi$ 方向也不同。换句话说,$\hat{e}_\rho$ 和 $\hat{e}_\varphi$ 是变矢量。

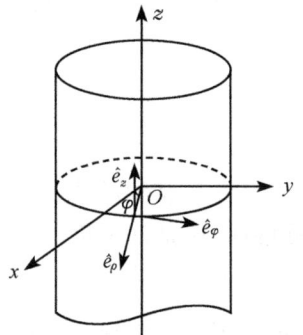

图 3-12　圆柱坐标系中单位矢 $\hat{e}_\rho,\hat{e}_\varphi$ 和 $\hat{e}_z$

用直角坐标系(不变的)单位矢 $\hat{i},\hat{j}$ 表示 $\hat{e}_\rho$ 和 $\hat{e}_\varphi$：

$$\begin{cases} \hat{e}_\rho = \cos\varphi\hat{i} + \sin\varphi\hat{j} \\ \hat{e}_\varphi = -\sin\varphi\hat{i} + \cos\varphi\hat{j} \end{cases} \tag{3-36}$$

很容易得到

$$\begin{cases} \dfrac{\partial \hat{e}_\rho}{\partial \rho} = 0, \quad \dfrac{\partial \hat{e}_\rho}{\partial \varphi} = -\sin\varphi\hat{i} + \cos\varphi\hat{j} = \hat{e}_\varphi \\ \dfrac{\partial \hat{e}_\varphi}{\partial \rho} = 0, \quad \dfrac{\partial \hat{e}_\varphi}{\partial \varphi} = -\cos\varphi\hat{i} - \sin\varphi\hat{j} = -\hat{e}_\rho \end{cases} \tag{3-37}$$

进一步还有

$$\begin{cases} \dfrac{\partial^2 \hat{e}_\rho}{\partial \varphi^2} = -\hat{e}_\rho \\ \dfrac{\partial^2 \hat{e}_\varphi}{\partial \varphi^2} = -\hat{e}_\varphi \end{cases} \tag{3-38}$$

可以清楚地看出，圆柱坐标系单位矢 $\hat{e}_\rho$ 和 $\hat{e}_\varphi$ 要参与空间导数，而 $\hat{e}_z$ 则与直角坐标系相同，是不变单位矢。

【**例 3-7**】 静电场。有一半径为 a 的细环，线电荷密度为 σ_l，求 z 轴 d 处的电场 $\vec{E}$，如图 3-13 所示。

【**解**】 取 $\sigma_l \mathrm{d}l$ 微分段，写出 $\mathrm{d}\vec{E}$ 表达式

$$\mathrm{d}\vec{E} = \frac{\vec{r}\sigma_l}{4\pi\varepsilon r^3}\mathrm{d}l \tag{3-39}$$

其中

$$\begin{cases} r = \sqrt{a^2 + d^2} \\ \vec{r} = -a\hat{e}_\rho + d\hat{e}_z \\ \mathrm{d}l = a\mathrm{d}\varphi \end{cases} \tag{3-40}$$

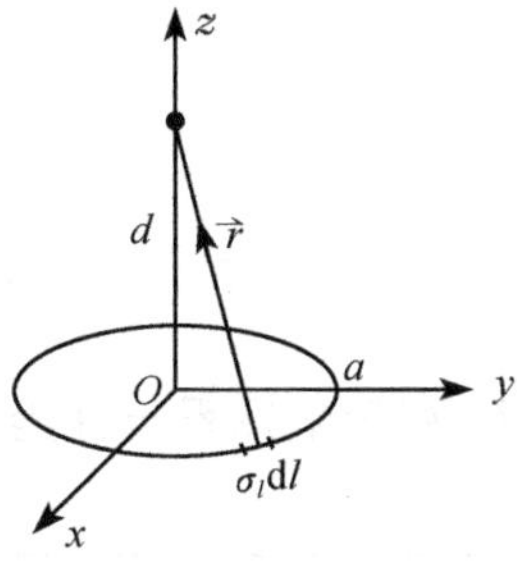

图 3-13 圆环静电场

在 $\varphi \in [0, 2\pi]$ 域内，电场包含两个部分，即

$$\vec{E} = \vec{E}_1 + \vec{E}_2 \tag{3-41}$$

其中

$$\begin{cases} \vec{E}_1 = -\dfrac{\sigma_l a^2}{4\pi\varepsilon(a^2+d^2)^{\frac{3}{2}}}\displaystyle\int_0^{2\pi}\hat{e}_\rho \mathrm{d}\varphi \\[2pt] \vec{E}_2 = \dfrac{\sigma_l a d}{4\pi\varepsilon(a^2+d^2)^{\frac{3}{2}}}\displaystyle\int_0^{2\pi}\mathrm{d}\varphi\hat{e}_z \end{cases} \tag{3-42}\tag{3-43}$$

式(3-42)和式(3-43)的最大区别在于 $\hat{e}_\rho$ 必须参加 $\mathrm{d}\varphi$ 积分；$\hat{e}_z$ 则是独立不变的单位矢，可放在积分号之外，于是有

$$\int_0^{2\pi} \hat{e}_\rho \mathrm{d}\varphi = \int_0^{2\pi} (\cos\varphi \hat{i} + \sin\varphi \hat{j}) \mathrm{d}\varphi \equiv 0 \tag{3-44}$$

使 $\vec{E}_1 = 0$,最后可得

$$\vec{E} = \vec{E}_2 = \frac{ad\sigma_l}{2\varepsilon(a^2+d^2)^{\frac{3}{2}}} \hat{e}_z \tag{3-45}$$

附录　坐标系转换关系

1. 直角坐标系与球坐标系单位矢量间的关系

球坐标系＼直角坐标系	$\hat{x}$	$\hat{y}$	$\hat{z}$
$\hat{r}$	sinθcosφ	sinθsinφ	cosθ
$\hat{\theta}$	cosθcosφ	cosθsinφ	$-$sinθ
$\hat{\varphi}$	$-$sinφ	cosφ	0

$$\begin{bmatrix} A_r \\ A_\theta \\ A_\varphi \end{bmatrix} = \begin{bmatrix} \sin\theta\cos\varphi & \sin\theta\sin\varphi & \cos\theta \\ \cos\theta\cos\varphi & \cos\theta\sin\varphi & -\sin\theta \\ -\sin\varphi & \cos\varphi & 0 \end{bmatrix} \begin{bmatrix} A_x \\ A_y \\ A_z \end{bmatrix}$$

$$\begin{bmatrix} A_x \\ A_y \\ A_z \end{bmatrix} = \begin{bmatrix} \sin\theta\cos\varphi & \cos\theta\cos\varphi & -\sin\varphi \\ \sin\theta\sin\varphi & \cos\theta\sin\varphi & \cos\varphi \\ \cos\theta & -\sin\theta & 0 \end{bmatrix} \begin{bmatrix} A_r \\ A_\theta \\ A_\varphi \end{bmatrix}$$

2. 直角坐标系与柱坐标系单位矢间的关系

柱坐标系＼直角坐标系	$\hat{x}$	$\hat{y}$	$\hat{z}$
$\hat{\rho}$	cosφ	sinφ	0
$\hat{\varphi}$	$-$sinφ	cosφ	0
$\hat{z}$	0	0	1

$$\begin{bmatrix} A_\rho \\ A_\varphi \\ A_z \end{bmatrix} = \begin{bmatrix} \cos\theta & \sin\varphi & 0 \\ -\sin\varphi & \cos\varphi & 0 \\ 0 & 0 & 1 \end{bmatrix} \begin{bmatrix} A_x \\ A_y \\ A_z \end{bmatrix}$$

$$\begin{bmatrix} A_x \\ A_y \\ A_z \end{bmatrix} = \begin{bmatrix} \cos\varphi & -\sin\varphi & 0 \\ \sin\varphi & \cos\varphi & 0 \\ 0 & 0 & 1 \end{bmatrix} \begin{bmatrix} A_\rho \\ A_\varphi \\ A_z \end{bmatrix}$$

3. 球坐标系与柱坐标系单位矢量间的关系

柱坐标系 \ 球坐标系	$\hat{r}$	$\hat{\varphi}$	$\hat{z}$
$\hat{r}$	$\sin\theta$	0	$\cos\theta$
$\hat{\theta}$	$\cos\theta$	0	$-\sin\theta$
$\hat{\varphi}$	0	1	0

$$\begin{bmatrix} A_\rho \\ A_\varphi \\ A_z \end{bmatrix} = \begin{bmatrix} \sin\theta & \cos\theta & 0 \\ 0 & 0 & 1 \\ \cos\theta & -\sin\theta & 0 \end{bmatrix} \begin{bmatrix} A_r \\ A_\theta \\ A_\varphi \end{bmatrix}$$

$$\begin{bmatrix} A_r \\ A_\theta \\ A_\varphi \end{bmatrix} = \begin{bmatrix} \sin\theta & 0 & \cos\theta \\ \cos\theta & 0 & -\sin\theta \\ 0 & 1 & 0 \end{bmatrix} \begin{bmatrix} A_\rho \\ A_\varphi \\ A_z \end{bmatrix}$$

第四章 梯 度

梯度是数量场在空间最重要的微观变化特征量。如果说,等值面是数量场的宏观特征,那么场在空间的变化即是其微观特征,在空间某点的数量场允许向各种不同方向做出变化。于是变化方向成了研究数量场的独有特色。

4.1 $\hat{l}$ 的方向余弦

数量场 $u=u(x,y,z)$ 的变化空间中取一点 M_0,它对应 $u_0=u(x_0,y_0,z_0)$,研究此时场朝 $\hat{l}$ 方向的变化规律,如图 4-1 所示。

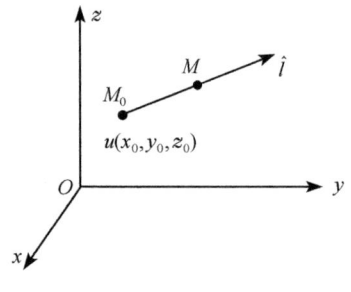

图 4-1 数量场 $u=u(x,y,z)$ 在 M_0 点朝 $\hat{l}$ 方向的变化规律

任取一段 $\Delta \hat{l}$,写出:

$$\Delta \hat{l} = \Delta x \hat{i} + \Delta y \hat{j} + \Delta z \hat{k} \qquad (4\text{-}1)$$

式中,Δx,Δy 和 Δz 分别表示 $\Delta \hat{l}$ 在 x,y 和 z 轴上的投影,则可知这一方向的单位矢 $\hat{l}$ 为

$$\hat{l} = \left(\frac{\Delta x}{\Delta l}\right)\hat{i} + \left(\frac{\Delta y}{\Delta l}\right)\hat{j} + \left(\frac{\Delta z}{\Delta l}\right)\hat{k} \qquad (4\text{-}2)$$

式中,Δl 表示矢量 $\Delta \hat{l}$ 的长度(或模),具体有

$$\Delta l = \sqrt{(\Delta x)^2 + (\Delta y)^2 + (\Delta z)^2} \qquad (4\text{-}3)$$

令

$$\cos\alpha = \frac{\Delta x}{\Delta l}, \quad \cos\beta = \frac{\Delta y}{\Delta l}, \quad \cos\gamma = \frac{\Delta z}{\Delta l} \qquad (4\text{-}4)$$

分别表示单位矢 $\hat{l}$ 在 x,y 和 z 轴上的方向余弦,于是最后得到

$$\hat{l} = \cos\alpha \hat{i} + \cos\beta \hat{j} + \cos\gamma \hat{k} \qquad (4\text{-}5)$$

且满足等式

$$\cos^2\alpha + \cos^2\beta + \cos^2\gamma = 1 \qquad (4\text{-}6)$$

4.2 方向导数 $\dfrac{\partial u}{\partial l}$

现在,进一步研究数量场 u 在 $\hat{l}$ 方向的变化规律。

【定义】 M_0 是数量场 $u=u(M)$ 中的一点,在 $\hat{l}$ 方向上的动点 M,记 $\overline{M_0M} = \Delta l$,有

$$\frac{\Delta u}{\Delta l} = \frac{u(M) - u(M_0)}{\overline{M_0 M}} \tag{4-7}$$

若 $M \to M_0$ 时,式(4-7)极限存在,则把它称为 $u(M)$ 在 M_0 点沿 $\hat{l}$ 方向的方向导数,记作 $\left.\frac{\partial u}{\partial l}\right|_{M_0}$,有

$$\left.\frac{\partial u}{\partial l}\right|_{M_0} = \lim_{M \to M_0} \frac{u(M) - u(M_0)}{\overline{M_0 M}} \tag{4-8}$$

由式(4-8)可知,数量场 u 随 $\hat{l}$ 方向增加,则 $\frac{\partial u}{\partial l} > 0$;$u$ 随 $\hat{l}$ 方向减少,则 $\frac{\partial u}{\partial l} < 0$;特别当 $\frac{\partial u}{\partial l} = 0$,则 $\hat{l}$ 方向即在数量场 $u(x,y,z)$ 的等值面上。换句话说,等值面上,数量场 u 的方向导数为 0。

【定理】 数量场 $u = u(x,y,z)$ 在 $M_0(x_0, y_0, z_0)$ 处可微,则 u 在 M_0 处沿 $\hat{l}$ 的方向导数必定存在,且有

$$\left.\frac{\partial u}{\partial l}\right|_{M_0} = \frac{\partial u}{\partial x}\cos\alpha + \frac{\partial u}{\partial y}\cos\beta + \frac{\partial u}{\partial z}\cos\gamma \tag{4-9}$$

【证明】 若把空间中动点 M 写为 $M(x_0 + \Delta x, y_0 + \Delta y, z_0 + \Delta z)$,因 u 在 M_0 处可微,必有

$$\Delta u = u(M) - u(M_0) = \frac{\partial u}{\partial x}\Delta x + \frac{\partial u}{\partial y}\Delta y + \frac{\partial u}{\partial z}\Delta z + \delta \Delta l \tag{4-10}$$

于是得到

$$\frac{\Delta u}{\Delta l} = \frac{\partial u}{\partial x}\frac{\Delta x}{\Delta l} + \frac{\partial u}{\partial y}\frac{\Delta y}{\Delta l} + \frac{\partial u}{\partial z}\frac{\Delta z}{\Delta l} + \delta \tag{4-11}$$

取极限,且计及式(4-4)和 $\lim_{\Delta l \to 0}\delta = 0$,最后有结果

$$\left.\frac{\partial u}{\partial l}\right|_{M_0} = \lim_{\Delta l \to 0} \frac{\Delta u}{\Delta l} = \frac{\partial u}{\partial x}\cos\alpha + \frac{\partial u}{\partial y}\cos\beta + \frac{\partial u}{\partial z}\cos\gamma$$

【例 4-1】 在坐标原点 O 放置一点电荷 Q,研究电位函数 $u(x,y,z)$ 在 $M_0(1,0,1)$ 点沿 $\vec{l} = \hat{i} + 2\hat{j} + 2\hat{k}$ 方向的方向导数 $\frac{\partial u}{\partial l}$,如图 4-2 所示。

【解】 点电荷 Q 的电位 $u(x,y,z)$ 构成数量场,可写为

$$u = u(x,y,z) = \frac{Q}{4\pi\varepsilon r} \tag{4-12}$$

式中,$r = \sqrt{x^2 + y^2 + z^2}$,现引入归一化电位 $\bar{u}$,定义为

$$\bar{u} = \bar{u}(x,y,z) = \frac{4\pi\varepsilon u}{Q} = \frac{1}{r} \tag{4-13}$$

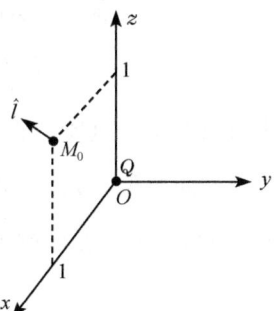

图 4-2 点电荷 Q 电位函数 u 在 M_0 处方向导数 $\frac{\partial u}{\partial l}$

由已知条件 $|l|=3$，即有

$$\hat{l} = \hat{i}\frac{1}{3} + \hat{j}\frac{2}{3} + \hat{k}\frac{2}{3} = \hat{i}\cos\alpha + \hat{j}\cos\beta + \hat{k}\cos\gamma \tag{4-14}$$

很容易给出

$$\cos\alpha = \frac{1}{3}, \quad \cos\beta = \frac{2}{3}, \quad \cos\gamma = \frac{2}{3} \tag{4-15}$$

又据式(4-13)，给出

$$\begin{cases} \dfrac{\partial \bar{u}}{\partial x} = -\dfrac{x}{(x^2+y^2+z^2)^{3/2}} \\ \dfrac{\partial \bar{u}}{\partial y} = -\dfrac{y}{(x^2+y^2+z^2)^{3/2}} \\ \dfrac{\partial \bar{u}}{\partial z} = -\dfrac{z}{(x^2+y^2+z^2)^{3/2}} \end{cases} \tag{4-16}$$

代入式(4-9)，有

$$\frac{\partial \bar{u}}{\partial l} = -\frac{1}{2\sqrt{2}} \cdot \frac{1}{3} + 0 \cdot \frac{2}{3} - \frac{1}{2\sqrt{2}} \cdot \frac{2}{3} = -\frac{1}{2\sqrt{2}} = -\frac{1}{4}\sqrt{2}$$

且

$$\frac{\partial u}{\partial l} = \frac{Q}{4\pi\varepsilon} \frac{\partial \bar{u}}{\partial l} = -\frac{\sqrt{2}Q}{16\pi\varepsilon} \tag{4-17}$$

注意到，电位在 $\vec{l}$ 方向逐渐递减。

4.3 梯 度

重新观察由式(4-9)给出的方向导数 $\dfrac{\partial u}{\partial l}$，且将它写成两个矢量函数的点积形成，即

$$\begin{aligned}\frac{\partial u}{\partial l} &= \left(\frac{\partial u}{\partial x}\hat{i} + \frac{\partial u}{\partial y}\hat{j} + \frac{\partial u}{\partial z}\hat{k}\right) \cdot (\cos\alpha\,\hat{i} + \cos\beta\,\hat{j} + \cos\gamma\,\hat{k}) \\ &= \left(\frac{\partial u}{\partial x}\hat{i} + \frac{\partial u}{\partial y}\hat{j} + \frac{\partial u}{\partial z}\hat{k}\right) \cdot \hat{l}\end{aligned} \tag{4-18}$$

式(4-18)十分重要。它清楚地表明，数量场的方向导数由两个部分组成：一是所取的方向单位矢 $\hat{l}$；二是数量场的导数矢 $\dfrac{\partial u}{\partial x}\hat{i} + \dfrac{\partial u}{\partial y}\hat{j} + \dfrac{\partial u}{\partial z}\hat{k}$。只要计及 3.3 节所引入的 Hamilton 矢量算子 $\mathbf{\nabla}$

$$\mathbf{\nabla} = \hat{i}\frac{\partial}{\partial x} + \hat{j}\frac{\partial}{\partial y} + \hat{k}\frac{\partial}{\partial z} \tag{4-19}$$

即可写出

$$\mathbf{\nabla}u = \left(\hat{i}\frac{\partial}{\partial x} + \hat{j}\frac{\partial}{\partial y} + \hat{k}\frac{\partial}{\partial z}\right)u$$

于是有

$$\frac{\partial u}{\partial l} = (\nabla u) \cdot \hat{l} \tag{4-20}$$

【定义】 数量场 $u(x,y,z)$ 在 M_0 处的梯度为

$$\nabla u = \frac{\partial u}{\partial x}\hat{i} + \frac{\partial u}{\partial y}\hat{j} + \frac{\partial u}{\partial z}\hat{k} \tag{4-21}$$

十分清楚:梯度是一个矢量,且是数量场 $u(x,y,z)$ 在 M_0 点的固有特性,与方向 $\hat{l}$ 无关。

梯度性质如表 4-1 所示。

表 4-1 梯度性质

| 【性质 1】 | $\|\nabla u\| = \max\left(\dfrac{\partial u}{\partial l}\right)$ | (4-22) |

梯度的大小是 M_0 点各种方向中最大的方向导数。

只需令 ∇u 和 $\hat{l}$ 之间的夹角为 θ,则方向导数可写成

$$\frac{\partial u}{\partial l} = (\nabla u) \cdot \hat{l} = |\nabla u| \cos\theta$$

又因 $\cos\theta \leqslant 1$,即有式(4-22)。

【性质 2】 数量场 $u(M)$ 在 M_0 点处梯度方向垂直于该点的等值面,且指向函数 $u(M)$ 增大的方向,如图 4-3 所示。

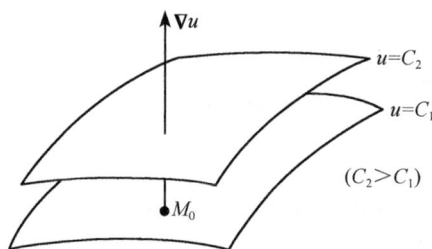

图 4-3 梯度 u 方向:垂直于等值面,且指向 u 的增大方向

已经论述过等值面上的方向导数为 0,若用 $\hat{l}_C$ 表示等值面的切线方向,则有

$$\left.\frac{\partial u}{\partial l}\right|_{\hat{l}_C} = \nabla u \cdot \hat{l}_C \equiv 0$$

可见,梯度 ∇u 与 $\hat{l}_C$ 相互垂直。

又因为 ∇u 是场函数的固有矢量,在不同的方向 $\hat{l}$ 中 ∇u 可以获得最大(正的)方向导数,即 $\max\left(\dfrac{\partial u}{\partial l}\right)$,且 $\left(\dfrac{\partial u}{\partial l}\right) > 0$,于是又可知 ∇u 指向 u 的增大方向。

【性质 3】 数量场 $u = u(x,y,z)$ 在 $\hat{l}$ 方向上的方向导数 $\dfrac{\partial u}{\partial l}$ 是梯度 ∇u 在 $\hat{l}$ 方向上的投影。

已经知道

$$\frac{\partial u}{\partial l} = (\nabla u) \cdot \hat{l}$$

即为所求,具体如图 4-4 所示。

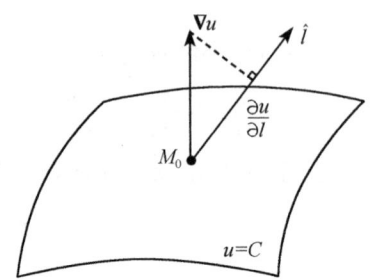

图 4-4　方向导数 $\dfrac{\partial u}{\partial l}$ 是 $\mathbf{V}u$ 在 $\hat{l}$ 方向上的投影

注意:$\mathbf{V}u$ 是矢量,而方向导数 $\dfrac{\partial u}{\partial l}$ 是数量

现在,可把数量场 $u(x,y,z)$ 的梯度归纳于表 4-2 中。

表 4-2　数量场 $u=u(x,y,z)$ 的梯度

	数量场 $u=u(x,y,z)$
	梯度 $\mathbf{V}u=\dfrac{\partial u}{\partial x}\hat{i}+\dfrac{\partial u}{\partial y}\hat{j}+\dfrac{\partial u}{\partial z}\hat{k}$
特点	梯度是数量场 $u=u(x,y,z)$ 在 M_0 点的固有矢量,与 $\hat{l}$ 方向无关
大小	梯度大小等于最大方向导数 $$\|\mathbf{V}u\|=\max\left(\dfrac{\partial u}{\partial l}\right)$$ 而任何方向 $\hat{l}$ 的方向导数均为 $\mathbf{V}u$ 在该方向投影,即 $\dfrac{\partial u}{\partial l}=(\mathbf{V}u)\cdot\hat{l}$
方向	梯度矢量 $\mathbf{V}u$ 垂直于 M_0 点的等值面,且指向 $u=u(x,y,z)$ 的增大方向

表 4-3 给出梯度 $\mathbf{V}u$ 运算的基本公式。

表 4-3　梯度运算的基本公式

$$\mathbf{V}c=0 \quad (c\text{ 为常数})$$
$$\mathbf{V}(cu)=c\mathbf{V}u$$
$$\mathbf{V}(u\pm v)=\mathbf{V}u\pm\mathbf{V}v$$
$$\mathbf{V}(uv)=(\mathbf{V}u)v+u(\mathbf{V}v)$$
$$\mathbf{V}\left(\dfrac{u}{v}\right)=\dfrac{1}{v^2}[(\mathbf{V}u)v-u(\mathbf{V}v)]$$
$$\mathbf{V}(f(u))=\dfrac{\partial f}{\partial u}\mathbf{V}u$$

式中,$f(u)$ 表示为 u 的复合函数。

【例 4-2】 已知矢径 $\vec{r} = x\hat{i} + y\hat{j} + z\hat{k}$ 和一常矢 $\vec{a} = a_x\hat{i} + a_y\hat{j} + a_z\hat{k}$，求 $\nabla(\vec{a} \cdot \vec{r})$。

【解】 根据点积定义

$$\vec{a} \cdot \vec{r} = a_x x + a_y y + a_z z$$

又按梯度定义式(4-21)可得

$$\nabla(\vec{a} \cdot \vec{r}) = a_x\hat{i} + a_y\hat{j} + a_z\hat{k} = \vec{a} \tag{4-23}$$

值得指出的是，进一步可知数量场 $\vec{a} \cdot \vec{r}$ 的等位面是垂直于矢量 $\vec{a}$ 的平面，也即有方程

$$a_x x + a_y y + a_z z = 0 \tag{4-24}$$

【例 4-3】 试求数量场

$$u = \arcsin\left(\frac{z}{\sqrt{x^2 + y^2}}\right)$$

的梯度 ∇u。

【解】 由导数基本公式可知

$$\frac{\partial u}{\partial x} = -\frac{\dfrac{xz}{(x^2+y^2)^{3/2}}}{\sqrt{1 - \dfrac{z^2}{x^2+y^2}}} = -\frac{xz}{(x^2+y^2)\sqrt{x^2+y^2-z^2}}$$

$$\frac{\partial u}{\partial y} = -\frac{yz}{(x^2+y^2)\sqrt{x^2+y^2-z^2}}$$

$$\frac{\partial u}{\partial z} = \frac{\dfrac{1}{\sqrt{x^2+y^2}}}{\sqrt{1 - \dfrac{z^2}{x^2+y^2}}} = \frac{1}{\sqrt{x^2+y^2-z^2}}$$

最后得到梯度

$$\nabla u = \frac{1}{\sqrt{x^2+y^2-z^2}}\left(-\frac{xz}{x^2+y^2}\hat{i} - \frac{yz}{x^2+y^2}\hat{j} + \hat{k}\right)$$

【例 4-4】 证明矢量模 $r = \sqrt{x^2+y^2+z^2}$ 的梯度

$$\nabla r = \frac{\vec{r}}{r} = \hat{r} \tag{4-25}$$

【证明】 由导数公式可知

$$\frac{\partial r}{\partial x} = \frac{x}{\sqrt{x^2+y^2+z^2}} = \frac{x}{r}$$

$$\frac{\partial r}{\partial y} = \frac{y}{r}, \quad \frac{\partial r}{\partial z} = \frac{z}{r}$$

于是，最后可得

$$\mathbf{V}r = \frac{1}{r}(x\hat{i} + y\hat{j} + z\hat{k}) = \frac{\vec{r}}{r} = \hat{r}$$

【注记】 上述结果可进一步推广为

$$\mathbf{V}(f(r)) = \frac{\partial f}{\partial r}\frac{\vec{r}}{r} = \frac{\partial f(r)}{\partial r}\hat{r} \tag{4-26}$$

【例 4-5】 证明点电荷 Q 的电场 $\vec{E}$ 和电位 u 构成负梯度关系,即

$$\vec{E} = -\mathbf{V}u \tag{4-27}$$

【证明】 点电荷 Q 处于坐标原点,不失一般性,其电位 u 是数量场函数有

$$u(r) = \frac{Q}{4\pi\varepsilon r} \tag{4-28}$$

根据梯度定义

$$\mathbf{V}u(r) = \frac{\partial u}{\partial r}\mathbf{V}r = -\frac{Q\vec{r}}{4\pi\varepsilon r^3} \tag{4-29}$$

又已知电场 $\vec{E}$ 为

$$\vec{E} = \frac{Q\vec{r}}{4\pi\varepsilon r^3} \tag{4-30}$$

比较式(4-29)和式(4-30),即证得

$$\vec{E} = -\mathbf{V}u$$

上式不仅明确指出:静电场 $\vec{E}$ 等于电位 u 的负梯度;而且还在物理上强调,$\vec{E}$ 垂直于等位面,且指向电位 u 的减少方向,如图 4-5 所示。

十分清楚,正电荷 Q 的力线从原点 O 出发指向 ∞,而 ∞ 处的电位 u 为 0,最小点。

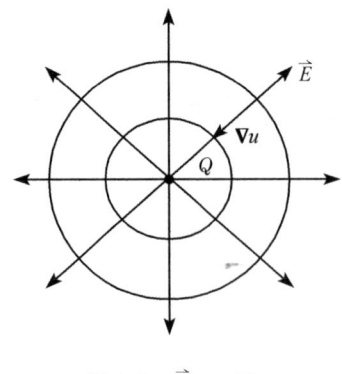

图 4-5 $\vec{E} = -\mathbf{V}u$

4.4 最速下降法

梯度 u 的概念在实际中有十分广泛的应用。作为例子,如果把数量场 u 定义为山的高度,图 4-6 画出了山的等高线和处于 M 点的梯度 $\mathbf{V}u$。

问题的提法如下:若当前处于山的任何一点 M,且无法看到山顶 O,那么应该怎么爬才能最快到达山顶呢? 其中一种比较稳妥的办法是沿 $\mathbf{V}u$ 梯度方向,因为这是两个不同等高线之间的"垂直"捷径——此即所谓"瞎子爬山"思想。

实际上,在工程上碰到的一大类最优化问题,它的目标函数正是(多元)数量场。而问题的提法也是从某点 M 通过搜索,达到最低的"山谷"。若把目标函数的等高线画出来,而把负梯度作为搜索方向——这就是最优化理论中的最速下降法。

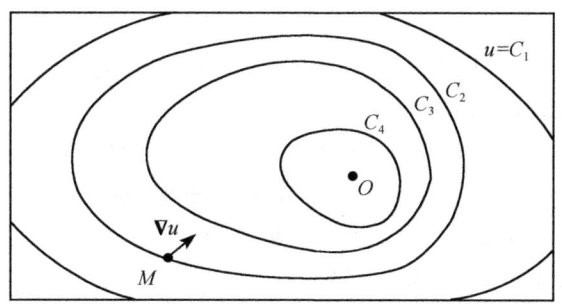

图 4-6　山等高线图和 M 点的梯度 ∇u

为简单起见,这里以二元函数作为此方法的例子进行讨论。这时,负梯度方向又写作

$$\vec{P} = -\nabla f(x,y) = -\frac{\partial f}{\partial x}\hat{i} - \frac{\partial f}{\partial y}\hat{j} \tag{4-31}$$

以 $\vec{P}$ 为搜索方向能保证在局部使 $f(x,y)$ 下降最快。若假定起始点为 $\vec{r}_0$

$$\vec{r}_0 = x_0 \hat{i} + y_0 \hat{j} \tag{4-32}$$

而下一步的搜索点是 $\vec{r}_1$,则有

$$\vec{r}_1 = \vec{r}_0 - k_0 \nabla f(x_0, y_0) \tag{4-33}$$

式中,k_0 为待定的步长参量。一般地,对第 $i+1$ 步($i=0,1,2,\cdots$)有

$$\vec{r}_{i+1} = \vec{r}_i - k_i \nabla f(x_i, y_i) \tag{4-34}$$

式中,$\nabla f(x_i, y_i)$ 表示第 i 次搜索点的梯度;k_i 则为第 i 步的步长参量。为使 k_i 最佳,可归结为

$$\frac{\mathrm{d}f(k_i)}{\mathrm{d}k_i} = 0 \tag{4-35}$$

来求得。

【例 4-6】　研究最速下降法对如下目标函数

$$\min f(x,y) = x^2 + (y-4)^2 \tag{4-36}$$

做出优化,设 $(x_0, y_0) = (1,1)$。

【解】　这是一典型的二元二次型函数,且有对应的解析结果。因为对式(4-36)做出简单的观察即知

$$\begin{cases} x = 0 \\ y = 4 \end{cases} \tag{4-37}$$

即可得到

$$\min f(0,4) = 0 \tag{4-38}$$

同时,已知起始点

$$\vec{r}_0 = \hat{i} + \hat{j} \tag{4-39}$$

且有
$$\nabla f(x_0, y_0) = 2x_0 \hat{i} + 2(y_0 - 4)\hat{j} \tag{4-40}$$

由最速下降法式(4-33)写出
$$\vec{r}_1 = x_1\hat{i} + y_1\hat{j} = \vec{r}_0 - k_0 \nabla f(x_0, y_0)$$
$$= (1 - 2k_0)\hat{i} + (1 + 6k_0)\hat{j} \tag{4-41}$$
$$f(x_1, y_1) = 40k_0^2 - 40k_0 + 10 \tag{4-42}$$

根据最佳步长条件式(4-35)可知
$$\frac{\mathrm{d}f(k_0)}{\mathrm{d}k_0} = 80k_0 - 40 = 0 \tag{4-43}$$

解得
$$k_0 = \frac{1}{2} \tag{4-44}$$

且
$$\begin{cases} x_1 = 0 \\ y_1 = 4 \end{cases} \tag{4-45}$$

对应 $\min f(x_1, y_1) = 0$。

在上面例子中,因为目标函数的等高线是一簇最简单的同心圆,于是采用负梯度方向使最速下降法一步即达到极小点——山谷,如果目标函数的"山脉"形状复杂,则要做进一步研究。

图 4-7 画出了这一最优化过程。

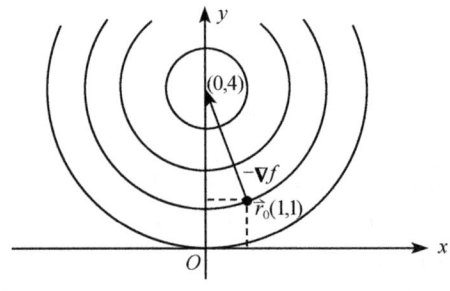

图 4-7　目标函数 $f(x, y) = x^2 + (y-4)^2$ 的最速下降优化方法

第五章 曲线和曲面积分

物体在场中运动,必然会与场发生相互作用,而曲线和曲面积分正反映这种作用的积累和总量。

5.1 曲线积分

曲线积分可以分为两类:弧长曲线积分和坐标曲线积分。

1. 弧长曲线积分

质点在数量场中做曲线运动,可以构成对弧长的曲线积分。

【定义】 对于曲线 L 上的数量场 $u(x,y,z)$ 作和式极限

$$\lim_{\Delta l_i \to 0} \sum_{i=1}^{n} u(\xi_i, \eta_i, \zeta_i) \Delta l_i \tag{5-1}$$

式中,$\Delta l_1, \Delta l_2, \cdots, \Delta l_i, \cdots, \Delta l_n$ 是把曲线 L 任意划分为 n 个弧长小段,典型的第 i 段有

$$\Delta l_i = \sqrt{(x_{i+1} - x_i)^2 + (y_{i+1} - y_i)^2 + (z_{i+1} - z_i)^2} = \sqrt{\Delta x_i^2 + \Delta y_i^2 + \Delta z_i^2} \tag{5-2}$$

且 (ξ_i, η_i, ζ_i) 是在 Δl_i 段内的一点。若式(5-1)极限存在,则把它称为数量场 $u(x,y,z)$ 在曲线 L 上对弧长的曲线积分,如图 5-1 所示,且记作

$$\int_L u(x,y,z) \mathrm{d}l \tag{5-3}$$

式中,L 为积分的曲线路径。需要指出,有的文献也将其称为第 I 型曲线积分。特别当 L 为闭合曲线时,进一步有记号

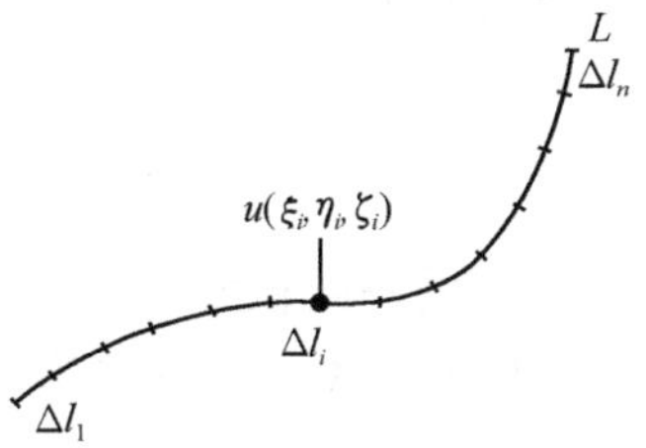

图 5-1 弧长曲线积分
(第 I 型曲线积分)

$$\oint_L u(x,y,z) \mathrm{d}l \tag{5-4}$$

弧长曲线积分存在强烈的实用背景。例如,在地理信息的三维地图问题中,所给出的 $z(x,y)$ 可以表示二维数量场(即在 x,y 处的地形高度),则从 A 到 B 的实际路程即可由

$$S = \int_L \sqrt{1 + \left(\frac{\mathrm{d}z}{\mathrm{d}l}\right)^2} \mathrm{d}l \tag{5-5}$$

表示，如图 5-2 所示。

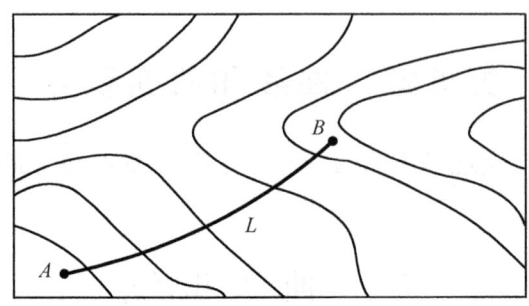

图 5-2　地图上高度弧长曲线积分表示
$A \rightarrow B$ 实际路程

具体分两种情况讨论。

Case1　二维弧长曲线积分

这里将讨论 $\int_L u(x,y) \mathrm{d}l$ 的计算方法。已知曲线 L 上的 y 和 x 之间有函数关系

$$y = f(x) \quad (x_1 \leqslant x \leqslant x_2) \tag{5-6}$$

即可知道弧长

$$\mathrm{d}l = \sqrt{(\mathrm{d}x)^2 + (\mathrm{d}y)^2} = \sqrt{1 + \left(\frac{\mathrm{d}y}{\mathrm{d}x}\right)^2} \mathrm{d}x \tag{5-7}$$

于是可写出

$$\int_L u(x,y) \mathrm{d}l = \int_{x_1}^{x_2} u[x, f(x)] \sqrt{1 + \left(\frac{\mathrm{d}y}{\mathrm{d}x}\right)^2} \mathrm{d}x \tag{5-8}$$

即对 x 的一般积分，如图 5-3 所示。

【例 5-1】　二维数量场 $\sigma(x,y)$ 表示在 (x,y) 处的线密度。假设 $\sigma(x,y) = x^2 + y$。求半径为 a 的 $\frac{1}{4}$ 圆环 $\overset{\frown}{AB}$ 段质量 M。

【解】　问题坐标如图 5-4 所示。采取极坐标有

$$\begin{cases} x = a\cos\varphi \\ y = a\sin\varphi \end{cases} \left(0 \leqslant \varphi \leqslant \frac{\pi}{2}\right) \tag{5-9}$$

进一步写出线密度

$$\sigma(\varphi) = a^2 \cos^2\varphi + a\sin\varphi \tag{5-10}$$

和弧长

$$\mathrm{d}l = a\mathrm{d}\varphi \tag{5-11}$$

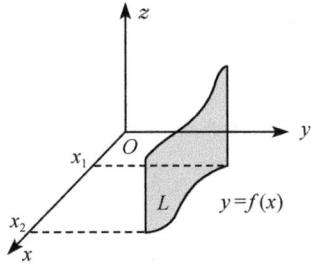

图 5-3 二维弧长曲线积分化为对于 x 的一般积分

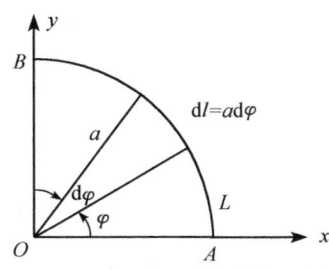

图 5-4 $\frac{1}{4}$ 圆环质量 M（其中线密度 $\sigma(x,y)=x^2+y$）

于是可得到

$$M=\int_L \sigma(\varphi)a\mathrm{d}\varphi = a^2\int_0^{\frac{\pi}{2}}(a\cos^2\varphi+\sin\varphi)\mathrm{d}\varphi$$

$$=a^2\left(\frac{a\pi}{4}+1\right) \tag{5-12}$$

【**例 5-2**】 求长半轴和短半轴分别为 a 和 b 的椭圆周长 L。

【**解**】 把长轴置于 y 轴，不失一般性，如图 5-5 所示。考虑到对称性，只需求出第一象限 $\frac{1}{4}L$ 即可，于是

$$L=4\int_L \mathrm{d}l=\int_0^b\sqrt{1+\left(\frac{\mathrm{d}y}{\mathrm{d}x}\right)^2}\mathrm{d}x \tag{5-13}$$

写出椭圆方程

$$\left(\frac{x}{b}\right)^2+\left(\frac{y}{a}\right)^2=1 \tag{5-14}$$

对式(5-14)两边微分给出

$$\frac{2x\mathrm{d}x}{b^2}+\frac{2y\mathrm{d}y}{a^2}=0 \tag{5-15}$$

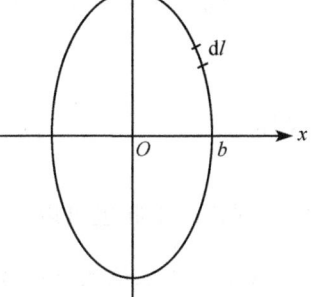

图 5-5 椭圆周长

于是有曲线微分方程

$$\left(\frac{\mathrm{d}y}{\mathrm{d}x}\right)^2=\frac{a^4}{b^4}\left(\frac{x}{y}\right)^2 \tag{5-16}$$

进一步引入椭圆参数 t

$$\begin{cases} x=b\cos t \\ y=a\sin t \end{cases} \tag{5-17}$$

它满足椭圆方程式(5-14)，且把式(5-16)化为

$$\begin{cases} \left(\dfrac{\mathrm{d}y}{\mathrm{d}x}\right)^2 = \left(\dfrac{a^2}{b^2}\right)\left(\dfrac{\cos^2 t}{\sin^2 t}\right) \\ \mathrm{d}x = -b\sin t\mathrm{d}t \end{cases} \tag{5-18}$$

于是有

$$\int_0^b \mathrm{d}x \rightarrow \int_0^{\frac{\pi}{2}} b\sin t\mathrm{d}t \tag{5-19}$$

这样椭圆周长可写出

$$L = 4a\int_0^{\frac{\pi}{2}} \sqrt{1 - k^2\sin^2 t}\mathrm{d}t \tag{5-20}$$

其中

$$k = \dfrac{\sqrt{a^2 - b^2}}{a} \quad (a > b) \tag{5-21}$$

在特殊函数中已定义

$$E(k) = \int_0^{\frac{\pi}{2}} \sqrt{1 - k^2\sin^2 t}\mathrm{d}t \tag{5-22}$$

并称之为第二类完全椭圆积分，而 k 是椭圆模数（$k<1$），最后，椭圆周长为

$$L = 4aE(k) \tag{5-23}$$

特别当 $k=0$（即 $a=b$ 的圆周长情况）时

$$E(k) = \dfrac{\pi}{2} \tag{5-24}$$

这时

$$L = 2\pi a \tag{5-25}$$

即圆周长。由此也可以看出，第二类完全椭圆函数的几何背景与椭圆周长相对应。

Case2　三维弧长曲线积分

这里将讨论 $\int_L u(x,y,z)\mathrm{d}l$ 的计算方法。

三维情况，完全可以看成是二维的推广，如果引入参数 t，写出

$$\begin{cases} x = x(t) \\ y = y(t) \quad (t_1 \leqslant t \leqslant t_2) \\ z = z(t) \end{cases} \tag{5-26}$$

且有

$$\mathrm{d}l = \sqrt{\left(\dfrac{\mathrm{d}x}{\mathrm{d}t}\right)^2 + \left(\dfrac{\mathrm{d}y}{\mathrm{d}t}\right)^2 + \left(\dfrac{\mathrm{d}z}{\mathrm{d}t}\right)^2}\mathrm{d}t \tag{5-27}$$

则可把三维弧长曲线积分化成对 t 的一般积分，即

$$\int_L u(x,y,z)\mathrm{d}l = \int_{t_1}^{t_2} u[x(t),y(t),z(t)]\sqrt{\left(\frac{\mathrm{d}x}{\mathrm{d}t}\right)^2 + \left(\frac{\mathrm{d}y}{\mathrm{d}t}\right)^2 + \left(\frac{\mathrm{d}z}{\mathrm{d}t}\right)^2}\mathrm{d}t \tag{5-28}$$

2. 坐标曲线积分

坐标曲线积分的主要对象是矢量场。典型的物理背景为一个质点在 $\vec{F}$ 力场中沿曲线 L 从 A 到 B 运动,则 $\vec{F}$ 力所做的功 W 可表示为

$$W = \int_{\vec{L}} \vec{F} \cdot \mathrm{d}\vec{l} \tag{5-29}$$

显而易见,在这种情况下存在着 $\vec{F}$ 与 $\mathrm{d}\vec{l}$ 之间的方向关系,运算则是点积,如图 5-6 所示。

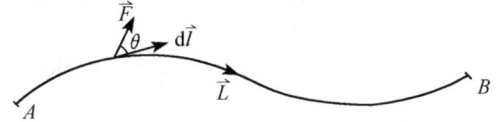

图 5-6 力 $\vec{F}$ 沿 $\vec{L}$ 所做的功 W

【定义】 矢量场 $\vec{A}(x,y,z)$ 和曲线 $\vec{L}$ 若其点积和

$$\lim_{\Delta l_i \to 0} \sum_{i=1}^{n} \vec{A}(\xi_i, \eta_i, \zeta_i) \cdot \Delta \vec{l}_i \tag{5-30}$$

的极限存在,则称之为有向曲线积分,并记作

$$W = \int_{\vec{L}} \vec{A}(x,y,z) \cdot \mathrm{d}\vec{l} \tag{5-31}$$

如图 5-7 所示。

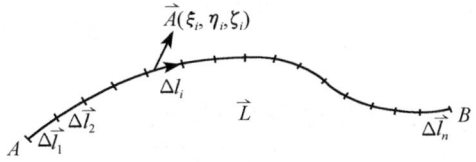

图 5-7 有向曲线积分(第 II 型曲线积分)

进一步写出坐标分量形式,即

$$\vec{A} = \vec{A}(x,y,z) = A_x \hat{i} + A_y \hat{j} + A_z \hat{k} \tag{5-32}$$

和

$$\mathrm{d}\vec{l} = \mathrm{d}x\hat{i} + \mathrm{d}y\hat{j} + \mathrm{d}z\hat{k} \tag{5-33}$$

则式(5-31)可重新写为

$$W = \int_L A_x \mathrm{d}x + A_y \mathrm{d}y + A_z \mathrm{d}z \tag{5-34}$$

式(5-34)称为对坐标 x,y 和 z 的曲线积分,并称之为第 II 型曲线积分。特别应该指出:在式(5-34)中, x,y 和 z 并不独立,它们将受到路径曲线 $\vec{L}$ 的约束。

【例 5-3】 设有半圆形金属细丝,如图 5-8 所示,其半径为 R,线质量密度为 σ,求此金属丝对圆心 O 的单位质量引力 $\vec{F}$。

【解】 取一段 $\mathrm{d}l$ 弧段,把引力分解为 F_x 和 F_y,由于对称性可知 $F_x \equiv 0$,而

$$\mathrm{d}F_y = \frac{k\sigma \mathrm{d}l}{R^2}\sin\varphi \tag{5-35}$$

式中, k 为万有引力常数;注意到 $\mathrm{d}l = R\mathrm{d}\varphi$。最后有

$$\vec{F} = \frac{k\sigma}{R}\int_0^\pi \sin\varphi \mathrm{d}\varphi \hat{j} = \frac{2k\sigma}{R}\hat{j} \tag{5-36}$$

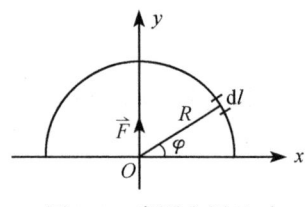

图 5-8 半圆金属丝对 O 点引力 $\vec{F}$

【例 5-4】 在坐标 $(-1,0,0)$ 和 $(1,0,0)$ 两处各放置 $-Q$ 和 $+Q$ 两电荷。所形成的电场 $\vec{E}(x,y,z)$ 函数如图 5-9 所示。路径曲线是圆心为 O,半径为 2 的 $\frac{1}{4}$ 圆周 $\vec{L}$,方向从 $A \to B$。求 $\int_L \vec{E} \cdot \mathrm{d}\vec{l}$ 的值。

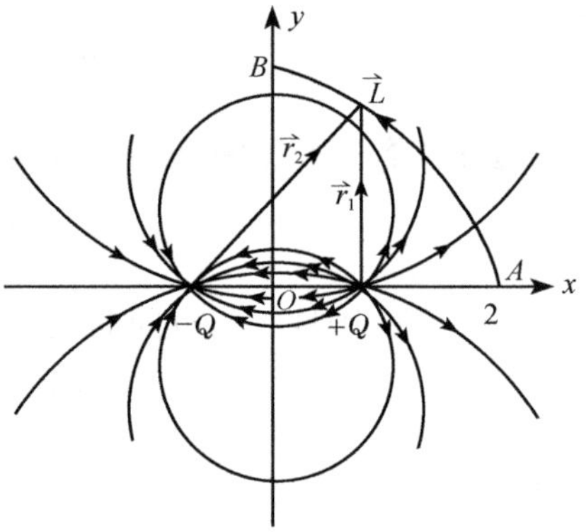

【解】 把问题安置于 $z=0$ 的 xOy 平面,即退化为平面矢量场

$$\vec{E} = \frac{Q}{4\pi\varepsilon}\left(\frac{\vec{r}_1}{r_1^3} - \frac{\vec{r}_2}{r_2^3}\right) \tag{5-37}$$

图 5-9 平面电场 $\vec{E}$ 做功 W

其中

$$\begin{cases} \vec{r}_1 = (x-1)\hat{i} + y\hat{j} \\ r_1 = \sqrt{(x-1)^2 + y^2} \\ \vec{r}_2 = (x+1)\hat{i} + y\hat{j} \\ r_2 = \sqrt{(x+1)^2 + y^2} \end{cases} \tag{5-38}$$

而

$$\mathrm{d}\vec{l} = \mathrm{d}x\hat{i} + \mathrm{d}y\hat{j} \tag{5-39}$$

根据坐标曲线积分法容易得

$$I = \int_{\vec{L}} \vec{E} \cdot \mathrm{d}\vec{l} = I_1 + I_2 \tag{5-40}$$

其中

$$\begin{cases} I_1 = \dfrac{Q}{4\pi\varepsilon} \int_{\vec{L}} \dfrac{(x-1)\mathrm{d}x + y\mathrm{d}y}{(\sqrt{(x-1)^2 + y^2})^3} & (5\text{-}41) \\ I_2 = \dfrac{-Q}{4\pi\varepsilon} \int_{\vec{L}} \dfrac{(x+1)\mathrm{d}x + y\mathrm{d}y}{(\sqrt{(x+1)^2 + y^2})^3} & (5\text{-}42) \end{cases}$$

曲线 $\vec{L}$ 的约束方程为

$$x^2 + y^2 = 4 \tag{5-43}$$

于是有

$$\begin{cases} y\mathrm{d}y = -x\mathrm{d}x \\ y^2 = 4 - x^2 \end{cases} \tag{5-44}$$

代入式(5-41),可得

$$I_1 = -\frac{Q}{4\pi\varepsilon} \int_2^0 \frac{\mathrm{d}x}{(5-2x)^{\frac{3}{2}}} \tag{5-45}$$

令

$$u = 5 - 2x \tag{5-46}$$

$$\mathrm{d}x = -\frac{1}{2}\mathrm{d}u \tag{5-47}$$

$$I_1 = \frac{Q}{4\pi\varepsilon} \int_1^5 \frac{1}{2} \frac{\mathrm{d}u}{u^{\frac{3}{2}}} = \frac{Q}{4\pi\varepsilon} \left(-\frac{1}{u^{\frac{1}{2}}}\right)\bigg|_1^5 = \frac{Q}{4\pi\varepsilon}\left(1 - \frac{1}{\sqrt{5}}\right) \tag{5-48}$$

类似地

$$I_2 = \frac{-Q}{4\pi\varepsilon} \int_2^0 \frac{\mathrm{d}x}{(5+2x)^{\frac{3}{2}}} \tag{5-49}$$

又令

$$v = 5 + 2x \tag{5-50}$$

$$\mathrm{d}x = \frac{1}{2}\mathrm{d}v \tag{5-51}$$

容易看出

$$I_2 = \frac{-Q}{4\pi\varepsilon} \int_9^5 \frac{1}{2} \frac{\mathrm{d}v}{v^{\frac{3}{2}}} = \frac{Q}{4\pi\varepsilon}\left(\frac{1}{\sqrt{5}} - \frac{1}{3}\right) \tag{5-52}$$

最后结果为

$$I = \int_{\vec{L}} \vec{E} \cdot \mathrm{d}\vec{l} = \frac{Q}{6\pi\varepsilon} \tag{5-53}$$

3. 两种曲线积分之间的关系

事实上,对弧长曲线积分和对坐标曲线积分两者是密切相关的。仍以力学上典型的力 $\vec{F}$ 在曲线 $\vec{L}$ 上所做的功 W 为例加以研究。它是一种对坐标的曲线积分,即

$$W = \int_{\vec{L}} \vec{F} \cdot d\vec{l} = \int_{\vec{L}} F_x dx + F_y dy + F_z dz \tag{5-54}$$

假如可引入参数 t,有

$$\begin{cases} x = x(t) \\ y = y(t) \quad t_1 \leqslant t \leqslant t_2 \\ z = z(t) \end{cases} \tag{5-55}$$

采用简写形式,即

$$\begin{cases} F_x = F_x(x(t), y(t), z(t)) \\ F_y = F_y(x(t), y(t), z(t)) \\ F_z = F_z(x(t), y(t), z(t)) \end{cases} \tag{5-56}$$

再一次写出

$$W = \int_{t_1}^{t_2} \left[F_x \left(\frac{dx}{dt} \right) + F_y \left(\frac{dy}{dt} \right) + F_z \left(\frac{dz}{dt} \right) \right] dt \tag{5-57}$$

式(5-57)即已转化为普通的 t 积分。

另外,功又可写成

$$W = \int_L F \cos\theta \, dl \tag{5-58}$$

式(5-58)即采用弧长曲线积分,其中

$$F = \sqrt{F_x^2 + F_y^2 + F_z^2} \tag{5-59}$$

$$dl = \sqrt{(dx)^2 + (dy)^2 + (dz)^2} = \sqrt{\left(\frac{dx}{dt}\right)^2 + \left(\frac{dy}{dt}\right)^2 + \left(\frac{dz}{dt}\right)^2} \, dt \tag{5-60}$$

比较式(5-58)和式(5-57)可知

$$F_x \left(\frac{dx}{dt} \right) + F_y \left(\frac{dy}{dt} \right) + F_z \left(\frac{dz}{dt} \right) = \sqrt{F_x^2 + F_y^2 + F_z^2} \sqrt{\left(\frac{dx}{dt}\right)^2 + \left(\frac{dy}{dt}\right)^2 + \left(\frac{dz}{dt}\right)^2} \cos\theta \tag{5-61}$$

也即有

$$\cos\theta = \frac{F_x \left(\frac{dx}{dt} \right) + F_y \left(\frac{dy}{dt} \right) + F_z \left(\frac{dz}{dt} \right)}{\sqrt{F_x^2 + F_y^2 + F_z^2} \sqrt{\left(\frac{dx}{dt}\right)^2 + \left(\frac{dy}{dt}\right)^2 + \left(\frac{dz}{dt}\right)^2}} \tag{5-62}$$

事实上，对任意非零矢量 $\vec{A}$ 和 $\vec{B}$，均有

$$\cos\theta = \frac{A_x B_x + A_y B_y + A_z B_z}{AB} \tag{5-63}$$

5.2　曲面积分

和曲线积分类似，曲面积分也可以分成两类。

1. 面积曲面积分

质点在数量场 $u(x,y,z)$ 中做曲面运动，有可能构成对面积的曲面积分。

【**定义**】　图 5-10 给出曲面 S。将其剖分后其中典型的第 i 块称为 ΔS_i，取和

$$M = \lim_{\Delta S_i \to 0} \sum_{i=1}^{n} u(\xi_i, \eta_i, \zeta_i) \Delta S_i \tag{5-64}$$

式中，(ξ_i, η_i, ζ_i) 是 ΔS_i 曲面上的一点，若式(5-64)极限存在，则可将它称为数量场 $u(x,y,z)$ 在曲面上的面积曲面积分，也可称为第 I 型曲面积分，并记作

$$\iint_S u(x,y,z) \mathrm{d}S \tag{5-65}$$

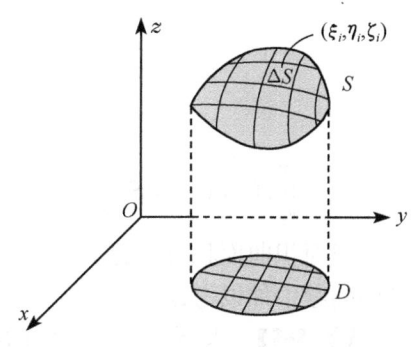

图 5-10　面积曲面积分
（第 I 型曲面积分）

若 S 为闭合曲面，则为

$$\oiint_S u(x,y,z) \mathrm{d}S \tag{5-66}$$

再一次注意到，在这种情况下数量场 $u(x,y,z)$ 中 x,y 和 z 并不独立，它受到面 S 的约束。解决这一问题的主要思路是：把 $\mathrm{d}S$ 的面积曲面积分转化为 xOy 平面 $\mathrm{d}\sigma$ 的一般积分。在第二章中已知，一般的曲面方程可写为

$$F(x,y,z) = 0 \tag{5-67}$$

则

$$\vec{n} = \frac{\partial F}{\partial x}\hat{i} + \frac{\partial F}{\partial y}\hat{j} + \frac{\partial F}{\partial z}\hat{k} \tag{5-68}$$

表示曲面 S 的法向矢量。若把曲面方程式(5-67)写为

$$z = f(x,y) \tag{5-69}$$

或写成归零形式

$$-f(x,y) + z = 0 \tag{5-70}$$

于是再一次得到法向矢量

$$\vec{n} = -\left(\frac{\partial z}{\partial x}\right)\hat{i} - \left(\frac{\partial z}{\partial y}\right)\hat{j} + \hat{k} \tag{5-71}$$

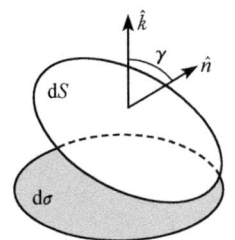

图 5-11　dS 与 dσ 之间的夹角 γ(dσ 处于 xOy 平面)

很容易得到曲面 S 和 xOy 平面的夹角余弦，或者 dS 和 dσ 之间的夹角余弦 cosγ 为

$$\cos\gamma = \frac{\vec{n} \cdot \hat{k}}{n} = \frac{1}{\sqrt{1+\left(\frac{\partial z}{\partial x}\right)^2 + \left(\frac{\partial z}{\partial y}\right)^2}} \tag{5-72}$$

如图 5-11 所示。

事实上，根据具体问题还应判断可能有±两种情况，即

$$d\sigma = \pm \frac{1}{\sqrt{1+\left(\frac{\partial z}{\partial x}\right)^2 + \left(\frac{\partial z}{\partial y}\right)^2}} dS \tag{5-73}$$

于是

$$\iint\limits_S u(x,y,z)dS = \pm \iint\limits_D u[x,y,f(x,y)]\sqrt{1+\left(\frac{\partial z}{\partial x}\right)^2 + \left(\frac{\partial z}{\partial y}\right)^2}\, d\sigma \tag{5-74}$$

把面积曲面积分简化为 xOy 面的一般面积分，注意到式(5-74)可能的±应在具体问题中加以考虑。

【例 5-5】　求下式的面积曲面积分

$$I = \iint\limits_S (x^2 + y^2 + z^2)dS \tag{5-75}$$

式中，S 为圆柱侧面：$x^2 + y^2 = R^2$, $0 \leqslant z \leqslant H$，如图 5-12 所示。

【解】　本例采用对 xOz 平面投影，$S = S_1 + S_2$ 由两个半侧面构成

$$\begin{cases} S_1: y = \sqrt{R^2 - x^2} \\ S_2: y = -\sqrt{R^2 - x^2} \end{cases} \quad (-R \leqslant x \leqslant R, 0 \leqslant z \leqslant H) \tag{5-76}$$

且两个半侧面均有

$$\sqrt{1+\left(\frac{dy}{dx}\right)^2 + \left(\frac{dy}{dz}\right)^2} = \sqrt{1+\left(\frac{x}{y}\right)^2} = \frac{R}{\sqrt{R^2 - x^2}} \tag{5-77}$$

$$I = I_1 + I_2$$

其中

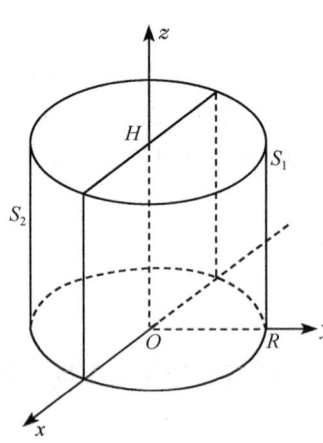

图 5-12　圆柱侧面的面积曲面积分($S = S_1 + S_2$)

$$I_1 = I_2 = \iint_{S_1}(x^2+y^2+z^2)\mathrm{d}S = \iint_D (R^2+z^2)\cdot\frac{R}{\sqrt{R^2-x^2}}\mathrm{d}x\mathrm{d}z \tag{5-78}$$

则得到

$$I = 2R\int_0^H (R^2+z^2)\mathrm{d}z\int_{-R}^R \frac{\mathrm{d}x}{\sqrt{R^2-x^2}} = 2\pi RH\left(R^2+\frac{1}{3}H^2\right) \tag{5-79}$$

【例 5-6】 半径为 R 的导体球，电荷面密度为 σ，如图 5-13 所示，求在点 $A(0,0,a)$ 处的电位 Φ。

【解】 图 5-13 中微分单元 $\mathrm{d}S$ 所产生的电位 Φ 为

$$\mathrm{d}\Phi = \frac{\sigma \mathrm{d}S}{4\pi\varepsilon r} \tag{5-80}$$

式中，r 表示 $\mathrm{d}S$ 到 A 点的距离，具体为

$$r = \sqrt{R^2+a^2-2Ra\cos\theta} \tag{5-81}$$

于是总电位 Φ 可以写为

$$\Phi = \iint_S \frac{\sigma \mathrm{d}S}{4\pi\varepsilon r} \tag{5-82}$$

其中

$$\mathrm{d}S = R^2\sin\theta\mathrm{d}\theta\mathrm{d}\varphi \tag{5-83}$$

如图 5-14 所示，这样进一步得

$$\Phi = \frac{\sigma}{4\pi\varepsilon}\iint_S \frac{R^2\sin\theta\mathrm{d}\theta\mathrm{d}\varphi}{\sqrt{R^2+a^2-2Ra\cos\theta}} \tag{5-84}$$

$$\Phi = \frac{R^2\sigma}{4\pi\varepsilon}\int_0^{2\pi}\mathrm{d}\varphi\int_0^\pi \frac{\sin\theta\mathrm{d}\theta}{\sqrt{R^2+a^2-2aR\cos\theta}}$$

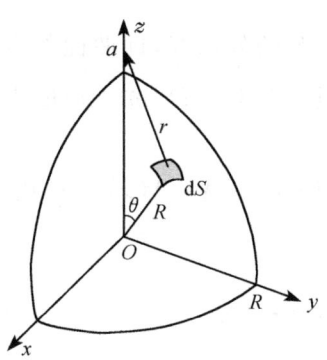

图 5-13 球面电荷所形成的
点 A 电位 Φ

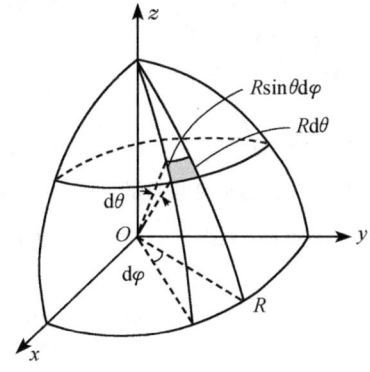

图 5-14 球面积元
$\mathrm{d}S = R^2\sin\theta\mathrm{d}\theta\mathrm{d}\varphi$

$$= \frac{R\sigma}{4a\varepsilon} \int_0^\pi \frac{\mathrm{d}(R^2+a^2-2aR\cos\theta)}{\sqrt{R^2+a^2-2aR\cos\theta}}$$

$$= \frac{\sigma R}{2\varepsilon a} \sqrt{R^2+a^2-2aR\cos\theta}\bigg|_0^\pi$$

$$= \frac{\sigma R}{2\varepsilon a}((a+R)-|a-R|) \tag{5-85}$$

计及球面积 $S=4\pi R^2$ 和总电荷

$$Q = \sigma S = 4\pi R^2 \sigma \tag{5-86}$$

最后得到 A 点电位

$$\Phi = \begin{cases} \dfrac{Q}{4\pi\varepsilon R} & R-a \geqslant 0 \\ \dfrac{Q}{4\pi\varepsilon a} & R-a < 0 \end{cases} \tag{5-87}$$

【讨论】 (1)当 $R-a\geqslant 0$，即点 A 处于球内(或球面上)。这时电位 Φ 为一恒定值，即 $\dfrac{Q}{4\pi\varepsilon R}$。

(2)当 $R-a<0$，即点 A 处在球外，电位 Φ 等价于把球面上总电量 Q 集中于球心 O 时，在 A 点造成的电位 $\dfrac{Q}{4\pi\varepsilon a}$。

2. 坐标曲面积分

坐标曲面积分的主要对象是矢量场。一个典型的实例是电位移矢量 $\vec{D}$ 穿过曲面 $\vec{S}$ 的总的电通量 Ψ。十分清楚，尽管电通量 Ψ 是一个标量，但是穿过它的 Ψ 与 $\vec{D}$ 和 $\vec{S}$ 之间的相对方向关系密切，如图 5-15 所示。

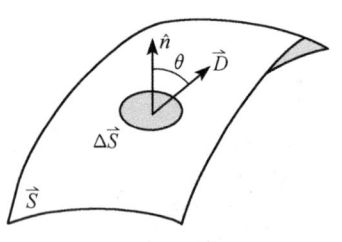

图 5-15 穿过 ΔS 的电通量
$\Delta\Psi = \vec{D}\cdot\vec{n}\Delta S$

规定 n 表示 $\Delta\vec{S}$ 的外法线，即曲面的方向，则有：$\vec{D}//\vec{n}$ 通量穿过 $\Delta\vec{S}$ 最多；$\vec{D}\perp\vec{n}$ 无通量从 $\Delta\vec{S}$ 穿过，也即 $\Delta\Psi=0$。

【定义】 空间矢量场 $\vec{A}=\vec{A}(x,y,x)$ 在有向曲面上构成和式

$$\Psi = \lim_{|\Delta\vec{S}_i|\to 0} \sum_{i=1}^n \vec{A}(\xi_i,\eta_i,\zeta_i)\cdot\Delta\vec{S}_i \tag{5-88}$$

其中 (ξ_i,η_i,ζ_i) 处于 ΔS_i 中任一点，若式(5-88)极限存在，则称之为矢量场函数 $\vec{A}(x,y,z)$ 对 $\vec{S}$ 的有向曲面积分，且记作

$$\Psi = \iint_S \vec{A}(x,y,z) \cdot \mathrm{d}\vec{S} = \iint_S \vec{A}(x,y,z) \cdot \hat{n}\,\mathrm{d}S \tag{5-89}$$

式中，$\hat{n}$ 是 $\vec{S}$ 的外法向矢。特别当 S 是闭合曲面，有记号

$$\Psi = \oiint_S \vec{A}(x,y,z) \cdot \hat{n}\,\mathrm{d}S \tag{5-90}$$

进一步写成矢量形式

$$\begin{cases} \vec{A} = A_x \hat{i} + A_y \hat{j} + A_z \hat{k} \\ \hat{n} = \cos\alpha \hat{i} + \cos\beta \hat{j} + \cos\gamma \hat{k} \end{cases} \tag{5-91}$$

式中，$\cos\alpha,\cos\beta$ 和 $\cos\gamma$ 分别表示单位外法向矢 $\hat{n}$ 在 x, y 和 z 轴方向的投影，则可知

$$\Psi = \iint_S (A_x \cos\alpha + A_y \cos\beta + A_z \cos\gamma)\,\mathrm{d}S \tag{5-92}$$

图 5-16 表示有关系

$$\begin{cases} \cos\alpha\,\mathrm{d}S = \mathrm{d}y\mathrm{d}z \\ \cos\beta\,\mathrm{d}S = \mathrm{d}x\mathrm{d}z \\ \cos\gamma\,\mathrm{d}S = \mathrm{d}x\mathrm{d}y \end{cases} \tag{5-93}$$

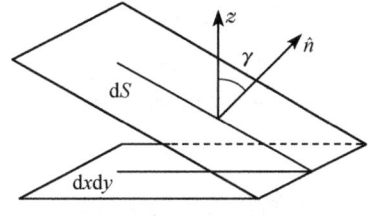

图 5-16　$\cos\gamma\,\mathrm{d}S = \mathrm{d}x\mathrm{d}y$

最后得到

$$\Psi = \iint_S A_x \mathrm{d}y\mathrm{d}z + A_y \mathrm{d}x\mathrm{d}z + A_z \mathrm{d}x\mathrm{d}y\,^{①} \tag{5-94}$$

式(5-94)为矢量函数 $\vec{A}(x,y,z)$ 对坐标的曲面积分，也可称为第 II 型曲面积分。

这里我们再次指出：被积函数 $A_x(x,y,z), A_y(x,y,z)$ 和 $A_z(x,y,z)$ 中 x, y 和 z 之间的关系并不相互独立，它们受到曲面 S 的约束。

若把一般曲面方程再一次写为

$$-f(x,y) + z = 0 \tag{5-95}$$

则可知

$$\iint_S (A_x \mathrm{d}y\mathrm{d}z + A_y \mathrm{d}x\mathrm{d}z + A_z \mathrm{d}x\mathrm{d}y)$$
$$= \pm \iint_{D(x,y)} \left\{ A_x[x,y,f(x,y)]\left(-\frac{\partial z}{\partial x}\right) \right.$$
$$\left. + A_y[x,y,f(x,y)]\left(-\frac{\partial z}{\partial y}\right) + A_z[x,y,f(x,y)] \right\}\mathrm{d}x\mathrm{d}y \tag{5-96}$$

---

① 由此可知有向面积微分元 $\mathrm{d}\vec{S}$ 为
$$\mathrm{d}\vec{S} = \mathrm{d}y\mathrm{d}z\hat{i} + \mathrm{d}x\mathrm{d}z\hat{j} + \mathrm{d}x\mathrm{d}y\hat{k}$$

注意到，$\hat{n}$ 与 z 轴正向成锐角时，式(5-96)右端取 $+$；$\hat{n}$ 与 z 轴正向成钝角时，式(5-96)右端取 $-$，由此，坐标曲面积分已化成一般的二重积分。

【例 5-7】 已知点电荷 Q 处于坐标原点 O，电位移强度 $\vec{D}$ 为

$$\vec{D} = \frac{Q\vec{r}}{4\pi r^3} \tag{5-97}$$

试求通过半径 R 球面的总电通量 Ψ，如图 5-17 所示。

【解】 电通量 Ψ 定义为

$$\Psi = \iint\limits_S \vec{D} \cdot d\vec{S} \tag{5-98}$$

球面外法向单位矢

$$\hat{n} = \frac{\vec{r}}{r} \tag{5-99}$$

而 $d\vec{S} = \hat{n} dS$，于是有

$$\Psi = \oiint\limits_S \vec{D} \cdot d\vec{S} = \oiint\limits_S \frac{Q}{4\pi R^2} dS = Q \tag{5-100}$$

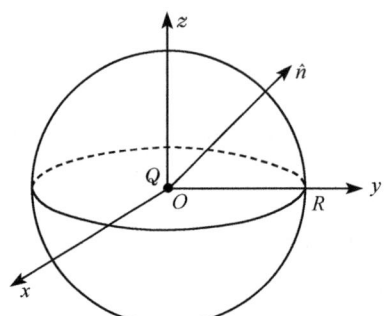

图 5-17 点电荷 Q 通过 R 球面的电通量 Ψ

本例题虽然简单，但

$$\oiint\limits_S \vec{D} \cdot d\vec{S} = Q \tag{5-101}$$

却是电磁学中最一般的结论。

3. 两种曲面积分的表示

下面以电通量 Ψ 为例做出讨论，已知

$$\Psi = \iint\limits_S \vec{D} \cdot d\vec{S} = \iint\limits_S (D_x \cos\alpha + D_y \cos\beta + D_z \cos\gamma) dS \tag{5-102}$$

其中

$$\hat{n} = \cos\alpha \hat{i} + \cos\beta \hat{j} + \cos\gamma \hat{k} \tag{5-103}$$

另外，可写出

$$\Psi = \iint\limits_S \vec{D} \cdot d\vec{S} = \iint\limits_S |\vec{D}| \cos\theta dS \tag{5-104}$$

式(5-104)已化成面积曲面积分，其中 $\cos\theta$ 是 $\hat{n}$ 和 $\vec{D}$ 之间的夹角余弦。显然有

$$\cos\theta = \frac{D_x \cos\alpha + D_y \cos\beta + D_z \cos\gamma}{\sqrt{D_x^2 + D_y^2 + D_z^2}} \tag{5-105}$$

第六章 散 度

在矢量场曲面积分中已经引入了通量。通量是矢量场一个重要的宏观参量。它表示矢力线 $\vec{A}$ 穿过曲面 $\vec{S}$ 的总量。本节将从通量的概念出发导出矢量场重要的微观测度之一——散度。

6.1 通 量 Ψ

通量 Ψ 是矢量场 $\vec{A}=\vec{A}(x,y,z)$ 和有向曲面 $\vec{S}$ 之间的相互数量作用。

1. 有向曲面 S

通量计算中,所遇到的第一个特点是曲面 $\vec{S}$ 有方向,其方向规定为曲面 S 的外法线 $\hat{n}$。相同形状不同规定的 S 面,在同一点上有两个法线方向 $\hat{n}_1$ 和 $\hat{n}_2$,如图 6-1 所示。

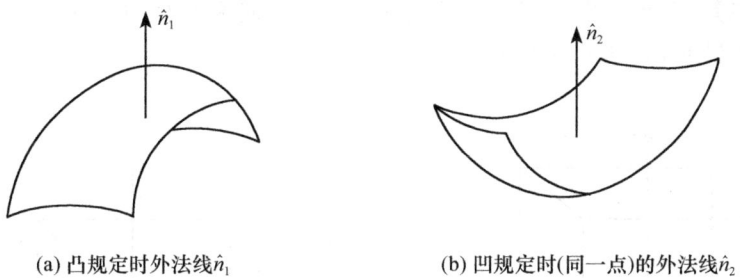

(a) 凸规定时外法线 $\hat{n}_1$　　　(b) 凹规定时(同一点)的外法线 $\hat{n}_2$

图 6-1 相同形状不同规定在同一点有两个不同的法线方向,且 $\hat{n}_2=-\hat{n}_1$

规定了 $\vec{S}$ 的方向就可进一步研究矢量力线穿进还是穿出。

2. 通量 Ψ 和源

通量 Ψ 从表面上看,是矢量力线 $\vec{A}$ 和 $\vec{S}$ 的相互作用。然而,究其实质,则是由于力线背后的源(source)在起作用,因为力线是电源发出或吸收的。特别对闭合曲面 $\vec{S}$ 的通量若不为零,则 $\vec{S}$ 面内部必存在源。

在第五章中,已经研究了球心点电荷 Q 在 R 球面 $\vec{S}$ 上的电通量 Ψ。由于这种

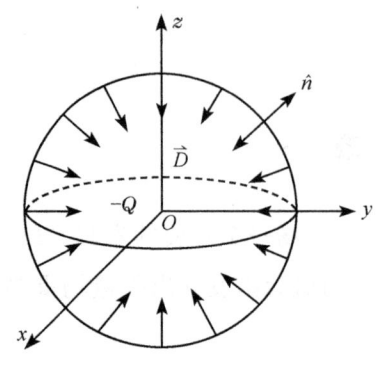

图 6-2 负点电荷 $-Q$ 在
R 球面上 $\vec{S}$ 的通量

情况下 $\vec{D} /\!/ \vec{S}$，且有

$$\Psi = \oiint_S \vec{D} \cdot \mathrm{d}\vec{S} = Q \quad (6\text{-}1)$$

【例 6-1】 现在，如果在球心安置负电荷 $-Q$，同样再求 R 球面 $\vec{S}$ 的通量，如图 6-2 所示。

【解】 这种情况下，$\vec{D}$ 与 $\hat{n}$（即 $\vec{S}$ 方向）反向，很容易得到

$$\Psi = \oiint_S \vec{D} \cdot \mathrm{d}\vec{S} = -Q \quad (6\text{-}2)$$

可以看出，闭合曲面的通量 Ψ（和力线 $\vec{D}$）均来自于源（Q 或 $-Q$）。当力线 $\vec{D}$ 向外发出（即 $\vec{D} /\!/ \hat{n}$，或广义地 $\vec{D}$ 和 $\hat{n}$ 之间夹角为锐角时），通量为正，其本质是由于正源（Q）所致；当力线 $\vec{D}$ 向内吸收（即 $\vec{D} /\!/ -\hat{n}$，或广义地 $\vec{D}$ 和 $\hat{n}$ 之间夹角为钝角时），通量为负，且本质来自于负源（$-Q$），有时也把负源称之为"漏"。

Case1　封闭曲面形状研究

【例 6-2】 现把点电荷 Q 安置于坐标原点 O，研究对称以 a 为边长的立方体面上的电通量 Ψ，如图 6-3 所示。

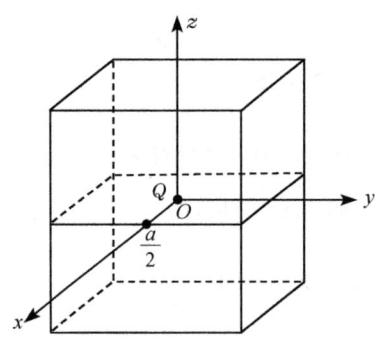

图 6-3 穿过边长为 a 的
立方面的电通量 Ψ

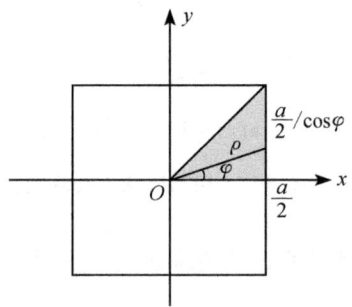

图 6-4 计算平行于 xOy 的平面，
z 方向截距为 $a/2$

【解】 很容易看出：立方体由对称的 6 个平面组成。计及对称性，只需计算其中一个面（例如，平行于 xOy 面）的 $\dfrac{1}{8}$，如图 6-4 所示。于是有

$$\begin{cases} \vec{r} = \rho \hat{e}_\rho + \dfrac{1}{2} a \hat{e}_z \\ \hat{n} = \hat{e}_z \end{cases} \quad (6\text{-}3)\ (6\text{-}4)$$

$$\frac{1}{48}\Psi = \iint_S \frac{Q \dfrac{a}{2} \rho \, d\rho \, d\varphi}{4\pi \left[\rho^2 + \left(\dfrac{a}{2}\right)^2\right]^{\frac{3}{2}}} \quad (6\text{-}5)$$

于是写出

$$\frac{1}{48}\Psi = \frac{Q}{4\pi}\int_0^{\frac{\pi}{4}} d\varphi \int_0^{\frac{a/2}{\cos\varphi}} \frac{\left(\dfrac{a}{2}\right) \cdot \dfrac{1}{2} d\left[\rho^2 + \left(\dfrac{a}{2}\right)^2\right]}{\left[\rho^2 + \left(\dfrac{a}{2}\right)^2\right]^{\frac{3}{2}}} = \frac{Q}{4\pi}\int_0^{\frac{\pi}{4}} d\varphi \left[-\frac{\left(\dfrac{a}{2}\right)}{\left[\rho^2 + \left(\dfrac{a}{2}\right)^2\right]^{\frac{1}{2}}}\right]_0^{\frac{a/2}{\cos\varphi}}$$

$$= -\frac{Q}{4\pi}\arcsin\left(\frac{\sin\varphi}{\sqrt{2}}\right)\bigg|_0^{\frac{\pi}{4}} + \frac{Q}{16} = -\frac{Q}{24} + \frac{Q}{16} = \frac{Q}{48} \quad (6\text{-}6)$$

即

$$\Psi \equiv 0 \quad (6\text{-}7)$$

由例 6-2 得到一个重要的结论：闭合曲面内通量 Ψ 与曲面形状无关，而只取决于曲面 $\vec{S}$ 内部的源 Q。

Case2　源电荷位置研究

进一步研究曲面不变而源电荷位置改变的情况。

【例 6-3】　半径为 R 的球，z 轴正方向点 A（坐标为 $(0,0,a)$）处放置一点电荷 Q，求在 R 球面上的电通量 Ψ，如图 6-5 所示。

【解】　由图 6-5 所建坐标系可知

$$\begin{cases} \vec{r} = R\hat{e}_r - a\hat{e}_z \\ \hat{n} = \hat{e}_r \end{cases} \quad (6\text{-}8)$$

$$\begin{cases} r = \sqrt{R^2 + a^2 - 2aR\cos\theta} \\ dS = R^2 \sin\theta \, d\theta \, d\varphi \end{cases} \quad (6\text{-}9)$$

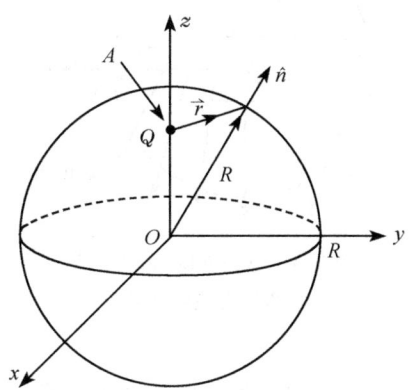

图 6-5　不对称放置电荷 Q 的球面电通量 Ψ

于是电通量 Ψ 可写出

$$\Psi = S = \frac{Q}{4\pi}\iint_S \frac{(R - a\cos\theta)R^2 \sin\theta \, d\theta \, d\varphi}{(R^2 + a^2 - 2aR\cos\theta)^{\frac{3}{2}}}$$

$$= \frac{Q}{2}\int_0^\pi \frac{1}{2a} \cdot \frac{(R^2 - aR\cos\theta)\, d(R^2 + a^2 - 2aR\cos\theta)}{(R^2 + a^2 - 2aR\cos\theta)^{\frac{3}{2}}}$$

$$= \frac{Q}{8a} \int_0^\pi \frac{[(R^2+a^2-2aR\cos\theta)+(R^2-a^2)]}{(R^2+a^2-2aR\cos\theta)^{\frac{3}{2}}} \mathrm{d}(R^2+a^2-2aR\cos\theta) \quad (6\text{-}10)$$

设
$$u = R^2 + a^2 - 2aR\cos\theta \quad (6\text{-}11)$$

进一步写出
$$\Psi = \frac{Q}{8a} \int_{|R-a|}^{(R+a)} \left[\frac{1}{\sqrt{u}} + \frac{R^2-a^2}{u^{\frac{3}{2}}} \right] \mathrm{d}u \quad (6\text{-}12)$$

最后得到
$$\Psi = \frac{Q}{4a} \left\{ 2a - \left[|R-a| - \frac{R^2-a^2}{|R-a|} \right] \right\} \quad (6\text{-}13)$$

【讨论】(1) $R > a$ 情况,即源 Q 在球面内部。这时有
$$\Psi = \frac{Q}{4a} \{ 2a - [(R-a)-(R+a)] \} \equiv Q \quad (6\text{-}14)$$

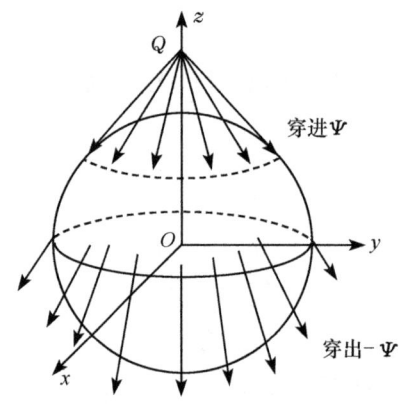

图 6-6 球面外源 Q 对于球面通量总贡献为零

由式(6-14)可以清楚地看出,穿过球面的电通量 Ψ 与球内部源的位置无关,不论它是否处于球心,Ψ 均恒为 Q。

(2) $R < a$ 情况,这时源已"走出"球面,处于外部。这时有
$$\Psi = \frac{Q}{4a} \{ 2a - [(a-R)+(R+a)] \} \equiv 0 \quad (6\text{-}15)$$

式(6-15)表明,处于球面外部的源,对于球面总通量 Ψ 没有贡献,因为这时力线有一部分穿进球面,而另一部分又穿出球面,总通量 $\Psi \equiv 0$,如图 6-6 所示。以后将论及,这种场称为管量场。

Case3 曲面内源分布研究

力线的曲面积分存在叠加定理,即

【定理】
$$\oiint_S \sum_{i=1}^n \vec{A}_i \cdot \hat{n}\mathrm{d}S = \sum_{i=1}^n \oiint_S \vec{A}_i \cdot n\mathrm{d}S = \sum_{i=1}^n Q_i \quad (6\text{-}16)$$

其物理意义是:如果在曲面 $\vec{S}$ 内存有多个源 Q_i,则 $\vec{S}$ 上的总通量 Ψ 是各个源的代数和叠加。

【例 6-4】 半径为 R 的球内放置两个点电荷 Q 和 $-Q$,如图 6-7 所示,则根据以上分析可知

$$\Psi = 0 \qquad (6\text{-}17)$$

本例清楚地表明,已知源可以求通量 Ψ,然而已知通量 Ψ 无法反推出源。特别是 $\Psi=0$ 并不意味曲面内无源,而只能说曲面 $\vec{S}$ 内的所有源代数和为零(当然,也包括真正无源)。造成这一现象的根本原因在于:通量是力线与曲面相互作用的宏观描述,它无法从微观细处去分析源的特性。下面论述的 Gauss 定理正是要把源和通量在更深层次上联系起来。

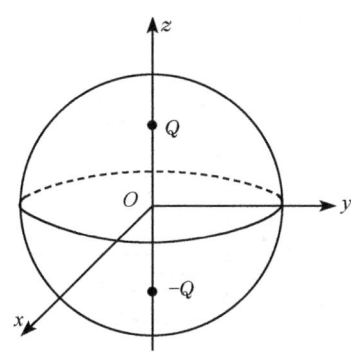

图 6-7 在半径为 R 的球内安置 $-Q$ 与 Q 两个点电荷

以上分三种情况研究了通量 Ψ 和源的相互关系,作为最一般的讨论:如果在原点有一点电荷 Q,任意曲面 $\vec{S}$ 的通量可写为

$$\Psi = \iint_S \vec{D} \cdot \mathrm{d}S = \frac{Q}{4\pi}\iint_S \frac{\hat{r} \cdot \hat{n}}{r^2} \mathrm{d}S \qquad (6\text{-}18)$$

定义

$$\mathrm{d}\Omega = \frac{\hat{r} \cdot \hat{n}}{r^2}\mathrm{d}S \qquad (6\text{-}19)$$

称为源 Q 对应的立体角,于是通量

$$\Psi = \int_\Omega \mathrm{d}\Omega \cdot \frac{Q}{4\pi} \qquad (6\text{-}20)$$

如图 6-8 所示,特别有封闭面的立体角为 4π,即

$$\oint_\Omega \mathrm{d}\Omega = 4\pi \qquad (6\text{-}21)$$

于是

$$\Psi = \frac{Q}{4\pi}\oint_\Omega \mathrm{d}\Omega \equiv Q \qquad (6\text{-}22)$$

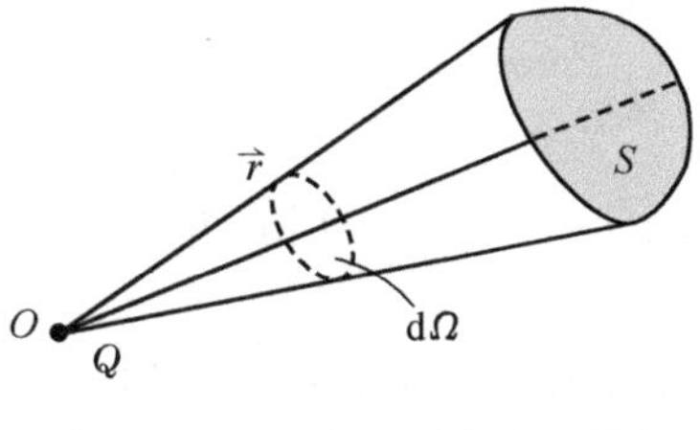

图 6-8 S 面对 Q 所张的立体角

这是任意形状曲面通量的最一般证明。

6.2 Gauss 定理

Gauss 定理也称为散度定理。它首先由俄国数学家奥斯特洛格拉特斯基(Остротрапскнй,1801~1862 年)撰文并发表。但是在实际上由于著名数学家高斯(Gauss,1777~1855 年)在奥斯特洛格拉特斯基之前已发现这一定理,只是未及时发表,故有些文献也称此为奥-高定理。

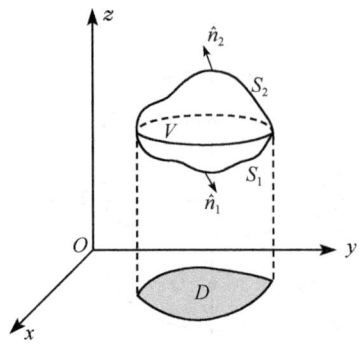

图 6-9　Gauss 定理

Gauss 定理是联系面积分和体积分之间的一个重要定理。

【Gauss 定理】 空间域 V 的边界由曲面 S 包围,函数 $A_x(x,y,z)$,$A_y(x,y,z)$ 和 $A_z(x,y,z)$ 在 V 内和 S 上均有一阶连续偏导,则有

$$\oiint_S A_x \mathrm{d}y\mathrm{d}z + A_y \mathrm{d}x\mathrm{d}z + A_z \mathrm{d}x\mathrm{d}y$$
$$= \iiint_V \left(\frac{\partial A_x}{\partial x} + \frac{\partial A_y}{\partial y} + \frac{\partial A_z}{\partial z} \right) \mathrm{d}V \tag{6-23}$$

如图 6-9 所示。

【证明】 证明的主要思想是把式(6-23)两边均化为相同的二重积分,以 $\dfrac{\partial A_z}{\partial z}$ 为例

设

$$\begin{cases} S_1 & z = f_1(x,y) \\ S_2 & z = f_2(x,y) \end{cases} \quad (x,y) \in D \tag{6-24}$$

则可把式(6-23)右端的体积分写为

$$V = \iint_D \mathrm{d}x\mathrm{d}y \int_{f_1(x,y)}^{f_2(x,y)} \frac{\partial A_z}{\partial z} \mathrm{d}z$$
$$= \iint_D \{A_z[x,y,f_2(x,y)] - A_z[x,y,f_1(x,y)]\} \mathrm{d}x\mathrm{d}y \tag{6-25}$$

另外,式(6-23)左端曲面积分

$$\oiint_S A_z \mathrm{d}x\mathrm{d}y = \iint_{S_1} A_z \mathrm{d}x\mathrm{d}y + \iint_{S_2} A_z \mathrm{d}x\mathrm{d}y$$
$$= -\iint_D A_z[x,y,f_1(x,y)]\mathrm{d}x\mathrm{d}y + \iint_D A_z[x,y,f_2(x,y)]\mathrm{d}x\mathrm{d}y$$
$$= \iint_D \{A_z[x,y,f_2(x,y)] - A_z[x,y,f_1(x,y)]\}\mathrm{d}x\mathrm{d}y \tag{6-26}$$

比较式(6-25)和式(6-26)可知

$$\oiint_S A_z \mathrm{d}x\mathrm{d}y = \iiint_V \frac{\partial A_z}{\partial z} \mathrm{d}V \tag{6-27}$$

类似步骤可知

$$\oiint_S A_x \mathrm{d}y\mathrm{d}z = \iiint_V \frac{\partial A_x}{\partial x} \mathrm{d}V \tag{6-28}$$

$$\oiint_S A_y \mathrm{d}z\mathrm{d}x = \iiint_V \frac{\partial A_y}{\partial y} \mathrm{d}V \tag{6-29}$$

结合式(6-27)、式(6-28)和式(6-29)即证得 Gauss 定理。

【例 6-5】 利用半径为 R 的球的表面积求其体积。

根据 Gauss 定理可知

$$\iiint_V \mathbf{\nabla} \cdot \vec{A} \mathrm{d}V = \oiint_S \vec{A} \cdot \hat{n} \mathrm{d}S \tag{6-30}$$

式中,$\hat{n}$ 为 S 的外法向单位矢量;S 为包围体积 V 的表面积。

不失一般性将球心取作原点,令 $\vec{A} = \vec{r}$,可得

$$\iiint_V \mathbf{\nabla} \cdot \vec{r} \mathrm{d}V = \oiint_S \vec{r} \cdot \hat{n} \mathrm{d}S \tag{6-31}$$

化简可得

$$3V = RS \tag{6-32}$$

即

$$V = \frac{R}{3}S = \frac{4\pi}{3}R^3 \tag{6-33}$$

【例 6-6】 利用半径为 R 的球的体积求其表面积。

根据 Gauss 定理可知

$$\iiint_V \mathbf{\nabla} \cdot \vec{A} \mathrm{d}V = \oiint_S \vec{A} \cdot \hat{n} \mathrm{d}S \tag{6-34}$$

式中,$\hat{n}$ 为 S 的外法向单位矢量;S 为包围体积 V 的表面积。

不是一般性将球心取作原点,令 $\vec{A} = \hat{n}$,可得

$$\iiint_V \mathbf{\nabla} \cdot \hat{n} \mathrm{d}V = \oiint_S \hat{n} \cdot \hat{n} \mathrm{d}S \tag{6-35}$$

化简可得

$$S = \iiint_V \mathbf{\nabla} \cdot \hat{n} \mathrm{d}V \tag{6-36}$$

又由于 $\hat{n} = \hat{r}$,则

$$\mathbf{\nabla} \cdot \hat{n} = \frac{2}{r} \tag{6-37}$$

进而可得

$$S = \iiint_V \frac{2}{r} \mathrm{d}V = 4\pi R^2 \tag{6-38}$$

【例 6-7】 求积分

$$\oiint_S (x^2 + x)\mathrm{d}y\mathrm{d}z + (y^2 + y)\mathrm{d}z\mathrm{d}x + (z^2 + z)\mathrm{d}x\mathrm{d}y \tag{6-39}$$

式中,S 是球面 $x^2 + y^2 + z^2 = R^2$ 的外表面。

【解】 注意到,$x^2 + y^2 + z^2 = R^2$ 所包围的球体 V 内和 S 上的被积函数有一阶

连续偏导。

根据 Gauss 定理

$$I = \iiint_V [2(x+y+z)+3]\mathrm{d}V \tag{6-40}$$

计及 x,y,z 是奇函数,体积分为零,则有

$$I = 3\iiint_V \mathrm{d}V = 4\pi R^3 \tag{6-41}$$

6.3 散 度 $\nabla \cdot \vec{A}$

再一次写出 Gauss 定理

$$\oiint_S \vec{A} \cdot \hat{n}\mathrm{d}S = \iiint_V \left(\frac{\partial A_x}{\partial x} + \frac{\partial A_y}{\partial y} + \frac{\partial A_z}{\partial z}\right)\mathrm{d}V \tag{6-42}$$

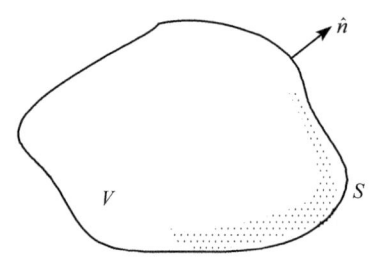

图 6-10 Gauss 定理中 $\vec{S}$ 由外法向单位矢 $\hat{n}$ 决定

如图 6-10 所示,$\vec{S}$ 面方向由外法向单位矢 $\hat{n}$ 决定。

换句话说,图 6-10 中表示的通量 Ψ_{in} 由曲面 $\vec{S}$ 内部的源所决定;如果把 $\hat{n}$ 反向,则 Ψ_{ex} 由曲面外部的源决定。

以电磁问题为例,根据电荷守恒原理,令空间(包括∞处)的总电荷恒为零,有

$$\sum_{i=1}^n Q_i \equiv 0 \tag{6-43}$$

则有

$$\Psi_{\mathrm{ex}} = -\Psi_{\mathrm{in}} \tag{6-44}$$

【注记】 这一结果与复变函数中广义留数定理十分相似。

Gauss 定理式(6-23)的左边表示通量 Ψ,而右边则表示源对通量的贡献。Gauss 定理的创新之处在于它深刻揭示了源是由 $\frac{\partial A_x}{\partial x} + \frac{\partial A_y}{\partial y} + \frac{\partial A_z}{\partial z}$ 的积分所获得的,正是这一项表示 (x,y,z) 处源的微分贡献。因此

$$\frac{\partial A_x}{\partial x} + \frac{\partial A_y}{\partial y} + \frac{\partial A_z}{\partial z}$$

这个微分量对于研究通量 Ψ 的微观特性极为重要。

重新记起 Hamilton 算子 ∇,注意到

$$\frac{\partial A_x}{\partial x} + \frac{\partial A_y}{\partial y} + \frac{\partial A_z}{\partial z} = \left(\hat{i}\frac{\partial}{\partial x} + \hat{j}\frac{\partial}{\partial y} + \hat{k}\frac{\partial}{\partial z}\right) \cdot (A_x\hat{i} + A_y\hat{j} + A_z\hat{k}) = \nabla \cdot \vec{A}$$

$$\tag{6-45}$$

【定义】 若矢量场 $\vec{A}$ 存在空间连续偏导数,则把

$$\nabla \cdot \vec{A} = \frac{\partial A_x}{\partial x} + \frac{\partial A_y}{\partial y} + \frac{\partial A_z}{\partial z} \tag{6-46}$$

称为矢量场 $\vec{A}$ 在 (x,y,z) 处的散度。

我们可以把矢量场的散度看作是 Hamilton 算子的数量积,因而,散度是一个数量函数。

散度 $\nabla \cdot \vec{A}$ 表示源对通量 Ψ 在 (x,y,z) 处的微分贡献,也即源的密度。事实上,可写出

$$\nabla \cdot \vec{A} = \lim_{\Delta S \to M(x,y,z)} \frac{\Delta \Psi}{\Delta V} = \lim_{\Delta S \to M(x,y,z)} \frac{\oiint_{\Delta S} \vec{A} \cdot \hat{n} \mathrm{d}S}{\Delta V} \tag{6-47}$$

注意到,ΔS 表示微分闭合面。并且,上述公式中不能写成 $\Delta V \to 0$,而一定要写成 $\Delta S \to 0$。这是因为 $\Delta V \to 0$ 时,ΔS 有可能很大。

称

$$\nabla \cdot \vec{A} = 0 \tag{6-48}$$

处的场是无源场。

现在可以总结:引入散度之后,可把 Gauss 定理写成简洁形式,即

$$\oiint_S \vec{A} \cdot \hat{n} \mathrm{d}S = \iiint_V \nabla \cdot \vec{A} \mathrm{d}V \tag{6-49}$$

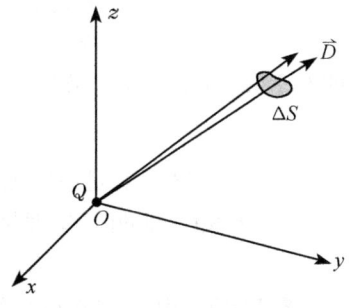

图 6-11 点电荷 Q 场的空间散度 $\nabla \cdot \vec{D}$

【例 6-8】 将点电荷 Q 放置在坐标原点 O。求空间任意一点静场电位移矢量 $\vec{D}$ 的散度 $\nabla \cdot \vec{D}$,如图 6-11 所示。

【解】 已知矢径 $\vec{r} = x\hat{i} + y\hat{j} + z\hat{k}$,$r = \sqrt{x^2 + y^2 + z^2}$。

在静电场中,可写出电位移矢量 $\vec{D}$ 为

$$\vec{D} = \frac{Q\vec{r}}{4\pi r^3} = \frac{Q}{4\pi r^3}(x\hat{i} + y\hat{j} + z\hat{k}) \tag{6-50}$$

也即

$$\begin{cases} D_x = \dfrac{Qx}{4\pi r^3} \\[2mm] D_y = \dfrac{Qy}{4\pi r^3} \\[2mm] D_z = \dfrac{Qz}{4\pi r^3} \end{cases} \tag{6-51}$$

于是有

$$\begin{cases} \dfrac{\partial D_x}{\partial x} = \dfrac{Q}{4\pi} \cdot \dfrac{r^2 - 3x^2}{r^5} \\ \dfrac{\partial D_y}{\partial y} = \dfrac{Q}{4\pi} \cdot \dfrac{r^2 - 3y^2}{r^5} \\ \dfrac{\partial D_z}{\partial z} = \dfrac{Q}{4\pi} \cdot \dfrac{r^2 - 3z^2}{r^5} \end{cases} \quad (6\text{-}52)$$

综合起来,得到

$$\boldsymbol{\nabla} \cdot \vec{D} = \dfrac{\partial D_x}{\partial x} + \dfrac{\partial D_y}{\partial y} + \dfrac{\partial D_z}{\partial z} = \dfrac{Q}{4\pi} \cdot \dfrac{3r^3 - 3(x^2+y^2+z^2)}{r^5} = 0 \quad (r \neq 0) \tag{6-53}$$

也就是说,对于 $r \neq 0$ 的点,$\vec{D}$ 的散度处处为 0。从图 6-11 中清楚地看出,通过 ΔS 的力线一边穿进,一边穿出,显然对通量没有贡献。唯 $r=0$,即点电荷所在地,才出现一个奇点①。

因此,只有散度 $\boldsymbol{\nabla} \cdot \vec{D}$ 能微观地表明:哪里有源,哪里无源。如果在空间中电荷连续分布,据 Gauss 定理

$$\oiint_S \vec{D} \cdot \hat{n} \mathrm{d}S = \iiint_V \boldsymbol{\nabla} \cdot \vec{D} \mathrm{d}V = Q = \iiint_V \rho \, \mathrm{d}V \tag{6-54}$$

即有 Maxwell 方程的微分形式

$$\boldsymbol{\nabla} \cdot \vec{D} = \rho \tag{6-55}$$

可见,散度确实是源的密度。

【例 6-9】 证明矢径满足

$$\boldsymbol{\nabla} \cdot \vec{r} = 3 \tag{6-56}$$

【证明】 由 $\vec{r}$ 定义很易知

$$\boldsymbol{\nabla} \cdot \vec{r} = \dfrac{\partial x}{\partial x} + \dfrac{\partial y}{\partial y} + \dfrac{\partial z}{\partial z} = 3$$

【例 6-10】 已知常矢 $\vec{a} = a_x \hat{i} + a_y \hat{j} + a_z \hat{k}$,研究 $\boldsymbol{\nabla} \cdot (r\vec{a})$。

【解】 根据定义

$$\boldsymbol{\nabla} \cdot (r\vec{a}) = \dfrac{\partial ra_x}{\partial x} + \dfrac{\partial ra_y}{\partial y} + \dfrac{\partial ra_z}{\partial z} = a_x \dfrac{\partial r}{\partial x} + a_y \dfrac{\partial r}{\partial y} + a_z \dfrac{\partial r}{\partial z}$$

---

① 后面将讨论

$$\boldsymbol{\nabla} \cdot \left(\dfrac{\vec{r}}{r^3} \right) = \delta(\vec{r} - \vec{0}) = \delta(\vec{r})$$

式中,$\delta(\vec{r})$ 是广义函数,可以适用于奇点情况。

计及

$$\begin{cases} \dfrac{\partial r}{\partial x} = \dfrac{x}{r} \\ \dfrac{\partial r}{\partial y} = \dfrac{y}{r} \\ \dfrac{\partial r}{\partial z} = \dfrac{z}{r} \end{cases}$$

最后给出

$$\pmb{\nabla} \cdot (r\vec{a}) = \frac{1}{r}(\vec{a} \cdot \vec{r}) \tag{6-57}$$

散度基本公式如表 6-1 所示。

表 6-1　散度基本公式

| $\pmb{\nabla} \cdot (c\vec{A}) = c\pmb{\nabla} \cdot \vec{A}$　　（c 为常数） |
| $\pmb{\nabla} \cdot (\vec{A} \pm \vec{B}) = \pmb{\nabla} \cdot \vec{A} \pm \pmb{\nabla} \cdot \vec{B}$ |
| $\pmb{\nabla} \cdot (u\vec{A}) = \pmb{\nabla} u \cdot \vec{A} + u\pmb{\nabla} \cdot \vec{A}$ |

由散度公式重新考虑例 6-8，则

$$\pmb{\nabla} \cdot (r\vec{a}) = \pmb{\nabla} r \cdot \vec{a} = \frac{1}{r}(\vec{a} \cdot \vec{r})$$

与式(6-48)有同一结果。

6.4　平面场散度

作为一个重要的特例，我们来讨论平面矢量场的散度。

1. 平面通量 Φ

【定义】　平面矢量场 $\vec{A}(M)$ 沿有向曲线积分

$$\Phi = \int_{l^+} \vec{A} \cdot \hat{n} \, \mathrm{d}l \tag{6-58}$$

称为 $\vec{A}(M)$ 沿法向单位矢 $\hat{n}$ 方向穿过曲线 l 的通量，如图 6-12 所示。

设平面矢量场

$$\vec{A} = \vec{A}(x,y) = A_x(x,y)\hat{i} + A_y(x,y)\hat{j} \tag{6-59}$$

在图 6-12 中，已引入法向单位矢 $\hat{n}$ 和切向单位矢 $\hat{t}$，且满足

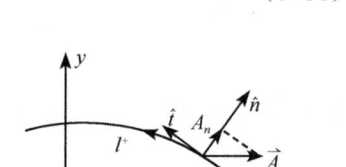

图 6-12　平面通量 Φ

$$\hat{n} \times \hat{t} = \hat{k} \quad (\hat{k} \text{ 为 } z \text{ 方向单位矢}) \tag{6-60}$$

则有

$$\hat{n} = \cos(\hat{n},x)\hat{i} + \cos(\hat{n},y)\hat{j} = \cos(\hat{t},y)\hat{i} + \cos(\hat{t},-x)\hat{j} \tag{6-61}$$

最后给出通量 Φ 的表示式

$$\Phi = \int_{l^+} \vec{A} \cdot \hat{n} \mathrm{d}l = \int_{l^+} (A_x \mathrm{d}y - A_y \mathrm{d}x) \tag{6-62}$$

对于闭合曲线 $\vec{l}$，规定逆时针方向为"+"。

2. Green 定理

Green 定理是联系闭合曲线积分与面积分的重要公式。

【Green 定理】 设函数 $P(x,y)$ 和 $Q(x,y)$ 在有界闭域 D 上有一阶连续偏导数，D 的边界 l 逐段光滑，则有

$$\oint_{l^+} (P\mathrm{d}x + Q\mathrm{d}y) = \iint_D \left(\frac{\partial Q}{\partial x} - \frac{\partial P}{\partial y} \right) \mathrm{d}x \mathrm{d}y \tag{6-63}$$

式中，l^+ 为区域 D 的正向边界，如图 6-13 所示。

【证明】 先证

$$\oint_{l^+} P \mathrm{d}x = -\iint_D \frac{\partial P}{\partial y} \mathrm{d}x \mathrm{d}y \tag{6-64}$$

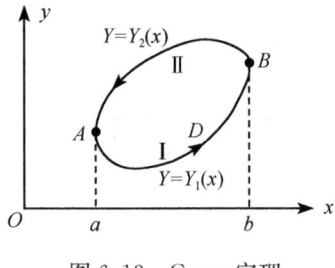

图 6-13 Green 定理

根据曲线积分公式

$$\oint_{l^+} P \mathrm{d}x = \int_{A \mathrm{I} B} P[x, y_1(x)] \mathrm{d}x + \int_{B \mathrm{II} A} P[x, y_2(x)] \mathrm{d}x$$

$$= -\int_a^b [P(x, y_2(x)) - P(x, y_1(x))] \mathrm{d}x \tag{6-65}$$

另外，由二重积分又知

$$\iint_D \frac{\partial P}{\partial y} \mathrm{d}x \mathrm{d}y = \int_a^b \mathrm{d}x \int_{y_1(x)}^{y_2(x)} \frac{\partial P}{\partial y} \mathrm{d}y = \int_a^b [P(x, y_2(x)) - P(x, y_1(x))] \mathrm{d}x$$

$$\tag{6-66}$$

比较式(6-65)和式(6-66)，即证得式(6-64)。

类似有

$$\oint_{l^+} Q \mathrm{d}y = \iint_D \frac{\partial Q}{\partial x} \mathrm{d}x \mathrm{d}y \tag{6-67}$$

于是证得 Green 定理。

第六章 散 度

【路径无关定理】 曲线积分
$$\oint_{l^+}(P\mathrm{d}x+Q\mathrm{d}y)$$
与路径无关的充分必要条件是
$$\frac{\partial P}{\partial y}=\frac{\partial Q}{\partial x} \qquad (6\text{-}68)$$
在区域 D 内处处成立。

证略。

【例 6-11】 面积应用。

Green 定理的一个直接应用是求平面区域面积,再一次注意到式(6-63)若取
$$\frac{\partial Q}{\partial x}-\frac{\partial P}{\partial y}=1 \qquad (6\text{-}69)$$
则可得
$$D=\oint_{l^+}(P\mathrm{d}x+Q\mathrm{d}y) \qquad (6\text{-}70)$$
式中,D 为所要求的区域面积。简单取
$$\begin{cases} P=-\dfrac{1}{2}y \\ Q=\dfrac{1}{2}x \end{cases} \qquad (6\text{-}71)$$
即满足式(6-69),于是得到面积公式
$$D=\frac{1}{2}\oint_{l^+}(x\mathrm{d}y-y\mathrm{d}x) \qquad (6\text{-}72)$$

【例 6-12】 试求 $\dfrac{x^2}{a^2}+\dfrac{y^2}{b^2}=1$ 的椭圆面积,如图 6-14 所示。

【解】 采用参量 t 表示椭圆边界,有
$$\begin{cases} x=a\cos t \\ y=b\sin t \end{cases} \quad 0\leqslant t\leqslant 2\pi \quad (6\text{-}73)$$

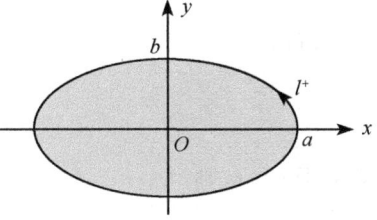

图 6-14 椭圆面积

于是可知
$$\begin{cases} \mathrm{d}x=-a\sin t\,\mathrm{d}t \\ \mathrm{d}y=a\cos t\,\mathrm{d}t \end{cases} \qquad (6\text{-}74)$$
应用面积公式(6-72)
$$\begin{aligned} D&=\frac{1}{2}\int_{l^+}(x\mathrm{d}y-y\mathrm{d}x)=\frac{1}{2}\int_0^{2\pi}[ab\cos^2 t-b\sin t(-a\sin t)]\mathrm{d}t \\ &=\frac{1}{2}\int_0^{2\pi}ab\,\mathrm{d}t=\pi ab \end{aligned} \qquad (6\text{-}75)$$

【例 6-13】 利用半径为 R 的圆的周长求其面积。

根据 Green 定理可知

$$\iint_S \nabla \cdot \vec{A} dS = \oint_L \vec{A} \cdot \hat{n} dl \tag{6-76}$$

式中，$\hat{n}$ 为 L 的外法向单位矢量；L 为包围面积 S 的周长。

不失一般性将圆心取作原点，令 $\vec{A} = \vec{r}$，可得

$$\iint_S \nabla \cdot \vec{r} dS = \oint_L \vec{r} \cdot \hat{n} dl \tag{6-77}$$

化简可得

$$2S = RL \tag{6-78}$$

即

$$S = \frac{R}{2} L = \pi R^2 \tag{6-79}$$

【例 6-14】 利用半径为 R 的圆的面积求其周长。

根据 Green 定理可知

$$\iint_S \nabla \cdot \vec{A} dS = \oint_L \vec{A} \cdot \hat{n} dl \tag{6-80}$$

式中，$\hat{n}$ 为 L 的外法向单位矢量；L 为包围面积 S 的周长。

不失一般性将圆心取作原点，令 $\vec{A} = \hat{n}$，可得

$$\iint_S \nabla \cdot \hat{n} dS = \oint_L \hat{n} \cdot \hat{n} dl \tag{6-81}$$

化简可得

$$L = \iint_S \nabla \cdot \hat{n} dS \tag{6-82}$$

又由于 $\hat{n} = \hat{r}$，则

$$\nabla \cdot \hat{n} = \frac{1}{r} \tag{6-83}$$

进而可得

$$L = \iint_S \frac{1}{r} dS = 2\pi R \tag{6-84}$$

3. 平面散度

再次写出 Green 定理

$$\oint_{l^+}(P\mathrm{d}x+Q\mathrm{d}y)=\iint_D\left(\frac{\partial Q}{\partial x}-\frac{\partial P}{\partial y}\right)\mathrm{d}x\mathrm{d}y$$

和矢量场函数

$$\vec{A}=\vec{A}(x,y)=A_x\hat{i}+A_y\hat{j}$$

再进一步假设

$$\begin{cases}A_x=Q\\A_y=-P\end{cases} \quad (6\text{-}85)$$

于是有

$$\oint_{l^+}(-A_y\mathrm{d}x+A_x\mathrm{d}y)=\iint_D\left(\frac{\partial A_x}{\partial x}+\frac{\partial A_y}{\partial y}\right)\mathrm{d}x\mathrm{d}y \quad (6\text{-}86)$$

如图 6-15 所示。

重新回忆起平面通量 Φ[①]。

$$\Phi=\int_{l^+}(-A_y\mathrm{d}x+A_x\mathrm{d}y)=\int_{l^+}\vec{A}\cdot\hat{n}\mathrm{d}l \quad (6\text{-}87)$$

引入平面 Hamilton 算子

$$\boldsymbol{\nabla}=\hat{i}\frac{\partial}{\partial x}+\hat{j}\frac{\partial}{\partial y}$$

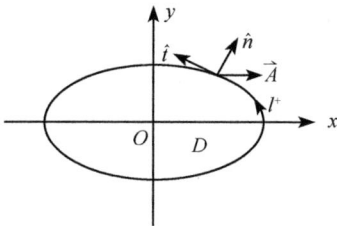

图 6-15 平面散度定理

则

$$\frac{\partial A_x}{\partial x}+\frac{\partial A_y}{\partial y}=\left(\hat{i}\frac{\partial}{\partial x}+\hat{j}\frac{\partial}{\partial y}\right)\cdot(A_x\hat{i}+A_y\hat{j})=\boldsymbol{\nabla}\cdot\vec{A}$$

【定义】 平面散度为

$$\boldsymbol{\nabla}\cdot\vec{A}=\frac{\partial A_x}{\partial x}+\frac{\partial A_y}{\partial y} \quad (6\text{-}88)$$

于是平面散度定理是

$$\Phi=\oint_{l^+}\vec{A}\cdot\hat{n}\mathrm{d}l=\iint_D\boldsymbol{\nabla}\cdot\vec{A}\mathrm{d}x\mathrm{d}y \quad (6\text{-}89)$$

它表明:平面通量是由线源 q 造成的,即

---

① 关于平面通量 Φ,还可以从复数对应证明

$$\vec{A}\cdot\hat{n}=\mathrm{Re}(\overline{A}n)$$

式中,$\overline{A}=A_x+\mathrm{i}A_y$ 是 A 的复共轭。在矢量上 $\hat{i}$ 是 $\hat{n}$ 旋转 $90°$,而复对应为 $n=-\mathrm{i}t$,又 $t\mathrm{d}l=\mathrm{d}x+\mathrm{i}\mathrm{d}y$,于是

$$\int_{l^+}\vec{A}\cdot\hat{n}\mathrm{d}l=\mathrm{Re}\int_{l^+}-\mathrm{i}\overline{A}(\mathrm{d}x+\mathrm{i}\mathrm{d}y)=\int_{l^+}-A_y\mathrm{d}x+A_x\mathrm{d}y$$

$$\iint_D \mathbf{\nabla} \cdot \vec{A} \mathrm{d}x \mathrm{d}y = q \tag{6-90}$$

若问题是连续分布的,有

$$\iint_D \mathbf{\nabla} \cdot \vec{A} \mathrm{d}x \mathrm{d}y = \iint_D \sigma \mathrm{d}x \mathrm{d}y \tag{6-91}$$

式中,σ 为面电荷密度。于是对平面问题又可写为

$$\mathbf{\nabla} \cdot \vec{A} = \sigma \tag{6-92}$$

第七章 旋 度

旋量是矢量场的又一重要概念。它表示矢量场 $\vec{A}$ 经过一周环线 $\vec{l}$ 积分所获得的"流" Γ 总量。本节将从旋量的概念出发导出矢量场的另一重要微观测度——旋度。

7.1 旋 量 Γ

旋量 Γ 反映矢量场函数 $\vec{A}$ 和环线 $\vec{l}$ 之间的相互作用。

1. 有向曲线 l

旋量计算中,第一个特点是所研究的环线 $\vec{l}$ 是有方向的。一般规定环线 $\vec{l}$ 和流 $\vec{I}$ 成右手螺旋法则,如图 7-1 所示。

图 7-1 环线 $\vec{l}$ 和流 $\vec{I}$ 的正向成右手螺旋法则

在恒定电流场中,著名的 Ampère 环路定律即表示磁场 $\vec{H}$ 的环线积分等于穿过内部的电流 $\vec{I}$,有

$$\oint_l \vec{H} \cdot \mathrm{d}\vec{l} = I \tag{7-1}$$

式中,I 表示穿过以 $\vec{l}$ 为环线的正方向净电流和,若为负则表示反方向。

2. 旋量和流

【定义】 矢量场 $\vec{A}=\vec{A}(x,y,z)$ 沿某一封闭有向曲线 $\vec{l}$ 的曲线积分

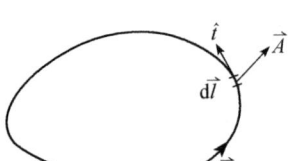

图 7-2 旋量积分

$$\Gamma = \oint_l \vec{A} \cdot \mathrm{d}\vec{l} \tag{7-2}$$

称 $\vec{A}$ 沿积分 $\vec{l}$ 方向所取的旋量,如图 7-2 所示。

进一步,若取分量形式,即

$$\begin{cases} \vec{A} = \vec{A}(x,y,z) = A_x\hat{i} + A_y\hat{j} + A_z\hat{k} & (7\text{-}3) \\ \mathrm{d}\vec{l} = \mathrm{d}x\hat{i} + \mathrm{d}y\hat{j} + \mathrm{d}z\hat{k} & (7\text{-}4) \end{cases}$$

则还可以写出旋量表达式为

$$\Gamma = \oint_l \vec{A} \cdot \mathrm{d}\vec{l} = \oint_l A_x\mathrm{d}x + A_y\mathrm{d}y + A_z\mathrm{d}z \tag{7-5}$$

旋量有深刻的物理背景。除了著名的 Ampère 环路定律式(7-5)之外,在力学上一质点沿封闭曲线 $\vec{l}$ 一周,$\vec{F}$ 力场所做的功 W,就是一个典型的旋量,有

$$W = \oint_l \vec{F} \cdot \mathrm{d}\vec{l} \tag{7-6}$$

众所周知,位场的环积分为零。作为例子,重力场环积分或静电场环积分均为零。这明确指出:有旋量贡献的必定不是位场。下面,对旋量做进一步深入研究。

Case1　环线形状研究

电磁理论表明:无限长线电流 $\vec{I}$ 在 xOy 平面所产生的磁场 $\vec{H}$ 可写为

$$\vec{H} = \frac{I}{2\pi r}\hat{e}_\varphi \tag{7-7}$$

其中

$$r = \sqrt{x^2 + y^2}$$
$$\begin{cases} \hat{e}_r = \cos\varphi\hat{i} + \sin\varphi\hat{j} \\ \hat{e}_\varphi = -\sin\varphi\hat{i} + \cos\varphi\hat{j} \end{cases} \tag{7-8}$$

如图 7-3 所示。

【例 7-1】 一无限长线电流 $\vec{I}$ 处于正 z 轴方向,分别求 R 为半径的正向圆和 $2R$ 为边长的正向正方形与磁场 $\vec{H}$ 积分所得到的旋量 Γ。

【解】 (1)圆环路积分旋量 Γ_1

圆环路积分如图 7-4 所示,其中

$$\begin{cases} \vec{H} = \dfrac{I}{2\pi R}\hat{e}_\varphi \\ \mathrm{d}\vec{l} = \hat{e}_\varphi \mathrm{d}l = R\mathrm{d}\varphi\hat{e}_\varphi \end{cases} \tag{7-9}$$

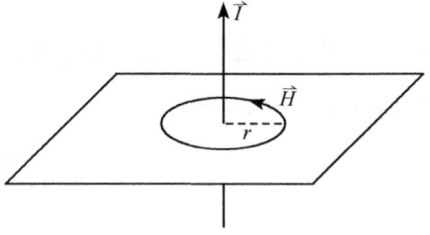

图 7-3　无限长线电流 $\vec{I}$ 在 xOy 平面所产生的磁场 $\vec{H}$

这时旋量 Γ_1 为

$$\Gamma_1 = \oint_l \vec{H} \cdot \mathrm{d}\vec{l} = \frac{I}{2\pi}\int_0^{2\pi} \mathrm{d}\varphi = I \tag{7-10}$$

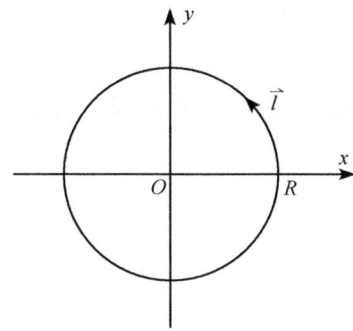

图 7-4　圆环路积分

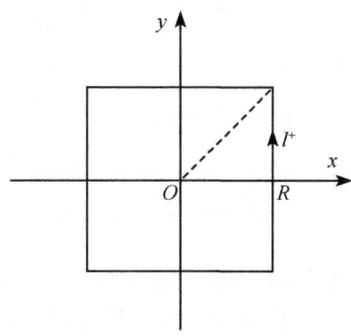

图 7-5　正方形环路积分

（利用对称性,只需计算其中的 $\frac{1}{8}$）

（2）正方形环路旋量 Γ_2

正方形环路积分如图 7-5 所示，其中利用对称性，只需计算 $\frac{1}{8}$ 路径

$$\frac{1}{8}\Gamma_2 = \oint_l \frac{I\hat{e}_\varphi \cdot \mathrm{d}\vec{l}}{2\pi r} \tag{7-11}$$

其中

$$\mathrm{d}\vec{l} = \mathrm{d}y\hat{j} \tag{7-12}$$

$$r = \sqrt{R^2 + y^2} \tag{7-13}$$

于是可写出

$$\Gamma_2 = \frac{8I}{2\pi}\int_0^R \frac{\cos\varphi \mathrm{d}y}{(R^2 + y^2)^{\frac{1}{2}}} \tag{7-14}$$

以及

$$\cos\varphi = \frac{R}{\sqrt{R^2 + y^2}} \tag{7-15}$$

旋量 Γ_2 可进一步写出

$$\Gamma_2 = \frac{4I}{\pi}\int_0^R \frac{\mathrm{d}\left(\frac{y}{R}\right)}{1 + \left(\frac{y}{R}\right)^2} = \frac{4I}{\pi}\arctan\left(\frac{y}{R}\right)\bigg|_0^R = I \tag{7-16}$$

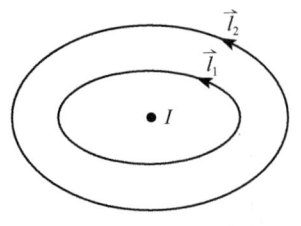

图 7-6 $\vec{l}_1$ 和 $\vec{l}_2$ 旋量相等

很容易看出
$$\Gamma_1 = \Gamma_2 = I \qquad (7\text{-}17)$$

由此清楚地看出:闭合曲线内旋量 Γ 与曲线形状无关,而只取决于穿过曲线 $\vec{l}$ 的流 I。如图 7-6 所示,$\vec{l}_1$ 和 $\vec{l}_2$ 的旋量相等。

【注记】 这一点和复变函数中"路径变形定理"及"留数定理"十分相似。

Case2 旋量的流位置研究

【例 7-2】 研究边长为 $2R$ 的正方形环路,流处于 $(x_0, 0)$ 位置的安培环路定律,如图 7-7 所示。

【解】 考虑到问题的对称性,只需研究 $(y \geqslant 0)$ 上半平面路径。且分成 I,II 和 III 三段路径,如图 7-7 所示。

Path I 具体参量为

$$\begin{cases} \vec{r} = (R - x_0)\hat{i} + y\hat{j} \\ \hat{e}_\varphi = -\dfrac{y}{r}\hat{i} + \dfrac{(R - x_0)}{r}\hat{j} \\ r = \sqrt{(R - x_0)^2 + y^2} \end{cases} \qquad (7\text{-}18)$$

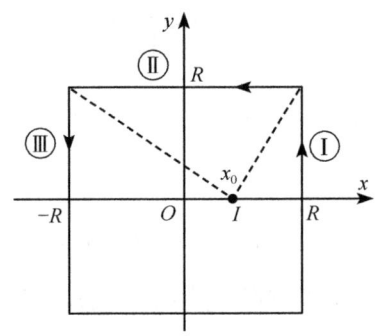

图 7-7 Ampère 环路积分中流位置研究

且
$$d\vec{l} = dy\hat{j} \qquad (7\text{-}19)$$

于是旋量
$$\Gamma_1 = \dfrac{I}{2\pi}\int_0^R \dfrac{(R - x_0)}{(R - x_0)^2 + y^2} dy$$
$$= \dfrac{I}{2\pi}\arctan\left(\dfrac{R}{R - x_0}\right) \qquad (7\text{-}20)$$

Path III 具体参量为

$$\begin{cases} \vec{r} = -(R + x_0)\hat{i} + y\hat{j} \\ \hat{e}_\varphi = -\dfrac{y}{r}\hat{i} - \dfrac{(R + x_0)}{r}\hat{j} \\ r = \sqrt{(R + x_0)^2 + y^2} \end{cases} \qquad (7\text{-}21)$$

且
$$d\vec{l} = -dy\hat{j} \quad (\text{注意}: y \text{ 从 } 0 \text{ 到 } R) \qquad (7\text{-}22)$$

于是旋量

第七章 旋 度

$$\varGamma_{\text{III}} = \frac{I}{2\pi}\int_0^R \frac{(R+x_0)}{(R+x_0)^2+y^2}\mathrm{d}y$$
$$= \frac{I}{2\pi}\arctan\left(\frac{R}{R+x_0}\right) \tag{7-23}$$

最后考虑 Path II 具体参量为

$$\begin{cases} \vec{r} = (x-x_0)\hat{i} + R\hat{j} \\ \hat{e}_\varphi = -\frac{R}{r}\hat{i} + \frac{(x-x_0)}{r}\hat{j} \\ r = \sqrt{(x-x_0)^2+R^2} \end{cases} \tag{7-24}$$

$$\mathrm{d}l = -\mathrm{d}x\hat{i} \quad (\text{注意}: x \text{ 从} -R \text{ 到 } R) \tag{7-25}$$

于是旋量

$$\varGamma_{\text{II}} = \frac{I}{2\pi}\int_{-R}^{R} \frac{R\mathrm{d}x}{(x-x_0)^2+R^2} = \frac{I}{2\pi}\arctan\left(\frac{x-x_0}{R}\right)\bigg|_{-R}^{R}$$
$$= \frac{I}{2\pi}\left[\arctan\left(\frac{R-x_0}{R}\right) + \arctan\left(\frac{R+x_0}{R}\right)\right] \tag{7-26}$$

综上所述,总旋量

$$\varGamma = 2(\varGamma_{\text{I}} + \varGamma_{\text{II}} + \varGamma_{\text{III}}) = \frac{I}{\pi}\left\{\left[\arctan\left(\frac{R+x_0}{R}\right) + \arctan\left(\frac{R}{R+x_0}\right)\right]\right.$$
$$\left. + \left[\arctan\left(\frac{R-x_0}{R}\right) + \arctan\left(\frac{R}{R-x_0}\right)\right]\right\} \tag{7-27}$$

其中

$$\arctan\left(\frac{R-x_0}{R}\right) + \arctan\left(\frac{R}{R-x_0}\right) = \frac{\pi}{2} \tag{7-28}$$

(1) 当 $R > x_0$ 时

这种情况,流 I 处于正方形环路的内部,且

$$\arctan\left(\frac{R+x_0}{R}\right) + \arctan\left(\frac{R}{R+x_0}\right) = \frac{\pi}{2} \tag{7-29}$$

总旋量

$$\varGamma = I \tag{7-30}$$

可以清楚地看出:穿过正方形环路的流所获得的旋量与流位置无关,其旋量恒等于流。

(2) 当 $R < x_0$,即流 I 处于环路外部

这时

$$\arctan\left(\frac{R}{R-x_0}\right) + \arctan\left(\frac{R-x_0}{R}\right) = -\frac{\pi}{2} \tag{7-31}$$

且总旋量

$$\varGamma \equiv 0 \tag{7-32}$$

Case3　环路内部流分布研究

【定理】 若有多个矢量场 $\vec{A}_1, \vec{A}_2, \cdots, \vec{A}_n$，且在同一有向闭合曲线 $\vec{l}$ 内穿进（或穿出），则总的旋量满足叠加定理

$$\Gamma = \oint_l \sum_{i=1}^n \vec{A}_i \cdot \mathrm{d}\vec{l} = \sum_{i=1}^n \oint_l \vec{A}_i \cdot \mathrm{d}\vec{l} = \sum_{i=1}^n \Gamma_i \quad (7\text{-}33)$$

换句话说，总环路内有多个流 $I_i (i=1,2,\cdots,n)$，则总旋量是 $\sum_{i=1}^n I_i$ 流的代数和，如图 7-8 所示。

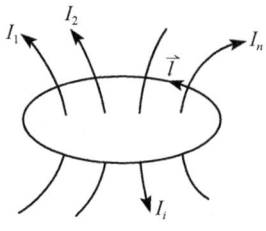

图 7-8　总旋量 Γ 是全部流的代数和

如果旋量 Γ 为零，并不意味环路内无流，而只能表明环路内流的代数和为零。因此，旋量表示流贡献的宏观描述。它无法从微观层面描述流的特性。这就是要介绍 Stokes 定理的深层原因。

7.2　Stokes 定理

Stokes(1819～1903 年)给出的一个定理，把空间曲面上第 II 型曲面积分和该边界上第 II 型曲线积分之间紧密联系了起来。

【Stokes 定理】 光滑空间曲面 S 和边界 $\vec{l}$ 成右手法则，如图 7-9 所示。若函数 $P(x,y,z)$，$Q(x,y,z)$ 和 $R(x,y,z)$ 在 S 和 l 上均有一阶连续偏导数，则有

$$\oint_l P\mathrm{d}x + Q\mathrm{d}y + R\mathrm{d}z = \iint_S \left(\frac{\partial R}{\partial y} - \frac{\partial Q}{\partial z}\right)\mathrm{d}y\mathrm{d}z$$
$$+ \left(\frac{\partial P}{\partial z} - \frac{\partial R}{\partial x}\right)\mathrm{d}z\mathrm{d}x + \left(\frac{\partial Q}{\partial x} - \frac{\partial P}{\partial y}\right)\mathrm{d}x\mathrm{d}y$$
$$(7\text{-}34)$$

【证明】 可以把 Stokes 定理等价为如下三等式

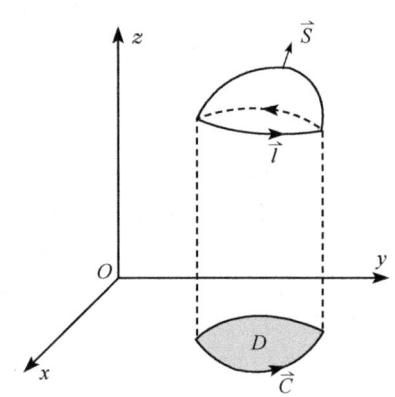

图 7-9　Stokes 定理

$$\begin{cases} \oint_l P\mathrm{d}x = \iint_S \dfrac{\partial P}{\partial z}\mathrm{d}z\mathrm{d}x - \dfrac{\partial P}{\partial y}\mathrm{d}x\mathrm{d}y & (7\text{-}35) \\[2mm] \oint_l Q\mathrm{d}x = \iint_S \dfrac{\partial Q}{\partial x}\mathrm{d}x\mathrm{d}y - \dfrac{\partial Q}{\partial z}\mathrm{d}y\mathrm{d}z & (7\text{-}36) \\[2mm] \oint_l R\mathrm{d}x = \iint_S \dfrac{\partial R}{\partial y}\mathrm{d}y\mathrm{d}z - \dfrac{\partial R}{\partial x}\mathrm{d}z\mathrm{d}x & (7\text{-}37) \end{cases}$$

于是,由对称性只需以式(7-35)为例给出证明。该空间曲面方程
$$z = f(x,y) \quad (x,y) \in D \tag{7-38}$$
很容易写出
$$\oint_l P\mathrm{d}x = \oint_C P(x,y,f(x,y))\mathrm{d}x \tag{7-39}$$
注意到,式(7-39)中 C 已成为 xOy 平面曲线。这时,重新记起第六章中 Green 定理,有
$$\oint_l P\mathrm{d}x = -\iint_D \frac{\partial P}{\partial y}\mathrm{d}x\mathrm{d}y = -\iint_D \left[\frac{\partial}{\partial y}P(x,y,f(x,y))\right]\mathrm{d}x\mathrm{d}y$$
$$= -\iint_D \left(\frac{\partial P}{\partial y} + \frac{\partial P}{\partial z}\frac{\partial f}{\partial y}\right)\mathrm{d}x\mathrm{d}y \tag{7-40}$$

另外,计及第五章中的坐标曲面公式
$$\iint_S (A_x\mathrm{d}y\mathrm{d}z + A_y\mathrm{d}z\mathrm{d}x + A_z\mathrm{d}x\mathrm{d}y) = \iint_D \left[A_x\left(-\frac{\partial f}{\partial x}\right) + A_y\left(-\frac{\partial f}{\partial y}\right) + A_z\right]\mathrm{d}x\mathrm{d}y \tag{7-41}$$

在式(7-41)中已取了＋号。应用于式(7-35)右端,即
$$\iint_S \frac{\partial P}{\partial z}\mathrm{d}z\mathrm{d}x - \frac{\partial P}{\partial y}\mathrm{d}x\mathrm{d}y = \iint_D \left[\frac{\partial P}{\partial z}\left(-\frac{\partial f}{\partial y}\right) - \frac{\partial P}{\partial y}\right]\mathrm{d}x\mathrm{d}y$$
$$= -\iint \left(\frac{\partial P}{\partial y} + \frac{\partial P}{\partial z}\frac{\partial f}{\partial y}\right)\mathrm{d}x\mathrm{d}y \tag{7-42}$$

比较式(7-40)和式(7-42),即证得式(7-35)。于是 Stokes 定理得证。

7.3 旋　　度

再一次写出 Stokes 定理
$$\Gamma = \oint_l \vec{A}\cdot\mathrm{d}\vec{l} = \iint_S \left(\frac{\partial A_z}{\partial y} - \frac{\partial A_y}{\partial z}\right)\mathrm{d}y\mathrm{d}z$$
$$+ \left(\frac{\partial A_x}{\partial z} - \frac{\partial A_z}{\partial x}\right)\mathrm{d}z\mathrm{d}x + \left(\frac{\partial A_y}{\partial x} - \frac{\partial A_x}{\partial y}\right)\mathrm{d}x\mathrm{d}y \tag{7-43}$$

Stokes 定理的创新之处在于它揭示了旋量中的流对应 $\left(\frac{\partial A_z}{\partial y} - \frac{\partial A_y}{\partial z}\right)$,$\left(\frac{\partial A_x}{\partial z} - \frac{\partial A_z}{\partial x}\right)$ 和 $\left(\frac{\partial A_y}{\partial x} - \frac{\partial A_x}{\partial y}\right)$ 的相应面积分。

【定义】 若矢量场 $\vec{A} = \vec{A}(x,y,z)$ 在空间存在连续偏导数,则

$$\mathbf{\nabla} \times \vec{A} = \begin{vmatrix} \hat{i} & \hat{j} & \hat{k} \\ \dfrac{\partial}{\partial x} & \dfrac{\partial}{\partial y} & \dfrac{\partial}{\partial z} \\ A_x & A_y & A_z \end{vmatrix} = \left(\dfrac{\partial A_z}{\partial y} - \dfrac{\partial A_y}{\partial z}\right)\hat{i} + \left(\dfrac{\partial A_x}{\partial z} - \dfrac{\partial A_z}{\partial x}\right)\hat{j} + \left(\dfrac{\partial A_y}{\partial x} - \dfrac{\partial A_x}{\partial y}\right)\hat{k}$$

(7-44)

被称为矢量场 $\vec{A}$ 在 (x,y,z) 处的旋度。旋度是 Hamilton 算子 $\mathbf{\nabla}$ 与场 $\vec{A}$ 的矢量叉积作用,因此旋度是一个矢量函数。

十分清楚,旋度表示在 (x,y,z) 处产生的流密度,或者直白为旋量的微分贡献。

完全可以写出

$$J_n = \lim_{\Delta S \to M} \dfrac{\Delta \Gamma}{\Delta S} = \lim_{\Delta S \to M} \dfrac{\int_{\Delta l} \vec{A} \cdot \mathrm{d}\vec{l}}{\Delta S} \tag{7-45}$$

只是上述极限存在,即有 J_n 表示矢量场 $\vec{A}$ 在点 $M(x,y,z)$ 沿 $\hat{n}$ 方向的旋量密度。如果所研究的空间曲面 S 的法向单位矢 $\hat{n}$ 为

$$\hat{n} = \cos\alpha \hat{i} + \cos\beta \hat{j} + \cos\gamma \hat{k} \tag{7-46}$$

即有

$$\begin{cases} \mathrm{d}x\mathrm{d}y = \cos\gamma \mathrm{d}S \\ \mathrm{d}y\mathrm{d}z = \cos\alpha \mathrm{d}S \\ \mathrm{d}z\mathrm{d}x = \cos\beta \mathrm{d}S \end{cases} \tag{7-47}$$

则式(7-43)可进一步写为

$$\oint_l \vec{A} \cdot \mathrm{d}\vec{l} = \iint_S \begin{vmatrix} \cos\alpha & \cos\beta & \cos\gamma \\ \dfrac{\partial}{\partial x} & \dfrac{\partial}{\partial y} & \dfrac{\partial}{\partial z} \\ A_x & A_y & A_z \end{vmatrix} \mathrm{d}S \tag{7-48}$$

计及旋度的定义式(7-44),最后得到 Stokes 定理的矢量简洁形式为

$$\Gamma = \oint_l \vec{A} \cdot \mathrm{d}\vec{l} = \iint_S \mathbf{\nabla} \times \vec{A} \cdot \hat{n}\mathrm{d}S \tag{7-49}$$

从物理上来看,旋量 $\Gamma = I$ 是由流所产生的,而对于连续分布流情况有

$$I = \iint_S \vec{J} \cdot \hat{n}\mathrm{d}S \tag{7-50}$$

式中,$\vec{J}$ 为与所研究面 S 无关的面密度,于是进一步得到

$$\mathbf{\nabla} \times \vec{A} = \vec{J} \tag{7-51}$$

旋度确实表征流的微分贡献。对于离散分布情况,只要引入 δ 广义函数,式(7-51)同样成立,这里不再赘述。

【讨论】 (1) 旋度 $\mathbf{V} \times \vec{A}$ 是矢量场 $\vec{A}$ 的空间微分性质,是客观存在的,因此,它是坐标无关量;

(2) 旋度 $\mathbf{V} \times \vec{A}$ 与所研究的面 $\vec{S}$ 无关,它表示场在 (x,y,z) 点处的最大面密度。当与具体微分面积元 $d\vec{S} = \hat{n}dS$ 作用时,所产生的微分旋量 dJ_n 是旋度在面方向 $\hat{n}$ 的投影,即

$$dJ_n = \vec{J} \cdot \hat{n}dS = \mathbf{V} \times \vec{A} \cdot \hat{n}dS \tag{7-52}$$

由此写出

$$|\mathbf{V} \times \vec{A}| = \max |\vec{J}| \tag{7-53}$$

如图 7-10 所示。

表 7-1 给出旋度计算的基本公式。

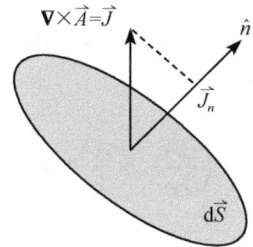

图 7-10 $d\vec{S}$ 上的微分旋量——旋度 $\mathbf{V} \times \vec{A}$ 在 $\hat{n}$ 上的投影

表 7-1 旋度计算的基本公式

$\mathbf{V} \times (c\vec{A}) = c\mathbf{V} \times \vec{A}$ (c 为常数)
$\mathbf{V} \times (\vec{A} \pm \vec{B}) = \mathbf{V} \times \vec{A} \pm \mathbf{V} \times \vec{B}$
$\mathbf{V} \times (u\vec{A}) = \mathbf{V}u \times \vec{A} + u\mathbf{V} \times \vec{A}$
$\mathbf{V} \cdot (\vec{A} \times \vec{B}) = \vec{B} \cdot \mathbf{V} \times \vec{A} - \vec{A} \cdot \mathbf{V} \times \vec{B}$
$\mathbf{V} \times (\mathbf{V}u) \equiv 0$
$\mathbf{V} \cdot (\mathbf{V} \times \vec{A}) \equiv 0$

【例 7-3】 旋度的物理背景。

在旋转运动中,常矢 $\vec{\omega}$ 角速度是旋转速度 $\vec{v}$ 的旋度 $\left(\dfrac{1}{2}\right)$,即

$$\mathbf{V} \times \vec{v} = 2\vec{\omega} \tag{7-54}$$

其中,$\vec{v} = \dfrac{d\vec{r}}{dt}$,且 $\vec{v} = \vec{\omega} \times \vec{r}$,而 $\vec{r} = x\hat{i} + y\hat{j} + z\hat{k}$(图 7-11)。

【证明】 在旋转运动中

$$\vec{v} = \vec{\omega} \times \vec{r} = \begin{vmatrix} \hat{i} & \hat{j} & \hat{k} \\ \omega_x & \omega_y & \omega_z \\ x & y & z \end{vmatrix}$$

$$= (\omega_y z - \omega_z y)\hat{i} + (\omega_z x - \omega_x z)\hat{j} + (\omega_x y - \omega_y x)\hat{k} \tag{7-55}$$

而

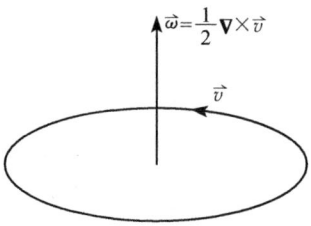

图 7-11 常矢 $\vec{\omega}$ 角速度直接反映速度 $\vec{v}$ 的旋度 $\left(\dfrac{1}{2}\right)$,即 $\vec{\omega} = \dfrac{1}{2}\mathbf{V} \times \vec{v}$

$$\nabla \times \vec{v} = \begin{vmatrix} \hat{i} & \hat{j} & \hat{k} \\ \frac{\partial}{\partial x} & \frac{\partial}{\partial y} & \frac{\partial}{\partial z} \\ \omega_y z - \omega_z y & \omega_z x - \omega_x z & \omega_x y - \omega_y x \end{vmatrix} = 2(\omega_x \hat{i} + \omega_y \hat{j} + \omega_z \hat{k}) = 2\vec{\omega}$$

得证。

这说明，在物理上，角速度与速度的旋度密切相关。

7.4 二维旋度

在前面已强调，在旋量积分中，$\vec{l}$ 一般是空间曲线，而 $\vec{S}$ 则是空间曲面。若问题退化到二维情况，即在 xOy 面上讨论问题，如图 7-12 所示。

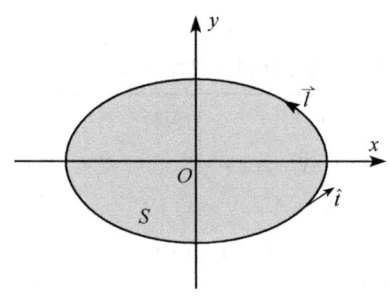

图 7-12 二维 Stokes 定理

可写出

$$\oint_l \vec{A} \cdot \hat{i} \, \mathrm{d}l = \iint_S \nabla \times \vec{A} \cdot \hat{e}_z \mathrm{d}S \quad (7\text{-}56)$$

其中，二维旋度

$$\nabla \times \vec{A} = \left(\frac{\partial A_y}{\partial x} - \frac{\partial A_x}{\partial y}\right)\hat{e}_z \quad (7\text{-}57)$$

写成分量形式为

$$\oint_l A_x \mathrm{d}x + A_y \mathrm{d}y = \iint_S \left(\frac{\partial A_y}{\partial x} - \frac{\partial A_x}{\partial y}\right)\mathrm{d}x\mathrm{d}y$$

$$(7\text{-}58)$$

第八章　▽算子理论

在数量场 u 和矢量场 $\vec{A}$ 与空间 (x,y,z) 的相互作用中，已经引入了 Hamilton 矢量算子 ∇

$$\nabla = \hat{i}\frac{\partial}{\partial x} + \hat{j}\frac{\partial}{\partial y} + \hat{k}\frac{\partial}{\partial z} \tag{8-1}$$

算子具有矢量性质，它既可以和场发生数性作用，又可和场发生矢性作用。其最基本的作用有如下四种：

（1）与数量场 $u=u(x,y,z)$ 的相互作用——梯度

$$\nabla u = \left(\hat{i}\frac{\partial}{\partial x} + \hat{j}\frac{\partial}{\partial y} + \hat{k}\frac{\partial}{\partial z}\right)u = \frac{\partial u}{\partial x}\hat{i} + \frac{\partial u}{\partial y}\hat{j} + \frac{\partial u}{\partial z}\hat{k} \tag{8-2}$$

梯度本身是一个矢量。

（2）与矢量场 $\vec{A}=\vec{A}(x,y,z)$ 的数性作用——散度

$$\nabla \cdot \vec{A} = \left(\hat{i}\frac{\partial}{\partial x} + \hat{j}\frac{\partial}{\partial y} + \hat{k}\frac{\partial}{\partial z}\right) \cdot (A_x\hat{i} + A_y\hat{j} + A_z\hat{k}) = \frac{\partial A_x}{\partial x} + \frac{\partial A_y}{\partial y} + \frac{\partial A_z}{\partial z} \tag{8-3}$$

散度本身是一个标量。

（3）与矢量场 $\vec{A}=\vec{A}(x,y,z)$ 的矢性作用——旋度

$$\nabla \times \vec{A} = \left(\hat{i}\frac{\partial}{\partial x} + \hat{j}\frac{\partial}{\partial y} + \hat{k}\frac{\partial}{\partial z}\right) \times (A_x\hat{i} + A_y\hat{j} + A_z\hat{k}) = \begin{vmatrix} \hat{i} & \hat{j} & \hat{k} \\ \frac{\partial}{\partial x} & \frac{\partial}{\partial y} & \frac{\partial}{\partial z} \\ A_x & A_y & A_z \end{vmatrix}$$

$$= \left(\frac{\partial A_z}{\partial y} - \frac{\partial A_y}{\partial z}\right)\hat{i} + \left(\frac{\partial A_x}{\partial z} - \frac{\partial A_z}{\partial x}\right)\hat{j} + \left(\frac{\partial A_y}{\partial x} - \frac{\partial A_x}{\partial y}\right)\hat{k} \tag{8-4}$$

旋度本身是一个矢量。

（4）数性算子 $\nabla^2 = \nabla \cdot \nabla$。$\nabla^2$ 即著名的 Laplace 算子。

【定义】

$$\nabla^2 = \nabla \cdot \nabla = \left(\hat{i}\frac{\partial}{\partial x} + \hat{j}\frac{\partial}{\partial y} + \hat{k}\frac{\partial}{\partial z}\right) \cdot \left(\hat{i}\frac{\partial}{\partial x} + \hat{j}\frac{\partial}{\partial y} + \hat{k}\frac{\partial}{\partial z}\right)$$

$$= \frac{\partial^2}{\partial^2 x} + \frac{\partial^2}{\partial^2 y} + \frac{\partial^2}{\partial^2 z} \tag{8-5}$$

很容易看出，Laplace 算子既可以与数量场相互作用，又可以与矢量场相互作用。

Case1　∇^2 与数量场 $u=u(x,y,z)$ 相互作用

$$\nabla^2 u = \frac{\partial^2 u}{\partial^2 x} + \frac{\partial^2 u}{\partial^2 y} + \frac{\partial^2 u}{\partial^2 z} \tag{8-6}$$

Case2　∇^2 与矢量场 $\vec{A}=\vec{A}(x,y,z)$ 相互作用

$$\nabla^2 \vec{A} = \frac{\partial^2 \vec{A}}{\partial^2 x} + \frac{\partial^2 \vec{A}}{\partial^2 y} + \frac{\partial^2 \vec{A}}{\partial^2 z} \tag{8-7}$$

Laplace 算子和数量场发生作用的结果是数性的，而和矢量场发生作用的结果则为矢性的。

特别应该指出：场与 ∇ 算子相互作用的结果产生了一种新的场，它与原场有对应关系，如表 8-1 所示。

表 8-1　原场与算子场

原　场	算　子　场
数量场 u	∇u 对应矢量场
矢量场 $\vec{A}$	$\nabla \cdot \vec{A}$ 对应数量场
	$\nabla \times \vec{A}$ 对应矢量场
u 场 $\vec{A}$	$\nabla^2 u$ 对应数量场
	$\nabla^2 \vec{A}$ 对应矢量场

8.1　矢径 $\vec{r}$

1. 矢径的一般意义

【定义】　矢径 $\vec{r}$ 是从源点（采用打撇符号）到场点（采用不打撇符号）的矢量，如图 8-1 所示，即有

$$\vec{r} = \vec{R} - \vec{R}' \tag{8-8}$$

其中

$$\begin{cases} \vec{R} = x\hat{i} + y\hat{j} + z\hat{k} & (8\text{-}9) \\ \vec{R}' = x'\hat{i} + y'\hat{j} + z'\hat{k} & (8\text{-}10) \end{cases}$$

于是可具体写出

$$\vec{r} = (x-x')\hat{i} + (y-y')\hat{j} + (z-z')\hat{k} \tag{8-11}$$

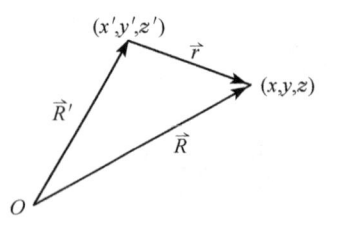

图 8-1　矢径 $\vec{r}$ 的一般定义

和
$$r = \sqrt{(x-x')^2 + (y-y')^2 + (z-z')^2} \tag{8-12}$$

同样，算子也要区分是对源点的微分作用，还是对场点的微分作用，有

$$\mathbf{\nabla} = \hat{i}\frac{\partial}{\partial x} + \hat{j}\frac{\partial}{\partial y} + \hat{k}\frac{\partial}{\partial z} \tag{8-13}$$

表示对场点的微分作用，而

$$\mathbf{\nabla}' = \hat{i}\frac{\partial}{\partial x'} + \hat{j}\frac{\partial}{\partial y'} + \hat{k}\frac{\partial}{\partial z'} \tag{8-14}$$

则表示对源点的微分作用。

今后若无特别声明，算子$\mathbf{\nabla}$均表示对场点起作用，而积分则是对源点起作用，考虑到场和源的相对独立性，因此，算子和积分可交换次序，如

$$\iint_S \mathrm{d}S' \, \mathbf{\nabla} = \mathbf{\nabla} \iint_S \mathrm{d}S' \tag{8-15}$$

2. 矢径 $\vec{r}$ 或 r 的算子公式

表 8-2 列出了$\mathbf{\nabla}$算子和$\vec{r}$或r的基本公式。

表 8-2 $\mathbf{\nabla}$算子和 $\vec{r}$ 或 r 的基本公式

算子$\mathbf{\nabla}$	$\vec{r}$ 或 r 的基本公式
梯度算子$\mathbf{\nabla}$	$\mathbf{\nabla} r = \dfrac{\vec{r}}{r} = \hat{r}$ $\mathbf{\nabla} f(r) = \dfrac{\mathrm{d}f}{\mathrm{d}r}\dfrac{\vec{r}}{r} = \dfrac{\mathrm{d}f}{\mathrm{d}r}\hat{r}$ $\mathbf{\nabla}\dfrac{1}{r} = -\dfrac{\vec{r}}{r^3}$ $\mathbf{\nabla}(\vec{a}\cdot\vec{r}) = \vec{a}$ （$\vec{a}$ 为常矢）
散度算子$\mathbf{\nabla}\cdot$	$\mathbf{\nabla}\cdot\vec{r} = 3$ $\mathbf{\nabla}\cdot\dfrac{\vec{r}}{r^3} = 4\pi\delta(\vec{R}-\vec{R}')$ $\mathbf{\nabla}\cdot(r\vec{a}) = (\mathbf{\nabla}r)\cdot\vec{a} = \dfrac{\vec{r}}{r}\cdot\vec{a}$ （$\vec{a}$ 为常矢）
旋度算子$\mathbf{\nabla}\times$	$\mathbf{\nabla}\times\vec{r} = 0$ $\mathbf{\nabla}\times\dfrac{\vec{r}}{r^3} = 0$ $\mathbf{\nabla}\times(r\vec{a}) = (\mathbf{\nabla}r)\times\vec{a} = \dfrac{\vec{r}}{r}\times\vec{a}$ （$\vec{a}$ 为常矢）
Laplace 算子$\mathbf{\nabla}^2$	$\mathbf{\nabla}^2\dfrac{1}{r} = -4\pi\delta(\vec{R}-\vec{R}')$ 其中 δ 表示 Dirac-δ 函数

3. Dirac-δ 函数和 $\nabla^2\left(\dfrac{1}{r}\right)$

对于表 8-2,应着重研究的是 $\nabla^2\left(\dfrac{1}{r}\right)$。先简要讨论 Dirac-δ 函数。

量子力学创立时期,天才物理学家 Dirac 提出一类广义函数——δ 函数。

【定义】 一维 $\delta(x)$ 满足

$$\delta(x) = \begin{cases} 0 & x \neq 0 \\ \infty & x = 0 \end{cases} \tag{8-16}$$

且满足归一性

$$\int_{-\infty}^{\infty} \delta(x)\mathrm{d}x = 1 \tag{8-17}$$

和选择性,即对于函数 $f(x)$ 有

$$\int_{-\infty}^{\infty} f(x)\delta(x)\mathrm{d}x = f(0) \tag{8-18}$$

把 $\delta(x)$ 称为一维 Dirac-δ 函数,如图 8-2 所示。

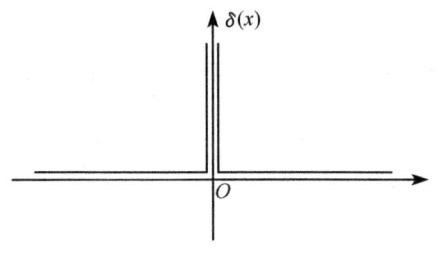

图 8-2 一维 Dirac-δ 函数

$\delta(x)$ 函数代表一类冲击(impulse)函数。它的出现使物理领域的离散和连续问题统一了起来。作为例子,δ 函数可以对应点电荷密度或必然事件的概率密度。

【例 8-1】 试证

$$\nabla^2\left(\dfrac{1}{r}\right) = -\nabla\cdot\left(\dfrac{\vec{r}}{r^3}\right) = -4\pi\delta(\vec{R}-\vec{R}') \tag{8-19}$$

【证明】 对式(8-19)两边做包含源点 (x',y',z') 的体积分,其左边有

$$-\iiint_V \left(\nabla\cdot\dfrac{\vec{r}}{r^3}\right)\mathrm{d}v' = -\oiint_S \dfrac{\vec{r}\cdot\hat{n}}{r^3}\mathrm{d}S' \tag{8-20}$$

重新记起在 (x',y',z') 处有单位点电荷的通量 Ψ 为

$$\Psi = \oiint_S \vec{D}\cdot\hat{n}\mathrm{d}S' = \oiint_S \dfrac{\vec{r}\cdot\hat{n}}{4\pi r^3}\mathrm{d}S' = 1 \tag{8-21}$$

也即可得

$$-\oiint_S \dfrac{\vec{r}\cdot\hat{n}}{r^3}\mathrm{d}S' = -4\pi \tag{8-22}$$

而右边根据 δ 函数的归一特性,有

$$-4\pi\iiint_V \delta(\vec{R}-\vec{R}')\mathrm{d}v' = -4\pi \tag{8-23}$$

得证。

8.2 ∇算子的两重性

∇算子的最显著特点即在于它的两重性：∇既是一个算子，又是一个矢量，但它首先是一个算子。例如，从矢量的角度：点积可以交换

$$\vec{A} \cdot \vec{B} = \vec{B} \cdot \vec{A} \tag{8-24}$$

然而作为算子，∇和场的点积不能交换，即

$$\vec{A} \cdot \nabla \neq \nabla \cdot \vec{A} \tag{8-25}$$

完全类似，两个矢量的叉积可以反交换，即

$$\vec{A} \times \vec{B} = -\vec{B} \times \vec{A} \tag{8-26}$$

然而作为算子，∇和场的叉积不能反交换，即

$$\vec{A} \times \nabla \neq -\nabla \times \vec{A} \tag{8-27}$$

另外，∇作为算子，如果作用的是两个场，则它对这两个场将分别施以作用。

只要注意到上述情况，则完全可以像场（函数）微分一样对待∇算子。本节主要研究∇与两个场乘积的各种运算。

1. ∇算子与两个数量场 u 和 v

$$\nabla(uv) = (\nabla u)v + u(\nabla v) \tag{8-28}$$

2. ∇算子与一个数量 u 和另一个矢量场 A

Case1

$$\nabla \cdot (u\vec{A}) = (\nabla u) \cdot \vec{A} + u\nabla \cdot \vec{A} \tag{8-29}$$

回忆起前面例子，令 $u=r, \vec{A}=\vec{a}$（$\vec{a}$ 为常矢），则有

$$\nabla \cdot (r\vec{a}) = (\nabla r) \cdot \vec{a} + r\nabla \cdot \vec{a} = \frac{\vec{r}}{r} \cdot \vec{a}$$

Case2

$$\nabla \times (u\vec{A}) = (\nabla u) \times \vec{A} + u\nabla \times \vec{A} \tag{8-30}$$

同样给出前面的例子

$$\nabla \times (r\vec{a}) = (\nabla r) \times \vec{a} + r(\nabla \times \vec{a}) = \frac{\vec{r}}{r} \times \vec{a}$$

3. ∇算子与两个矢量场 A 和 B

Case1

$$\nabla(\vec{A}\cdot\vec{B}) = \vec{A}\times(\nabla\times\vec{B}) + (\vec{A}\cdot\nabla)\vec{B} + \vec{B}\times(\nabla\times\vec{A}) + (\vec{B}\cdot\nabla)\vec{A} \quad (8\text{-}31)$$

【证明】 ∇首先是一个算子,根据微分性质,应分别作用到 $\vec{A}$ 和 $\vec{B}$ 上,即

$$\nabla(\vec{A}\cdot\vec{B}) = \nabla_A(\vec{A}\cdot\vec{B}) + \nabla_B(\vec{A}\cdot\vec{B}) \quad (8\text{-}32)$$

其次,∇又是矢量,由公式

$$\vec{B}\times(\nabla_A\times\vec{A}) = \nabla_A(\vec{A}\cdot\vec{B}) - (\vec{B}\cdot\nabla_A)\vec{A} \quad (8\text{-}33)$$

式中,∇_A 表示只对 $\vec{A}$ 场有相互作用,于是可写出

$$\nabla_A(\vec{A}\cdot\vec{B}) = \vec{B}\times(\nabla_A\times\vec{A}) + (\vec{B}\cdot\nabla_A)\vec{A} \quad (8\text{-}34)$$

按照点积的对称性,类似有

$$\nabla_B(\vec{A}\cdot\vec{B}) = \vec{A}\times(\nabla_B\times\vec{B}) + (\vec{A}\cdot\nabla_B)\vec{B} \quad (8\text{-}35)$$

代入式(8-32),略去下标 A 和 B,即证得式(8-31)。

再一次记起例子

$$\nabla(\vec{r}\cdot\vec{a}) = \vec{a}\times(\nabla\times\vec{r}) + (\vec{a}\cdot\nabla)\vec{r} = \vec{a}$$

Case2

$$\nabla\cdot(\vec{A}\times\vec{B}) = (\nabla\times\vec{A})\cdot\vec{B} - \vec{A}\cdot(\nabla\times\vec{B}) \quad (8\text{-}36)$$

【证明】 ∇首先是一个算子,它将分别对 $\vec{A}$ 和 $\vec{B}$ 作用,即

$$\nabla\cdot(\vec{A}\times\vec{B}) = \nabla_A\cdot(\vec{A}\times\vec{B}) + \nabla_B\cdot(\vec{A}\times\vec{B}) \quad (8\text{-}37)$$

其次∇算子又是一个矢量,则可把式(8-37)看作为矢量混合积形式,如图 8-3 所示。

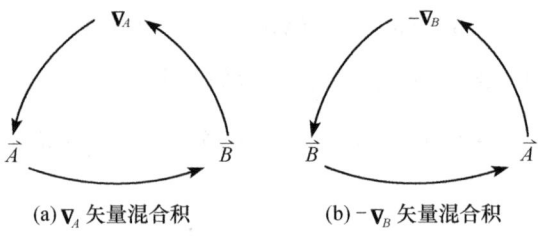

(a) ∇_A 矢量混合积　　(b) $-\nabla_B$ 矢量混合积

图 8-3　∇算子的混合积

很容易得到

$$\nabla_A\cdot(\vec{A}\times\vec{B}) = \vec{B}\cdot\nabla_A\times\vec{A} \quad (8\text{-}38)$$

$$\nabla_B\cdot(\vec{A}\times\vec{B}) = -\nabla_B\cdot(\vec{B}\times\vec{A}) = -\vec{A}\cdot\nabla_B\times\vec{B} \quad (8\text{-}39)$$

计及式(8-38)和式(8-39)代入式(8-37)并略去算子 A,B 下标,即证得式(8-36)。

必须提及,$\mathbf{V} \cdot (\vec{A} \times \vec{B})$ 的相互作用形式在电磁理论中十分有用,如

$$\mathbf{V} \cdot (\vec{E} \times \vec{H}^*) = (\mathbf{V} \times \vec{E}) \cdot \vec{H}^* - \vec{E} \cdot (\mathbf{V} \times \vec{H}^*) \tag{8-40}$$

Case3

$$\mathbf{V} \times (\vec{A} \times \vec{B}) = (\vec{B} \cdot \mathbf{V})\vec{A} - (\mathbf{V} \cdot \vec{A})\vec{B} - (\vec{A} \cdot \mathbf{V}\vec{B}) + (\mathbf{V} \cdot \vec{B})\vec{A} \tag{8-41}$$

【证明】 同样,$\mathbf{V}$ 首先是算子,它应对 $\vec{A},\vec{B}$ 分别作用,有

$$\mathbf{V} \times (\vec{A} \times \vec{B}) = \mathbf{V}_A \times (\vec{A} \times \vec{B}) + \mathbf{V}_B \times (\vec{A} \times \vec{B}) \tag{8-42}$$

其次,$\mathbf{V}$ 又是普通矢量,它和 A,B 构成双重叉积,利用公式

$$\vec{a} \times (\vec{b} \times \vec{c}) = (\vec{a} \cdot \vec{c})\vec{b} - (\vec{a} \cdot \vec{b})\vec{c} \tag{8-43}$$

于是有

$$\mathbf{V}_A \times (\vec{A} \times \vec{B}) = (\vec{B} \cdot \mathbf{V}_A)\vec{A} - (\mathbf{V}_A \cdot \vec{A})\vec{B} \tag{8-44}$$

注意到,式(8-44)右端第一项算子为 $\mathbf{V}_A$,由此不能写成 $\mathbf{V}_A \cdot \vec{B}$。同样

$$\mathbf{V}_B \times (\vec{A} \times \vec{B}) = -\mathbf{V}_B \times (\vec{B} \times \vec{A}) = -(\vec{A} \cdot \mathbf{V}_B)\vec{B} + (\mathbf{V}_B \cdot \vec{B})\vec{A} \tag{8-45}$$

结合式(8-44)和式(8-45),代入式(8-42),略去下标,即证得式(8-41)。

【例 8-2】 根据静场的毕奥-萨伐尔定律

$$\vec{B}(\vec{r}) = \frac{\mu}{4\pi} \iiint_V \frac{\mathrm{d}v' \vec{J}(\vec{R}') \times \vec{r}}{r^3} \tag{8-46}$$

试证明

$$\mathbf{V} \times \vec{B}(\vec{R}) = \mu \vec{J}(\vec{R}) \tag{8-47}$$

其中

$$\begin{cases} \vec{r} = (x-x')\hat{i} + (y-y')\hat{j} + (z-z')\hat{k} \\ r = \sqrt{(x-x')^2 + (y-y')^2 + (z-z')^2} \end{cases} \tag{8-48}$$

【证明】 注意,在上述问题中,算子 $\mathbf{V}$ 是对场点 (x,y,z) 发生作用;积分 $\mathrm{d}v'$ 和源 $\vec{J}(\vec{r}')$ 则对 (x',y',z') 发生作用。考虑到

$$-\mathbf{V}\left(\frac{1}{r}\right) = \frac{\vec{r}}{r^3} \tag{8-49}$$

且源 $\vec{J}(\vec{r}')$ 对场算子 $\mathbf{V}$ 不起作用,即有

$$\mathbf{V} \times \vec{J}(\vec{R}') = 0 \tag{8-50}$$

又已知

$$\mathbf{V} \times (u\vec{A}) = (\mathbf{V}u) \times \vec{A} + u(\mathbf{V} \times \vec{A}) \tag{8-51}$$

可以得到

$$\vec{B} = \frac{\mu}{4\pi} \iiint_V dv' \left(\nabla \frac{1}{r}\right) \times \vec{J}(\vec{R}') = \frac{\mu}{4\pi} \iiint_V \nabla \times \left(\frac{\vec{J}(\vec{R}')}{r}\right) dv'$$

$$= \frac{\mu}{4\pi} \nabla \times \iiint_V \frac{\vec{J}(\vec{R}') dv'}{r} \tag{8-52}$$

引入新参量 $\vec{A}$，令

$$\vec{A} = \frac{\mu}{4\pi} \iiint_V \frac{\vec{J}(\vec{R}') dv'}{r} \tag{8-53}$$

则有

$$\nabla \times \vec{B} = \nabla \times (\nabla \times \vec{A}) = \nabla(\nabla \cdot \vec{A}) - \nabla^2 \vec{A} \tag{8-54}$$

注意到，式(8-54)右端第一项

$$\nabla \cdot \vec{A} = \frac{\mu}{4\pi} \iiint_V \nabla \cdot \left(\frac{\vec{J}(\vec{R}')}{r}\right) dv' = \frac{\mu}{4\pi} \iiint_V \left(\nabla \frac{1}{r}\right) \cdot \vec{J}(\vec{R}') dv'$$

$$= -\frac{\mu}{4\pi} \iiint_V \left(\nabla' \frac{1}{r}\right) \cdot \vec{J}(\vec{R}') dv' \tag{8-55}$$

在上式中已应用

$$\nabla\left(\frac{1}{r}\right) = -\nabla'\left(\frac{1}{r}\right) \tag{8-56}$$

其中 ∇' 表示算子对源点起作用。

于是有

$$\nabla \cdot \vec{A} = -\frac{\mu}{4\pi} \iiint_V \nabla' \cdot \left(\frac{\vec{J}(\vec{R}')}{r}\right) dv' + \frac{\mu}{4\pi} \iiint_V \frac{\nabla' \cdot \vec{J}(\vec{R}')}{r} dv' \tag{8-57}$$

利用恒稳电流条件

$$\nabla' \cdot \vec{J}(\vec{R}') = 0 \tag{8-58}$$

进一步写出

$$\nabla \cdot \vec{A} = -\frac{\mu}{4\pi} \iiint_V \nabla' \cdot \left(\frac{\vec{J}(\vec{R}')}{r}\right) dv' = -\frac{\mu}{4\pi} \oiint_S \frac{\vec{J}(\vec{R}') \cdot \hat{n}}{r} dS' \tag{8-59}$$

式(8-59)中应包含全部电流 $\vec{J}(\vec{R}')$ 的存在区域，于是在 S' 面上不会再有面电流，即得

$$\nabla \cdot \vec{A} = 0 \tag{8-60}$$

现在，继续研究 $\nabla^2 \vec{A}$，由 $\vec{A}$ 的定义式(8-53)，很容易给出

$$\nabla^2 \vec{A} = \nabla^2 \left\{ \frac{\mu}{4\pi} \iiint_V \frac{\vec{J}(\vec{R}') dv'}{r} \right\} = \frac{\mu}{4\pi} \iiint_V \left(\nabla^2 \frac{1}{r}\right) \vec{J}(\vec{R}') dv'$$

$$= \frac{\mu}{4\pi}\iiint_V -4\pi\delta(\vec{R}-\vec{R}')\vec{J}(\vec{R}')\mathrm{d}v' = -\mu\vec{J}(\vec{R}) \tag{8-61}$$

最后得到要证明的式(8-47)，即

$$\mathbf{\nabla}\times\vec{B} = \mu\vec{J}$$

本例题虽然具体涉及的是电磁场理论，但由此可以清楚地了解到源点、场点、$\mathbf{\nabla}$ 和微积分算子交换等诸多重要概念。

8.3 积分变换

这里讨论的积分变换指的是把体积分和包围这体积的面积分，或者面积分和包围这面边缘的线积分之间的相互变换。这里将不加证明地给出重要结果。

1. 体面积分变换

体积分与面积分之间的变换满足

$$\iiint_V \mathrm{d}v' \ \mathbf{\nabla} \Leftrightarrow \oiint_S \mathrm{d}\vec{S}' \tag{8-62}$$

注意到式(8-62)右边 $\mathrm{d}\vec{S}'$ 面积分有方向，则有

Case1

$$\iiint_V \mathrm{d}v' \ \mathbf{\nabla}\cdot\vec{A} = \oiint_S \mathrm{d}\vec{S}'\cdot\vec{A} \tag{8-63}$$

式(8-63)即前面提及的 Gauss 定理，注意式中两边做数量积运算。

Case2

$$\iiint_V \mathrm{d}v' \ \mathbf{\nabla}\times\vec{A} = \oiint_S \mathrm{d}\vec{S}'\times\vec{A} \tag{8-64}$$

注意式(8-64)两边做矢量积运算。

Case3

$$\iiint_V \mathrm{d}v' \ \mathbf{\nabla}u = \oiint_S \mathrm{d}\vec{S}'u \tag{8-65}$$

式中，$u=u(x,y,z)$ 表示数量场。

2. 面线积分变换

面积分与线积分之间的变换为

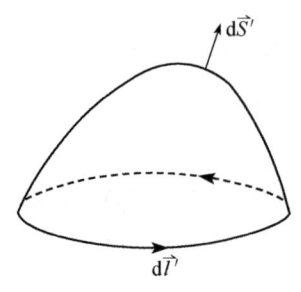

图 8-4　$\vec{l}'$ 和 $\vec{S}'$ 成右手螺旋法则

$$\iint_S \mathrm{d}\vec{S}' \times \mathbf{\nabla} \Leftrightarrow \oint_l \mathrm{d}\vec{l}' \tag{8-66}$$

注意到，在式(8-66)中 $\mathrm{d}\vec{l}'$ 曲线有方向，且与 $\mathrm{d}\vec{S}'$ 的正方向成右手螺旋法则，如图 8-4 所示。

Case1

$$\iint_S \mathrm{d}\vec{S}' \times \mathbf{\nabla} u = \oint_l \mathrm{d}\vec{l}' u \tag{8-67}$$

式中，$u = u(x', y', z')$ 表示数量场。

Case2

$$\iint_S \mathrm{d}\vec{S}' \times \mathbf{\nabla} \times \vec{A} = \oint_l \mathrm{d}\vec{l}' \times \vec{A} \tag{8-68}$$

式中，$\vec{A} = \vec{A}(x', y', z')$ 表示矢量场。

第九章 调 和 场

在矢量场论的一开始,就提及数学中的场和现实物理世界的研究对象紧密相关。按场和算子的相互作用性质,本节将讨论三种最重要的物理场:有位场、管形场和调和场,并介绍矢量场的重要定理。

9.1 有 位 场

在重力场内做功是 Newton 力学的典型问题,将它作为讨论的出发点。

【例 9-1】 图 9-1 给出 Newton 重力场,研究从 $y_A \to y_B$ 路径重力所做的功 W。

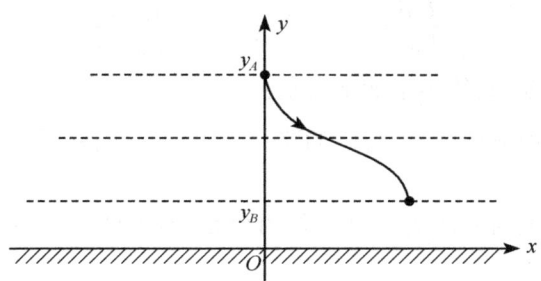

图 9-1 质点 m 在重力场中所做的功 W

【解】 如图 9-1 所示的坐标系,一质量为 m 的质点所形成的重力为

$$\vec{F} = -mg\hat{y} \tag{9-1}$$

于是可写出沿有向曲线 $\vec{l}$ 所做的功为

$$W = \int_l \vec{F} \cdot d\vec{l} = -\int_{y_A}^{y_B} mg\,dy = mg(y_A - y_B) \tag{9-2}$$

注意到,它与 l 曲线形状无关。

现在,再研究试验电荷 q 在点电荷 Q 的电场 $\vec{E}$ 中所做的功。

【例 9-2】 点电荷 Q 放置在坐标原点 O,其电场 $\vec{E}$ 可写成

$$\vec{E} = \frac{Q\vec{r}}{4\pi\varepsilon r^3} \tag{9-3}$$

其中

$$\vec{r} = x\hat{i} + y\hat{j} + z\hat{k}$$

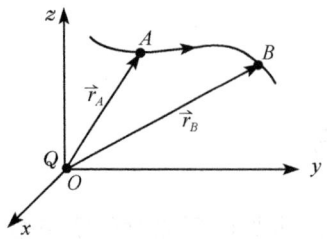

图 9-2 单位试验电荷 $q=1$ 在点电荷电场中所做的功 W

$$r = \sqrt{x^2 + y^2 + z^2}$$

今有一单位试验电荷 $q=1$ 从有向曲线 l 的 A 点到 B 点,求电场 $\vec{E}$ 所做的功 W,如图 9-2 所示。

【解】 鉴于电场力 $\vec{F}=q\vec{E}$,很容易写出

$$W = \int_l q\vec{E} \cdot \mathrm{d}\vec{l} = \int_l \vec{E} \cdot \mathrm{d}\vec{l} = \int_l \frac{Q\vec{r} \cdot \mathrm{d}\vec{l}}{4\pi\varepsilon r^3} \quad (9\text{-}4)$$

其中

$$\mathrm{d}\vec{l} = \mathrm{d}x\hat{i} + \mathrm{d}y\hat{j} + \mathrm{d}z\hat{k} \quad (9\text{-}5)$$

则可知

$$\vec{r} \cdot \mathrm{d}\vec{l} = \frac{1}{2}\mathrm{d}(x^2 + y^2 + z^2) = r\mathrm{d}r \quad (9\text{-}6)$$

于是有

$$W = \int_{r_A}^{r_B} \frac{Q\mathrm{d}r}{4\pi\varepsilon r^2} = -\frac{Q}{4\pi\varepsilon r}\bigg|_{r_A}^{r_B} = \frac{Q}{4\pi\varepsilon}\left(\frac{1}{r_A} - \frac{1}{r_B}\right) \quad (9\text{-}7)$$

例 9-2 十分重要,它给出了如下启示:

(1) 静电场 $\vec{E}$ 所做的功 W 与 $\vec{l}$ 的路径无关,而只与路径的起点(r_A)和路径的终点(r_B)相关。

(2) 如果试验电荷 q 所走的是一条闭合路径,也即 $r_A = r_B$,则所做的总功 W 恒为零,即

$$\oint_l \vec{E} \cdot \mathrm{d}\vec{l} = 0 \quad (9\text{-}8)$$

如图 9-3 所示。

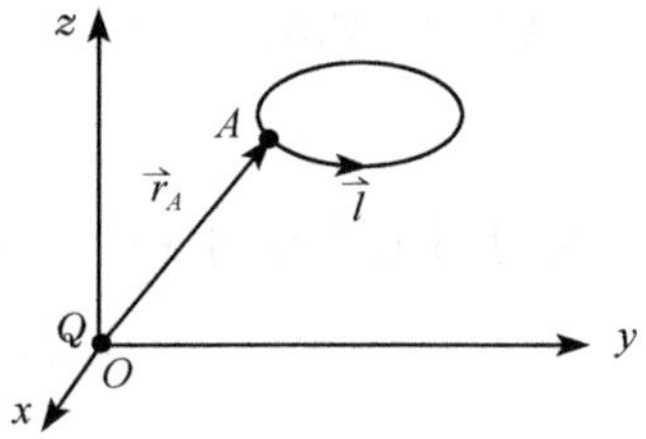

(3) 进一步根据 Stokes 定理

$$\oint_l \vec{E} \cdot \mathrm{d}\vec{l} = \iint_S (\boldsymbol{\nabla} \times \vec{E}) \cdot \hat{n}\mathrm{d}s \quad (9\text{-}9)$$

可知电场的旋度恒为零

$$\boldsymbol{\nabla} \times \vec{E} = 0 \quad (9\text{-}10)$$

图 9-3 静电场闭合路径做功 $W \equiv 0$

(4) 特别值得注意的是,静电场 $\vec{E}$ 可以写成一个数量场 u 的负梯度,即

$$\vec{E} = -\boldsymbol{\nabla} u \quad (9\text{-}11)$$

其中

$$u = \frac{Q}{4\pi\varepsilon r} \quad (9\text{-}12)$$

只要计及 $\mathbf{\nabla}\left(\dfrac{1}{r}\right)=-\dfrac{\vec{r}}{r^3}$ 马上就可看出这一点。而式(9-12)所表示的位,是把 ∞ 位为零得到的。由式(9-10)和式(9-11)似乎发现

$$\mathbf{\nabla}\times(\mathbf{\nabla}u)=0 \tag{9-13}$$

更一般性的讨论将在后边论及。现在回过头来看例 9-1,事实上,重力场也有

$$\oint_l \vec{F}\cdot\mathrm{d}\vec{l}=0 \tag{9-14}$$

和

$$\mathbf{\nabla}\times\vec{F}=0 \tag{9-15}$$

而且,也能进一步定义重力位

$$\vec{F}=-\mathbf{\nabla}u \tag{9-16}$$

和

$$u=mgy \tag{9-17}$$

于是可提取出一般定义。

【定义】 一矢量场 $\vec{A}=\vec{A}(x,y,z)$ 对应单位函数 $u=u(x,y,z)$,且满足

$$\vec{A}=-\mathbf{\nabla}u^① \tag{9-18}$$

则可以把 $\vec{A}$ 称为有位场,也有文献称有势场。

【讨论】 (1) 十分清楚,Hamilton 算子 $\mathbf{\nabla}$ 通过梯度运算把数量场 $u=u(x,y,z)$ 位函数和矢量场 $\vec{A}=\vec{A}(x,y,z)$ 有位场两个概念联系了起来,如图 9-4 所示。

(2) 位函数 $u=u(x,y,z)$ 和有位场 $\vec{A}=\vec{A}(x,y,z)$ 并非一一对应,正如积分中被积函数和原函数一样。$\vec{A}$ 可以对应无限多个位函数:$u_1,u_2,\cdots$ 而各个位函数之间可相差一常数,即

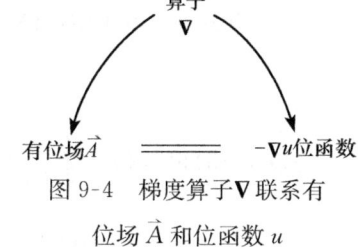

图 9-4 梯度算子 $\mathbf{\nabla}$ 联系有位场 $\vec{A}$ 和位函数 u

$$\begin{cases}\vec{A}=-\mathbf{\nabla}u_1\\ \vec{A}=-\mathbf{\nabla}u_2\end{cases} \tag{9-19}$$

其中

$$u_2=u_1+C \quad (C\text{ 为常数}) \tag{9-20}$$

因为

$$\mathbf{\nabla}u_2=\mathbf{\nabla}(u_1+C)=\mathbf{\nabla}u_1$$

---

① 对于式(9-18)右边究竟取负号,还是正号,并无本质区别,也有的文献取正号。

从物理观点看问题,不同常数表示问题选择不同的位标准点,或者零位点。例如,重力位是选择海平面作为标准 0 点,还是选择当地地平面作 0 点等。

【定理】 矢量场 $\vec{A}=\vec{A}(x,y,z)$ 是有位场(即 $\vec{A}=-\nabla u$)的充分必要条件是满足

$$\nabla \times \vec{A} = 0 \tag{9-21}$$

【证明】 这里,略去定理必须单连域的条件。

(1) 必要性　设 $\vec{A}=A_x\hat{i}+A_y\hat{j}+A_z\hat{k}$,若 $\vec{A}$ 有位,则必有

$$\vec{A}=-\nabla u=-\frac{\partial u}{\partial x}\hat{i}-\frac{\partial u}{\partial y}\hat{j}-\frac{\partial u}{\partial z}\hat{k} \tag{9-22}$$

假定 A_x,A_y 和 A_z 有一阶连续偏导,则 u 有二阶连续偏导,又写出

$$\frac{\partial A_z}{\partial y}-\frac{\partial A_y}{\partial z}=\frac{\partial^2 u}{\partial z\partial y}-\frac{\partial^2 u}{\partial y\partial z}=0 \tag{9-23}$$

类似地可证

$$\begin{cases}\dfrac{\partial A_x}{\partial z}-\dfrac{\partial A_z}{\partial x}=0\\[2mm] \dfrac{\partial A_y}{\partial x}-\dfrac{\partial A_x}{\partial y}=0\end{cases} \tag{9-24}$$

于是,在矢量场内处处满足

$$\nabla \times \vec{A} = 0 \tag{9-25}$$

(2) 充分性　设场内有 $\nabla\times\vec{A}=0$,也即任何闭合曲线 $\vec{l}$ 有

$$\oint_l \vec{A}\cdot\mathrm{d}\vec{l} = 0 \tag{9-26}$$

式(9-26)也等价于 $\int_{\widehat{M_0M}}\vec{A}\cdot\mathrm{d}\vec{l}$ 与路径无关,即存在 u

$$-u(x,y,z)=\int_{(x_0,y_0,z_0)}^{(x,y,z)}A_x\mathrm{d}x+A_y\mathrm{d}y+A_z\mathrm{d}z \tag{9-27}$$

这里,将证明式(9-27)中函数 $u=u(x,y,z)$ 满足

$$\begin{cases}-\dfrac{\partial u}{\partial x}=A_x\\[2mm] -\dfrac{\partial u}{\partial y}=A_y\\[2mm] -\dfrac{\partial u}{\partial z}=A_z\end{cases} \tag{9-28}$$

证式(9-28)中第一式,设 $M_0(x,y,z)$ 和 $M(x+\Delta x,y,z)$ 两者仅 x 坐标不同。于是有

$$\Delta u = u(M) - u(M_0) = -\int_{M_0}^{M} \vec{A} \cdot \mathrm{d}\vec{l} \tag{9-29}$$

上面取法的最大优点是 $\mathrm{d}y=0, \mathrm{d}z=0$，于是

$$\Delta u = \int_{(x,y,z)}^{(x+\Delta x,y,z)} -A_x(x,y,z)\mathrm{d}x \tag{9-30}$$

根据积分中值定理，有

$$-\Delta u = A_x(x+\theta\Delta x, y, z)\Delta x \quad (0 \leqslant \theta \leqslant 1) \tag{9-31}$$

很容易证得

$$-\frac{\partial u}{\partial x} = A_x(x,y,z) \tag{9-32}$$

同理给出

$$-\frac{\partial u}{\partial y} = A_y(x,y,z) \tag{9-33}$$

$$-\frac{\partial u}{\partial z} = A_z(x,y,z) \tag{9-34}$$

于是

$$\vec{A} \cdot \mathrm{d}\vec{l} = A_x \mathrm{d}x + A_y \mathrm{d}y + A_z \mathrm{d}z = -\frac{\partial u}{\partial x}\mathrm{d}x - \frac{\partial u}{\partial y}\mathrm{d}y - \frac{\partial u}{\partial z}\mathrm{d}z$$

$$= -\left(\frac{\partial u}{\partial x}\hat{i} + \frac{\partial u}{\partial y}\hat{j} + \frac{\partial u}{\partial z}\hat{k}\right) \cdot (\mathrm{d}x\hat{i} + \mathrm{d}y\hat{j} + \mathrm{d}z\hat{k}) \tag{9-35}$$

这样可写出

$$\vec{A} = -\frac{\partial u}{\partial x}\hat{i} - \frac{\partial u}{\partial y}\hat{j} - \frac{\partial u}{\partial z}\hat{k} = -\nabla u \tag{9-36}$$

在物理上把有位场 $\vec{A}$ 也称为保守场或无旋场。

【推论】

$$\nabla \times (\nabla u) = 0 \tag{9-37}$$

式(9-37)是矢量理论中一个重要的恒等式，其物理意义是：对应有梯度的矢量场必定无旋。简言之：有位必无旋。

在前面的讨论中，还给出了计算函数的一种简单方法，即当 $M_0(x_0, y_0, z_0) \to M(x, y, z)$ 时可以采用折线过程，即 $M_0(x_0, y_0, z_0) \to M_1(x, y_0, z_0) \to M_2(x, y, z_0) \to M(x, y, z)$，如图 9-5 所示。

用公式表示，有

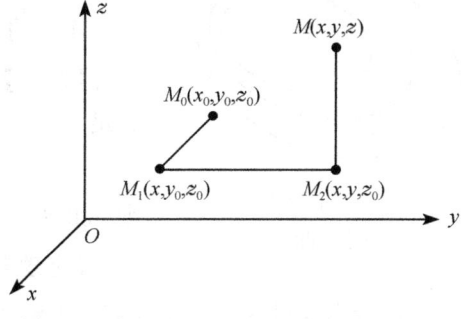

图 9-5 由 $M_0(x_0, y_0, z_0) \to M(x, y, z)$ 的积分折线路程

$$-u(x,y,z) = \int_{x_0}^{x} A_x(x,y_0,z_0)\mathrm{d}x + \int_{y_0}^{y} A_y(x,y,z_0)\mathrm{d}y + \int_{z_0}^{z} A_z(x,y,z)\mathrm{d}z \tag{9-38}$$

【例 9-3】 已知矢量场

$$\vec{A} = \vec{A}(x,y,z) = 2xyz^2\hat{i} + (x^2z^2+\cos y)\hat{j} + 2x^2yz\hat{k} \tag{9-39}$$

求其位函数簇,且 $M_0 = (0,0,0)$。

【解】 验证 $\nabla \times \vec{A} = 0$,即 $\vec{A}$ 是有位场,且应用式(9-38)的简单计算方法

$$v(x,y,z) = \int_0^x 0\,\mathrm{d}x + \int_0^y \cos y\,\mathrm{d}y + \int_0^z 2x^2yz\,\mathrm{d}z = \sin y + x^2yz^2 \tag{9-40}$$

最后写出

$$u = u(x,y,z) = -v + c = -\sin y - x^2yz^2 + c \tag{9-41}$$

9.2 管 形 场

前面已经论述过,散度算子 ∇ 是对于源的精细描述。散度为 0 处必定无源。现在提出进一步的问题:一个矢量场 $\vec{A} = \vec{A}(x,y,z)$,若散度处处为 0,即 $\nabla \cdot \vec{A} = 0$,它还会存在矢线吗?回答是肯定的:有这种性质的矢量场不仅存在矢线,而且每条都是闭合的。在物理上,最典型例子是磁力线 $\vec{B}$——大家都知道磁力线是无头无尾的闭合曲线,因此,$\vec{B}$ 的任何一点散度场为 0,也即有

$$\nabla \cdot \vec{B} = 0 \tag{9-42}$$

如图 9-6 所示。另外值得指出的是,年轻的 Maxwell 正是根据这一概念,提出了位移电流密度 $\vec{J}_D = \dfrac{\partial \vec{D}}{\partial t}$ 这一伟大思想。

本章将深入讨论这种散度为 0 的矢量场。

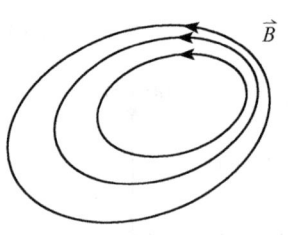

图 9-6 磁力线是闭合曲线

【定义】 若一矢量场 $\vec{A} = \vec{A}(x,y,z)$ 在场内处处满足

$$\nabla \cdot \vec{A} = 0 \tag{9-43}$$

则称此矢量场为管形场,管形场即无源场。

【定理】 若矢量场 $\vec{A} = \vec{A}(x,y,z)$ 为管形场,则任一矢量管中穿过两个横截面 S_1 和 S_2 的通量相等,有

$$\Psi_1 = \Psi_2 \tag{9-44}$$

这里规定的法向单位矢 $\hat{n}_1$ 和 $\hat{n}_2$ 指向矢量场 $\vec{A}$ 的同一侧，如图 9-7 所示，其中

$$\Psi_1 = \iint\limits_{S_1} \vec{A} \cdot \hat{n}_1 \mathrm{d}S \tag{9-45}$$

$$\Psi_2 = \iint\limits_{S_2} \vec{A} \cdot \hat{n}_2 \mathrm{d}S \tag{9-46}$$

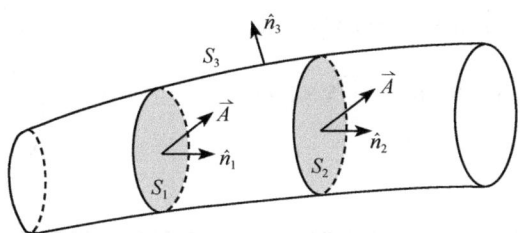

图 9-7 矢量场

【证明】 已知管形场中 $\mathbf{\nabla} \cdot \vec{A} = 0$，且研究单值域，由 Gauss 定理

$$\oiint\limits_{S} \vec{A} \cdot \hat{n} \mathrm{d}S = \iiint\limits_{V} \mathbf{\nabla} \cdot \vec{A} \mathrm{d}v = 0$$

具体写出

$$-\iint\limits_{S_1} \vec{A} \cdot \hat{n}_1 \mathrm{d}S + \iint\limits_{S_2} \vec{A} \cdot \hat{n}_2 \mathrm{d}S + \iint\limits_{S_3} \vec{A} \cdot \hat{n}_3 \mathrm{d}S = 0 \tag{9-47}$$

注意到，式(9-47)左端取负的原因是闭合面外法线应为 $-\hat{n}_1$。计及矢量管条件

$$\vec{A} \cdot \hat{n}_3 = 0 \quad (\text{即 } \vec{A} \perp \hat{n}_3) \tag{9-48}$$

则证得

$$\iint\limits_{S_1} \vec{A} \cdot \hat{n}_1 \mathrm{d}S = \iint\limits_{S_2} \vec{A} \cdot \hat{n}_2 \mathrm{d}S$$

形象地说，这种场好像自来水管，流进＝流出，管形场由此得名。

【定理】 单连域内矢量场 $\vec{A} = \vec{A}(x, y, z)$ 为管形场的充要条件如下：$\vec{A}$ 是另一矢量场 $\vec{B}$ 的旋度，即

$$\vec{A} = \mathbf{\nabla} \times \vec{B} \tag{9-49}$$

【证明】 可以分两个部分给出证明

(1) 充分性　设 $\vec{A} = \mathbf{\nabla} \times \vec{B}$

据 Gauss 定理

$$\iiint_V \mathbf{\nabla} \cdot \vec{A} \mathrm{d}v = \oiint_S \vec{A} \cdot \hat{n} \mathrm{d}S = \oiint_S \mathbf{\nabla} \times \vec{B} \cdot \hat{n} \mathrm{d}S$$

↓

将封闭面 $\vec{S}$ 分成 $\vec{S}_1$ 和 $\vec{S}_2$，边界分别为 $\vec{l}$ 和 $-\vec{l}$

$$\iiint_V \mathbf{\nabla} \cdot \vec{A} \mathrm{d}v = \iint_{\vec{S}_1} \mathbf{\nabla} \times \vec{B} \cdot \hat{n}_1 \mathrm{d}S + \iint_{\vec{S}_2} \mathbf{\nabla} \times \vec{B} \cdot \hat{n}_2 \mathrm{d}S$$

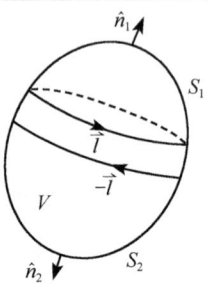

↓

据 Stokes 定理

$$\iint_{\vec{S}_1} \mathbf{\nabla} \times \vec{B} \cdot \hat{n}_1 \mathrm{d}S = \oint_l \vec{B} \cdot \mathrm{d}\vec{l}$$

$$\iint_{\vec{S}_2} \mathbf{\nabla} \times \vec{B} \cdot \hat{n}_2 \mathrm{d}S = -\oint_l \vec{B} \cdot \mathrm{d}\vec{l}$$

↓

最后得到

$$\iiint_V \mathbf{\nabla} \cdot \vec{A} \mathrm{d}v = 0$$

$\mathbf{\nabla} \cdot (\mathbf{\nabla} \times \vec{B}) = 0 \quad \vec{A}$ 为管形场

上面所给出的是问题的积分证明。事实上，只要 $\vec{A}$ 和 $\vec{B}$ 存在连续偏导，也可采用微分证明。计及

$$\mathbf{\nabla} \times \vec{B} = \begin{vmatrix} \hat{i} & \hat{j} & \hat{k} \\ \dfrac{\partial}{\partial x} & \dfrac{\partial}{\partial y} & \dfrac{\partial}{\partial z} \\ B_x & B_y & B_z \end{vmatrix} = \left(\dfrac{\partial B_z}{\partial y} - \dfrac{\partial B_y}{\partial z} \right)\hat{i} + \left(\dfrac{\partial B_x}{\partial z} - \dfrac{\partial B_z}{\partial x} \right)\hat{j} + \left(\dfrac{\partial B_y}{\partial x} - \dfrac{\partial B_x}{\partial y} \right)\hat{k}$$

(9-50)

进一步计算

$$\mathbf{\nabla} \cdot \vec{A} = \mathbf{\nabla} \cdot (\mathbf{\nabla} \times \vec{B}) = \left(\dfrac{\partial^2 B_z}{\partial x \partial y} - \dfrac{\partial^2 B_y}{\partial x \partial z} \right) + \left(\dfrac{\partial^2 B_x}{\partial y \partial z} - \dfrac{\partial^2 B_z}{\partial y \partial x} \right) + \left(\dfrac{\partial^2 B_y}{\partial z \partial x} - \dfrac{\partial^2 B_x}{\partial z \partial y} \right) = 0$$

(9-51)

即给出证明。

(2) 必要性　设 $\vec{A}=A_x\hat{i}+A_y\hat{j}+A_z\hat{k}$，且满足

$$\mathbf{\nabla}\cdot\vec{A}=\frac{\partial A_x}{\partial x}+\frac{\partial A_y}{\partial y}+\frac{\partial A_z}{\partial z}=0 \tag{9-52}$$

现要证明存在矢量场 $\vec{B}=B_x\hat{i}+B_y\hat{j}+B_z\hat{k}$ 满足

$$\mathbf{\nabla}\times\vec{B}=\vec{A} \tag{9-53}$$

计及

$$\mathbf{\nabla}\times\vec{B}=\begin{vmatrix} \hat{i} & \hat{j} & \hat{k} \\ \dfrac{\partial}{\partial x} & \dfrac{\partial}{\partial y} & \dfrac{\partial}{\partial z} \\ B_x & B_y & B_z \end{vmatrix}$$

可以发现式(9-53)等价于

$$\begin{cases} A_x=\dfrac{\partial B_z}{\partial y}-\dfrac{\partial B_y}{\partial z} \\ A_y=\dfrac{\partial B_x}{\partial z}-\dfrac{\partial B_z}{\partial x} \\ A_z=\dfrac{\partial B_y}{\partial x}-\dfrac{\partial B_x}{\partial y} \end{cases} \tag{9-54}$$

事实上，这种性质的矢量场 $\vec{B}$ 肯定存在，作为例子，以二维矢量场来证明，只需设

$$\begin{cases} B_x=\int_{z_0}^{z}A_y\mathrm{d}z-\int_{y_0}^{y}A_z\mathrm{d}y \\ B_y=-\int_{z_0}^{z}A_x\mathrm{d}z \\ B_z=0 \end{cases} \tag{9-55}$$

采用含参量积分公式微分即得结果。

十分清楚，旋度算子 $\mathbf{\nabla}\times$ 把有旋场 $\vec{B}$ 和管形场 $\vec{A}$ 紧密地联系了起来，如图 9-8 所示。

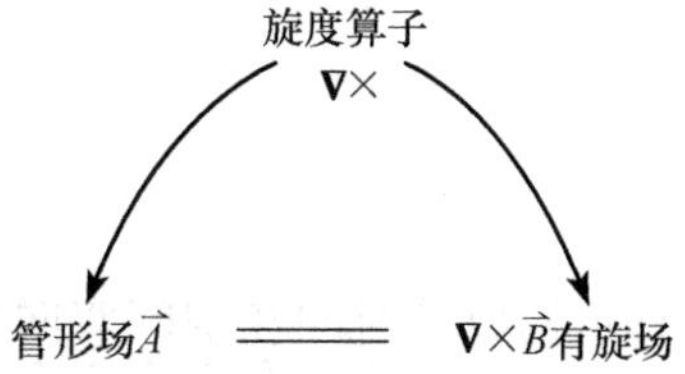

再一次给出矢量场的又一重要恒等式

$$\mathbf{\nabla}\cdot(\mathbf{\nabla}\times\vec{B})=0 \tag{9-56}$$

它深刻揭示了有旋必定无源。

图 9-8　旋度算子联系管形场 $\vec{A}$ 和有旋场 $\vec{B}$

【例 9-4】　Maxwell 引入位移电流密度

$$\vec{J}_D=\frac{\partial \vec{D}}{\partial t} \tag{9-57}$$

在 Maxwell 之前,安培、奥斯特,特别是 Faraday 为电磁理论打下了坚实的实验基础。但是,真正的理论尚未建立,电磁波的本质也未揭示。

当年轻的 Maxwell 决心攻克这一难关时,Faraday 作为长辈不无担心:他生怕 Maxwell 擅长的数学形式可能"淹没"电磁物理实质。然而事实却恰恰相反,其中最突出的一点是 Maxwell 思想超前地引入了当前尚且无条件发现的位移电流密度 $\vec{J}_D = \dfrac{\partial \vec{D}}{\partial t}$,Maxwell 正是利用矢量场论思想揭示了电磁波本质。

对于位移电流 $\vec{J}_D$ 的发现,一般均认为 Maxwell 在研究理想时变电流过电容 C 突然中断的情况,认为若不定义"全新"的电流就无法解释整个过程,如图 9-9 所示。

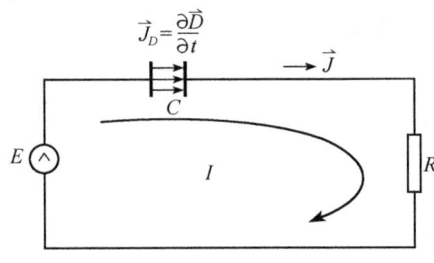

图 9-9 电容 C 中的电流连续

实际上,Maxwell 关于体系中存在的矛盾,即电流连续性的思索要深入得多,如图 9-10 所示。从现在管形场的角度看问题,$\vec{B}$ 无散而有旋,旋度的流除了传导电流密度 $\vec{J}$ 之外,还有 $\vec{J}_D = \dfrac{\partial \vec{D}}{\partial t}$,只有这样,才能保证电流连续性定理,即

$$\nabla \cdot \vec{J}_t = \nabla \cdot (\vec{J} + \vec{J}_D) \equiv 0 \tag{9-58}$$

式中,$\vec{J}_t$ 为总电流密度,它包括传导电流密度 $\vec{J}$ 和位移电流密度 $\vec{J}_D$。

如果从电磁理论角度看问题,那么引入位移电流 $\vec{J}_D = \dfrac{\partial \vec{D}}{\partial t}$ 的意义则更大。

(1) 因为只有引入了位移电流 $\vec{J}_D = \dfrac{\partial \vec{D}}{\partial t}$,才使 Maxwell 两个旋度方程

$$\begin{cases} \nabla \times \vec{E} = -\dfrac{\partial \vec{B}}{\partial t} \\ \nabla \times \vec{H} = \vec{J} + \dfrac{\partial \vec{D}}{\partial t} \end{cases} \tag{9-59}$$

真正构成了时间和空间双向转化,即由 $\vec{E}$ 转化为 $\vec{H}$,再由 $\vec{H}$ 转化为 $\vec{E}$;由时间变化 $\dfrac{\partial}{\partial t}$ 转化为空间变化 $\nabla \times$,再由空间变化 $\nabla \times$ 转化为时间变化 $\dfrac{\partial}{\partial t}$。

(2) 正是这种双向变化,才揭示了客观电磁波——时间和空间的波动。

(3) Maxwell 进一步导出了波动方程,揭示了电磁波以光速传播,从而建立了光电统一学说。

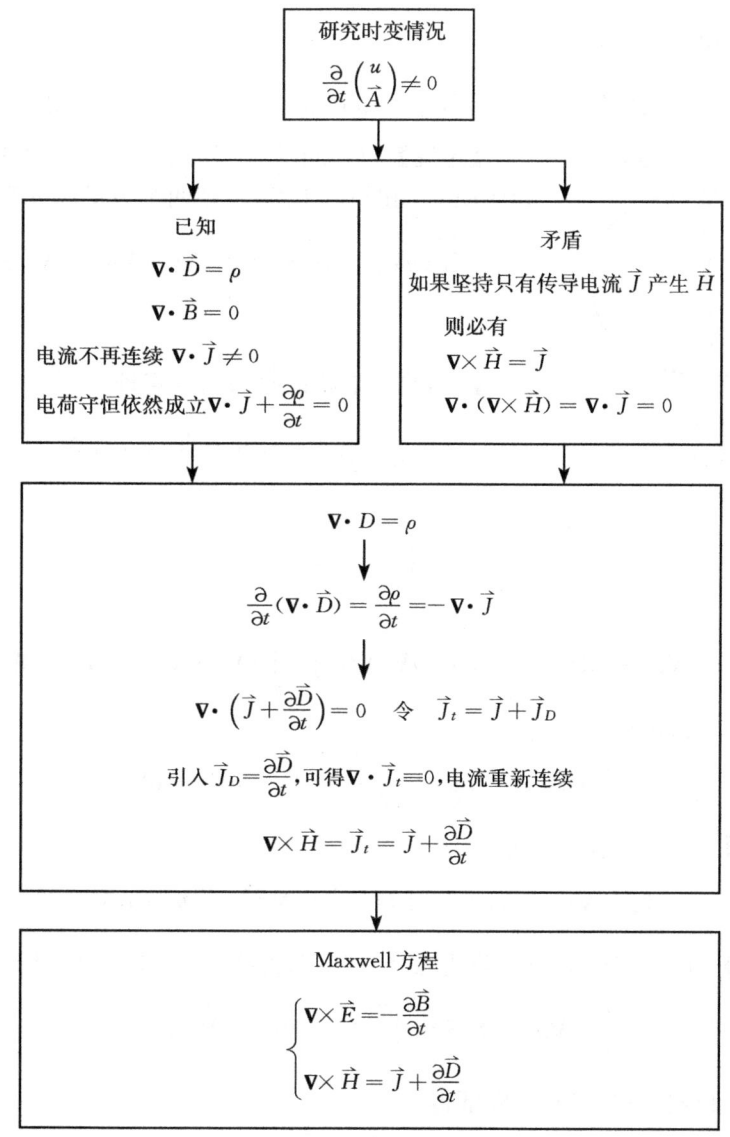

图 9-10　位移电流 $\vec{J}_D = \dfrac{\partial \vec{D}}{\partial t}$ 引入的思想框图

9.3　调　和　场

调和场是最重要的一种矢量场,本节将从 Green 公式出发,深入讨论调和场及其性质。

1. Green 公式

Green 公式采用积分形式,把两个数量场 u 和 v 的相互作用巧妙地联系起来。

【定理】 Green 第 1 公式。其中所用的闭合面 S 和体积 V 如图 9-11 所示,则两个数量场 u 和 v 满足

$$\oiint_S (u\nabla v) \cdot \hat{n} \mathrm{d}S = \iiint_V (\nabla v \cdot \nabla u + u \nabla^2 v) \mathrm{d}V \tag{9-60}$$

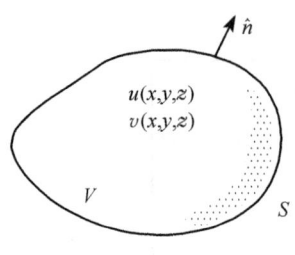

图 9-11 Green 公式积分域

【证明】 重新记起 Gauss 定理

$$\oiint_S \vec{A} \cdot \hat{n} \mathrm{d}S = \iiint_V \nabla \cdot \vec{A} \mathrm{d}V \tag{9-61}$$

取矢量场

$$\vec{A} = u \nabla v \tag{9-62}$$

代入即得

$$\oiint_S (u\nabla v) \cdot \hat{n} \mathrm{d}S = \iiint_V \nabla \cdot (u\nabla v) \mathrm{d}V = \iiint_V (\nabla u \cdot \nabla v + u \nabla^2 v) \mathrm{d}V$$

特别当 $v = u$ 时,还有

$$\oiint_S (u\nabla u) \cdot \hat{n} \mathrm{d}S = \iiint_V ((\nabla u)^2 + u \nabla^2 u) \mathrm{d}V \tag{9-63}$$

【定理】 Green 第 2 公式

$$\oiint_S (u\nabla v - v\nabla u) \cdot \hat{n} \mathrm{d}S = \iiint_V (u \nabla^2 v - v \nabla^2 u) \mathrm{d}V \tag{9-64}$$

【证明】 已知 Green 第 1 公式[式(9-60)],再把 $v \rightleftharpoons u$ 交换,作对称构造

$$\oiint_S (v\nabla u) \cdot \hat{n} \mathrm{d}S = \iiint_V (\nabla v \cdot \nabla u + v \nabla^2 u) \mathrm{d}V \tag{9-65}$$

将式(9-60)和式(9-65)相减,即证得

$$\oiint_S (u\nabla v - v\nabla u) \cdot \hat{n} \mathrm{d}S = \iiint_V (u \nabla^2 v - v \nabla^2 u) \mathrm{d}V$$

【例 9-5】 Green 函数讨论。

在物理学中著名的 Green 函数求解位也可以采用刚才所述的 Green 公式。若已知位函数 $u = u(\vec{r})$ 满足

$$\nabla^2 u(\vec{r}) = -\frac{\rho}{\varepsilon} \tag{9-66}$$

定义 Green 函数

$$\nabla^2 G\left(\frac{\vec{r}}{\vec{r}'}\right) = -\delta(\vec{r}-\vec{r}')^{①} \qquad (9\text{-}67)$$

且令 $v(\vec{r}) = G\left(\frac{\vec{r}}{\vec{r}'}\right)$ 利用 Green 第 2 公式,且假定 u 和 v 都满足问题的第一类(函数)或第二类(导数)边界条件,即有

$$\oiint_S (u\nabla G - G\nabla u) \cdot \hat{n} dS' = 0 \qquad (9\text{-}68)$$

则可写出

$$u(\vec{r}) = \frac{1}{\varepsilon} \iiint_V \rho(\vec{r}') G\left(\frac{\vec{r}}{\vec{r}'}\right) dV' \qquad (9\text{-}69)$$

式(9-69)是采用 Green 函数 $G\left(\frac{\vec{r}}{\vec{r}'}\right)$ 求解位 $u(\vec{r})$ 的一种方法,若对于静场有

$$G\left(\frac{\vec{r}}{\vec{r}'}\right) = \frac{1}{4\pi |\vec{r}-\vec{r}'|} \qquad (9\text{-}70)$$

2. 调和场

【定义】 矢量 $\vec{A} = \vec{A}(x,y,z)$ 中如处处满足

$$\begin{cases} \nabla \cdot \vec{A} = 0 \\ \nabla \times \vec{A} = \vec{0} \end{cases} \qquad (9\text{-}71)$$

则称 $\vec{A}$ 为调和场。由定义十分清楚,调和场既无源,又无旋。

必须指出:调和场在物理上有非常广泛的应用背景。其中典型例子之一即均匀媒质无源静电场。在这种情况下,电场强度 $\vec{E}$ 满足

$$\begin{cases} \nabla \cdot \vec{E} = \nabla \cdot \left(\frac{1}{\varepsilon}\vec{D}\right) = \frac{1}{\varepsilon} \nabla \cdot \vec{D} = 0 \\ \nabla \times \vec{E} = 0 \end{cases} \qquad (9\text{-}72)$$

【定理】 由调和场无旋性质,$\nabla \times \vec{A} = 0$,必可引入位函数 $\vec{A} = -\nabla u$,且满足 Laplace 方程,即

$$\nabla^2 u = \frac{\partial^2 u}{\partial x^2} + \frac{\partial^2 u}{\partial y^2} + \frac{\partial^2 u}{\partial z^2} = 0 \qquad (9\text{-}73)$$

【证明】 因为 $\nabla \cdot \vec{A} = 0$ 可得

$$-\nabla \cdot \nabla u = -\nabla^2 u = 0$$

式中,$\nabla^2 u$ 为调和场,而满足 Laplace 方程的函数 u 称为调和函数。

---

① 式(9-67)表示 Green 函数的定义,但在等式右边可定义不同常数 C,如 $C = -4\pi$ 等。

【例 9-6】 已知在二维情况下
$$\begin{cases} u = u(x,y) = x^2 - y^2 \\ v = v(x,y) = 2xy \end{cases}$$
证明 u 和 v 均为调和函数。

【证明】
$$\frac{\partial u}{\partial x} = 2x, \quad \frac{\partial^2 u}{\partial x^2} = 2; \quad \frac{\partial u}{\partial y} = -2y, \quad \frac{\partial^2 u}{\partial y^2} = -2$$

于是可得
$$\nabla^2 u = \frac{\partial^2 u}{\partial x^2} + \frac{\partial^2 u}{\partial y^2} = 0$$

类似地有
$$\frac{\partial v}{\partial x} = 2y, \quad \frac{\partial^2 v}{\partial x^2} = 0; \quad \frac{\partial v}{\partial y} = 2x, \quad \frac{\partial^2 v}{\partial y^2} = 0$$

即又有
$$\nabla^2 v = \frac{\partial^2 v}{\partial x^2} + \frac{\partial^2 v}{\partial y^2} = 0$$

【调和函数性质】

(1) 若数量场 u 和 v 是调和函数,即满足
$$\begin{cases} \nabla^2 u = 0 \\ \nabla^2 v = 0 \end{cases}$$

则此时 Green 第 1 公式为
$$\oiint_S (v\nabla u) \cdot \hat{n} \mathrm{d}S = \iiint_V (\nabla v) \cdot (\nabla u) \mathrm{d}V \tag{9-74}$$

而 Green 第 2 公式为
$$\oiint_S (v\nabla u - u\nabla v) \cdot \hat{n} \mathrm{d}S = 0 \tag{9-75}$$

又可知
【推论】
$$\oiint_S (u\nabla u) \cdot \hat{n} \mathrm{d}S = \iiint_V (\nabla u)^2 \mathrm{d}V = \iiint_V \left[\left(\frac{\partial u}{\partial x}\right)^2 + \left(\frac{\partial u}{\partial y}\right)^2 + \left(\frac{\partial u}{\partial z}\right)^2 \right] \mathrm{d}V \tag{9-76}$$

(2) 调和函数 u 的曲面法向导数 $\frac{\partial u}{\partial n}$ 在闭合面 S 上积分为 0。设 u 是调和函数,$v=1$(注意到,这也是一种特殊函数),则有
$$\oiint_S \nabla u \cdot \hat{n} \mathrm{d}S = \oiint_S \frac{\partial u}{\partial n} \mathrm{d}S = 0 \tag{9-77}$$

(3) 若调和函数 u 在闭曲面 S 上恒为常数,即
$$u|_S = C \tag{9-78}$$

则它在曲面 S 内的体积 V 中均为常数，即
$$u|_V \equiv C \tag{9-79}$$
根据推论可知
$$\oiint_S (u\boldsymbol{\nabla} u) \cdot \hat{n} \mathrm{d}S = \iiint_V \left[\left(\frac{\partial u}{\partial x}\right)^2 + \left(\frac{\partial u}{\partial y}\right)^2 + \left(\frac{\partial u}{\partial z}\right)^2 \right] \mathrm{d}V$$
其左边又可写成
$$\oiint_S u \frac{\partial u}{\partial n} \mathrm{d}S = C \oiint_S \frac{\partial u}{\partial n} \mathrm{d}S \equiv 0 \tag{9-80}$$
于是得到
$$\left(\frac{\partial u}{\partial x}\right)^2 + \left(\frac{\partial u}{\partial y}\right)^2 + \left(\frac{\partial u}{\partial z}\right)^2 = 0 \tag{9-81}$$
也即
$$\frac{\partial u}{\partial x} = 0, \quad \frac{\partial u}{\partial y} = 0, \quad \frac{\partial u}{\partial z} = 0 \tag{9-82}$$
证得在 S 内全部体积 V 中满足
$$u|_V \equiv C$$
也可以这样说：若调和函数 u 在体积 V 内不等于常数 C，则在闭曲面 S 上绝对不可能是常数。

【推论】 两调和函数 u 和 v 在闭曲面 S 上处处相等，则在体积 V 内也处处相等。

3. 调和函数的 Dilichlet 问题

Dilichlet 问题的提法是：若数量场函数 $u = u(x, y, z)$ 满足调和函数条件时，$\boldsymbol{\nabla}^2 u = 0$，则已知闭合面 S 上的 u，即可求出体积 V 内任一点的 u。

这是典型已知边界条件求体积 V 内位的问题，只要令 $v = \frac{1}{r}$（这种假设的实质是 Green 函数），计及
$$\boldsymbol{\nabla}^2 u = 0 \tag{9-83}$$
和
$$\boldsymbol{\nabla}^2 v = \boldsymbol{\nabla}^2 \left(\frac{1}{r}\right) = -\boldsymbol{\nabla} \cdot \left(\frac{\vec{r}}{r^3}\right) = -4\pi \delta(\vec{r} - \vec{r}') \tag{9-84}$$
应用 Green 第 2 公式
$$\oiint_S (u\boldsymbol{\nabla} v - v\boldsymbol{\nabla} u) \cdot \hat{n} \mathrm{d}S' = \iiint_V (u\boldsymbol{\nabla}^2 v - v\boldsymbol{\nabla}^2 u) \mathrm{d}V' \tag{9-85}$$
很容易给出位函数 $u(\vec{r})$ 的 Dilichlet 解
$$u(\vec{r}) = \frac{1}{4\pi} \oiint_S \left[\frac{1}{r} \frac{\partial u}{\partial n} - u \frac{\partial}{\partial n}\left(\frac{1}{r}\right) \right] \mathrm{d}S' \tag{9-86}$$

其中，在 S 上的 u 和 $\frac{\partial u}{\partial n}$ 已知。

9.4 矢量场定理

前面所讨论的矢量场 $\vec{A}$ 的散度 $\boldsymbol{\nabla}\cdot\vec{A}$ 和旋度 $\boldsymbol{\nabla}\times\vec{A}$，广义地说都属于 $\vec{A}$ 的微分运算，很自然地会提出选择这个问题：若已知 $\boldsymbol{\nabla}\cdot\vec{A}$ 和 $\boldsymbol{\nabla}\times\vec{A}$，是否可以反推出原场 $\vec{A}$，这正是矢量场定理所要研究的核心问题。

【定理】 矢量场定理。

已知 $\vec{A}_1$ 和 $\vec{A}_2$ 是由闭合曲面 S 包围的体积 V 内定义的两个矢量场函数，且在 V 中满足散度和旋度全等，即

$$\begin{cases} \boldsymbol{\nabla}\cdot\vec{A}_1 = \boldsymbol{\nabla}\cdot\vec{A}_2 \\ \boldsymbol{\nabla}\times\vec{A}_1 = \boldsymbol{\nabla}\times\vec{A}_2 \end{cases}\bigg|_V \quad (9\text{-}87) \\ (9\text{-}88)$$

且在闭曲面 S 上有

$$A_{1n} = A_{2n} \big|_S \quad (9\text{-}89)$$

或者

$$A_{1t} = A_{2t} \big|_S \quad (9\text{-}90)$$

式中，n 和 t 分别代表法向分量和切向分量，则在体积 V 中

$$\vec{A}_1 = \vec{A}_2 \quad (9\text{-}91)$$

如图 9-12 所示。

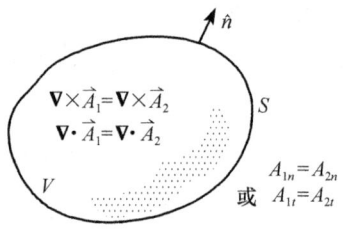

图 9-12 矢量场定理

【证明】 设 $\Delta\vec{A} = \vec{A}_1 - \vec{A}_2$ 为差矢量函数，则在体积 V 内有

$$\boldsymbol{\nabla}\times(\Delta\vec{A}) = \boldsymbol{\nabla}\times(\vec{A}_1 - \vec{A}_2) = \vec{0} \quad (9\text{-}92)$$

必有

$$\Delta\vec{A} = -\boldsymbol{\nabla}u \quad (9\text{-}93)$$

式中，u 为数量场——位函数，于是有

$$\oiint_S (u\boldsymbol{\nabla}u)\cdot\hat{n}\mathrm{d}S = \iiint_V [u\boldsymbol{\nabla}^2 u + (\boldsymbol{\nabla}u)^2]\mathrm{d}V \quad (9\text{-}94)$$

另外，由于

$$\boldsymbol{\nabla}^2 u = \boldsymbol{\nabla}\cdot(\boldsymbol{\nabla}u) = -\boldsymbol{\nabla}\cdot(\Delta\vec{A}) = -\boldsymbol{\nabla}\cdot(\vec{A}_1 - \vec{A}_2) = 0 \quad (9\text{-}95)$$

则进一步可写出

$$\iiint_V (\nabla u)^2 dV = \oiint_S u \frac{\partial u}{\partial n} dS \tag{9-96}$$

已知在曲面 S 上，$A_{1n}=A_{2n}$，即

$$\left.\frac{\partial u}{\partial n}\right|_S = A_{1n} - A_{2n} = 0 \tag{9-97}$$

或者 $A_{1t}=A_{2t}$，则

$$(\nabla u)_t |_S = 0 \tag{9-98}$$

也相当于曲面 S 是 u 的等值面，即

$$\oiint_S (u\nabla u) \cdot \hat{n} dS = u \oiint_S (\nabla u) \cdot \hat{n} dS = u \iiint_V \nabla^2 u \, dV = 0 \tag{9-99}$$

这就是说，不论是 $A_{1n}=A_{2n}$，还是 $A_{1t}=A_{2t}$，均有

$$\iiint_V (\nabla u)^2 dV = 0 \tag{9-100}$$

也即

$$\nabla u |_V \equiv 0 \tag{9-101}$$

则证得了矢量场定理

$$\vec{A}_1 \equiv \vec{A}_2$$

这一定理表明：一个矢量场 $\vec{A}=\vec{A}(x,y,z)$ 被它的体积 V 内旋度 $\nabla \times \vec{A}$，散度 $\nabla \cdot \vec{A}$ 和曲面 S 上的边界条件（法向条件或者切向条件）所唯一确定。

【定理】 任意矢量场 $\vec{A}=\vec{A}(x,y,z)$ 总可以分解为非旋场 $\vec{A}_1$ 和无源场 $\vec{A}_2$ 两个部分，即

$$\vec{A} = \vec{A}_1 + \vec{A}_2 \tag{9-102}$$

且分别满足

$$\nabla \times \vec{A}_1 = 0 \tag{9-103}$$

和

$$\nabla \cdot \vec{A}_2 = 0 \tag{9-104}$$

证明从略。

第十章 正交曲线坐标系

应该明确数量场函数 $u(x,y,z)$ 的梯度和矢量场函数 $\vec{A}(x,y,z)$ 的散度与旋度都是客观量,它们所建立的物理量与具体坐标系无关。但是,又要注意到这些量在不同的坐标系又有不同的外观表象。

为了使场函数的梯度、散度和旋度表达更为简洁、合适,对于不同几何架构的研究对象应该采取不同的坐标,这就是引入正交曲线坐标系的由来。

10.1 正交曲线坐标系

由一般的曲线坐标系出发,研究正交曲线坐标系。

1. 曲线坐标系

一般曲线坐标系如图 10-1 所示。

如果在三维空间 V 中同一点,直角坐标系对应 (x,y,z),而曲线坐标系对应 (q_1,q_2,q_3),则可以写出

$$\begin{cases} q_1 = q_1(x,y,z) \\ q_2 = q_2(x,y,z) \\ q_3 = q_3(x,y,z) \end{cases} \quad (10\text{-}1)$$

及逆关系

$$\begin{cases} x = x(q_1,q_2,q_3) \\ y = y(q_1,q_2,q_3) \\ z = z(q_1,q_2,q_3) \end{cases} \quad (10\text{-}2)$$

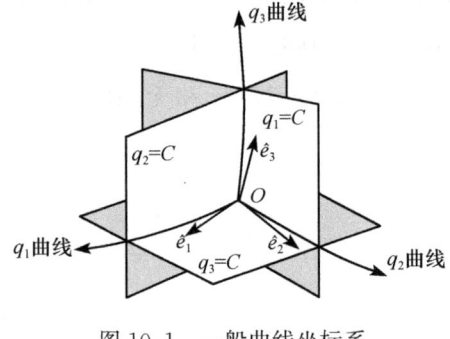

图 10-1 一般曲线坐标系

且

$$\begin{cases} q_1 = C_1 \\ q_2 = C_2 \\ q_3 = C_3 \end{cases} \quad (10\text{-}3)$$

表示曲线坐标系的坐标面,两个坐标面之间的交线即坐标线,有

$$q_1 \begin{cases} q_2 = C_2 \\ q_3 = C_3 \end{cases} \quad (10\text{-}4)$$

$$q_2 = \begin{cases} q_1 = C_1 \\ q_3 = C_3 \end{cases} \quad (10\text{-}5)$$

和

$$q_3 = \begin{cases} q_1 = C_1 \\ q_2 = C_2 \end{cases} \quad (10\text{-}6)$$

式(10-4)、式(10-5)和式(10-6)都表示坐标线。在这种情况下，q_1，q_2 和 q_3 曲线构成一般曲线坐标系。$\hat{e}_1$，$\hat{e}_2$ 和 $\hat{e}_3$ 分别表示 q_1，q_2 和 q_3 的切向单位矢，也即构成一般曲线坐标系的坐标矢，它们分别指向 q_1，q_2 和 q_3 增加的方向。

2. 正交曲线坐标系

在一般曲线坐标系 (q_1, q_2, q_3) 中，若再增加约束条件

$$\begin{cases} \hat{e}_1 \cdot \hat{e}_2 = 0 \\ \hat{e}_1 \cdot \hat{e}_3 = 0 \\ \hat{e}_2 \cdot \hat{e}_3 = 0 \end{cases} \quad (10\text{-}7)$$

即坐标矢两两正交，则进一步称其为正交曲线坐标系，如图 10-2 所示，其中，$\hat{e}_1$，$\hat{e}_2$ 和 $\hat{e}_3$ 构成右手螺旋法则。

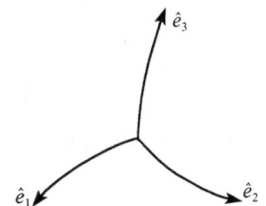

图 10-2　正交曲线坐标系的 $\hat{e}_1$，$\hat{e}_2$ 和 $\hat{e}_3$ 满足 $\hat{e}_1 \cdot \hat{e}_2 = 0$，$\hat{e}_1 \cdot \hat{e}_3 = 0$ 和 $\hat{e}_2 \cdot \hat{e}_3 = 0$

10.2　弧　微　分

本节所研究的重点是曲线坐标系和直角坐标系之间弧微分的转换关系。

1. 坐标曲线的弧微分

空间曲线的弧微分 dS 是一个客观量，它与所选择的具体坐标系无关。在前面的直角坐标系中，dS 为

$$dS = \pm \sqrt{(dx)^2 + (dy)^2 + (dz)^2} \quad (10\text{-}8)$$

并可引出等价的三种形式，即

$$\begin{cases} dS_x = \sqrt{1 + \left(\dfrac{dy}{dx}\right)^2 + \left(\dfrac{dz}{dx}\right)^2} \, dx & (10\text{-}9) \\[2ex] dS_y = \sqrt{1 + \left(\dfrac{dx}{dy}\right)^2 + \left(\dfrac{dz}{dy}\right)^2} \, dy & (10\text{-}10) \\[2ex] dS_z = \sqrt{1 + \left(\dfrac{dx}{dz}\right)^2 + \left(\dfrac{dy}{dz}\right)^2} \, dz & (10\text{-}11) \end{cases}$$

注意到，dS_x 与 dx，dS_y 与 dy，dS_z 与 dz 有相同的 $\pm$ 号，现在，进一步把上述思想引用到曲线坐标系 (q_1, q_2, q_3) 中，又可写出

$$\begin{cases} dS_1 = \sqrt{\left(\dfrac{dx}{dq_1}\right)^2 + \left(\dfrac{dy}{dq_1}\right)^2 + \left(\dfrac{dz}{dq_1}\right)^2} \, dq_1 & (10\text{-}12) \\[2mm] dS_2 = \sqrt{\left(\dfrac{dx}{dq_2}\right)^2 + \left(\dfrac{dy}{dq_2}\right)^2 + \left(\dfrac{dz}{dq_2}\right)^2} \, dq_2 & (10\text{-}13) \\[2mm] dS_3 = \sqrt{\left(\dfrac{dx}{dq_3}\right)^2 + \left(\dfrac{dy}{dq_3}\right)^2 + \left(\dfrac{dz}{dq_3}\right)^2} \, dq_3 & (10\text{-}14) \end{cases}$$

类似地，dS_1 与 dq_1，dS_2 与 dq_2 和 dS_3 与 dq_3 有相同的 $\pm$ 号，式 (10-12)、式 (10-13) 和式 (10-14) 称为弧微分的坐标转换关系，若引入

$$H_i = \sqrt{\left(\dfrac{dx}{dq_i}\right)^2 + \left(\dfrac{dy}{dq_i}\right)^2 + \left(\dfrac{dz}{dq_i}\right)^2} \quad (i=1,2,3) \quad (10\text{-}15)$$

为 Lamè 系数，则弧微分的转换关系可进一步写为

$$dS_i = H_i \, dq_i \quad (i=1,2,3) \quad (10\text{-}16)$$

对于正交曲线坐标系中的弧长、面积元和体积元如表 10-1 所示。

表 10-1　正交曲线坐标系的弧微分、面积元和体积元

Lamè 系数	$H_i = \sqrt{\left(\dfrac{dx}{dq_i}\right)^2 + \left(\dfrac{dy}{dq_i}\right)^2 + \left(\dfrac{dz}{dq_i}\right)^2} \quad (i=1,2,3)$
弧微分 dS_i	$dS_i = H_i \, dq_i \quad (i=1,2,3)$ $\begin{cases} dS_1 = \sqrt{\left(\dfrac{dx}{dq_1}\right)^2 + \left(\dfrac{dy}{dq_1}\right)^2 + \left(\dfrac{dz}{dq_1}\right)^2} \, dq_1 \\ dS_2 = \sqrt{\left(\dfrac{dx}{dq_2}\right)^2 + \left(\dfrac{dy}{dq_2}\right)^2 + \left(\dfrac{dz}{dq_2}\right)^2} \, dq_2 \\ dS_3 = \sqrt{\left(\dfrac{dx}{dq_3}\right)^2 + \left(\dfrac{dy}{dq_3}\right)^2 + \left(\dfrac{dz}{dq_3}\right)^2} \, dq_3 \end{cases}$
面积元 dS_{ij}	$dS_{ij} = dS_i \, dS_j = H_i H_j \, dq_i \, dq_j$ $\begin{cases} dS_{12} = dS_1 dS_2 = H_1 H_2 \, dq_1 \, dq_2 \\ dS_{13} = dS_1 dS_3 = H_1 H_3 \, dq_1 \, dq_3 \\ dS_{23} = dS_2 dS_3 = H_2 H_3 \, dq_2 \, dq_3 \end{cases}$
体积元 dV	$dV = dS_1 dS_2 dS_3 = H_1 H_2 H_3 \, dq_1 \, dq_2 \, dq_3$

2. 一般曲线的弧微分

【定理】 在正交曲线坐标系中,一般曲线的弧微分 dS 和坐标曲线的弧微分 dS_1, dS_2 和 dS_3 之间有关系,即

$$dS^2 = dS_1^2 + dS_2^2 + dS_3^2 \tag{10-17}$$

【证明】 如图 10-3 所示,空间 M 点的矢径 $\vec{r}$ 为

$$\vec{r} = x\hat{i} + y\hat{j} + z\hat{k} \tag{10-18}$$

很容易知道

$$\frac{\partial \vec{r}}{\partial q_i} = \frac{\partial x}{\partial q_i}\hat{i} + \frac{\partial y}{\partial q_i}\hat{j} + \frac{\partial z}{\partial q_i}\hat{k} \quad (i=1,2,3) \tag{10-19}$$

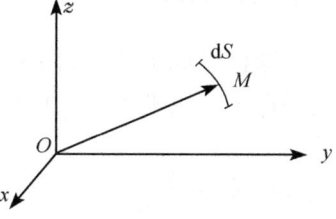

图 10-3　一般曲线的弧微分

其方向是处于 M 点坐标曲线 q_i 的切点矢量,比较式(10-19)和 Lamè 系数定义式(10-15),又可得

$$\left|\frac{\partial \vec{r}}{\partial q_i}\right| = H_i \quad (i=1,2,3) \tag{10-20}$$

于是写出

$$\frac{\partial \vec{r}}{\partial q_i} = H_i \hat{e}_i \quad (i=1,2,3) \tag{10-21}$$

并且得到正交曲线坐标系有

$$\frac{\partial \vec{r}}{\partial q_i} \cdot \frac{\partial \vec{r}}{\partial q_j} = \begin{cases} H_i^2 & i=j \\ 0 & i \neq j \end{cases} \quad (i,j=1,2,3) \tag{10-22}$$

最后给出

$$\begin{aligned} dS^2 &= dx^2 + dy^2 + dz^2 \\ &= \left(\frac{\partial x}{\partial q_1}dq_1 + \frac{\partial x}{\partial q_2}dq_2 + \frac{\partial x}{\partial q_3}dq_3\right)^2 + \left(\frac{\partial y}{\partial q_1}dq_1 + \frac{\partial y}{\partial q_2}dq_2 + \frac{\partial y}{\partial q_3}dq_3\right)^2 \\ &\quad + \left(\frac{\partial z}{\partial q_1}dq_1 + \frac{\partial z}{\partial q_2}dq_2 + \frac{\partial z}{\partial q_3}dq_3\right)^2 = H_1^2 dq_1^2 + H_2^2 dq_2^2 + H_3^2 dq_3^2 \\ &= dS_1^2 + dS_2^2 + dS_3^2 \end{aligned}$$

附带给出

$$dx^2 + dy^2 + dz^2 = H_1^2 dq_1^2 + H_2^2 dq_2^2 + H_3^2 dq_3^2 \tag{10-23}$$

式(10-23)有助于计算 Lamè 系数。

10.3 柱、球坐标系

圆柱坐标系和球坐标系是实际中常见的正交坐标系。

1. 圆柱坐标系

圆柱坐标系的空间中任一点 M 用 (ρ,φ,z) 表示，如图 10-4 所示。十分清楚，它是由平面极坐标 (ρ,φ) 和直角坐标 z 组合而成的。

圆柱坐标系的主要参量如表 10-2 所示。

【定理】 圆柱坐标是正交坐标系。

【证明】 如果

$$\frac{\partial \vec{r}}{\partial q_i} = H_i \hat{e}_i \quad (i=1,2,3)$$

若满足

$$\frac{\partial \vec{r}}{\partial q_i} \cdot \frac{\partial \vec{r}}{\partial q_j} = 0 \quad (i \neq j; i,j = 1,2,3)$$

则为正交坐标系。具体对圆柱坐标系

$$\vec{r} = \rho\cos\varphi \hat{i} + \rho\sin\varphi \hat{j} + z\hat{k} \quad (10\text{-}24)$$

则有

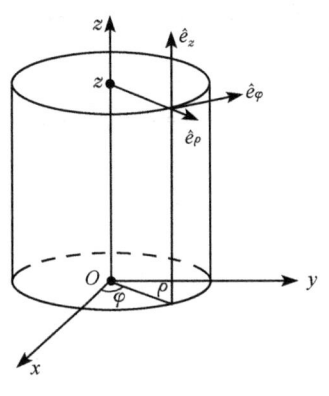

图 10-4　圆柱坐标系

表 10-2　圆柱坐标系的主要参数

圆柱坐标系	坐标变化范围
	$0 \leqslant \rho \leqslant +\infty$
	$0 \leqslant \varphi < 2\pi$
	$-\infty < z < \infty$
圆柱坐标系	坐标面
$\rho =$ constant	以 Oz 轴为中心的圆
$\varphi =$ constant	以 Oz 轴为界的半平面
$z =$ constant	平行于 xOy 的平面
圆柱坐标	直角坐标
$x = \rho\cos\varphi$	$\rho = \sqrt{x^2+y^2+z^2}$
$y = \rho\sin\varphi$	$\varphi = \arctan\left(\dfrac{y}{x}\right)$
$z = z$	$z = z$

$$\begin{cases} \dfrac{\partial \vec{r}}{\partial \rho} = \cos\varphi \hat{i} + \sin\varphi \hat{j} \\ \dfrac{\partial \vec{r}}{\partial \varphi} = -\rho\sin\varphi \hat{i} + \rho\cos\varphi \hat{j} \\ \dfrac{\partial \vec{r}}{\partial z} = \hat{k} \end{cases} \quad (10\text{-}25)$$

$$\begin{cases} \dfrac{\partial \vec{r}}{\partial \rho} \cdot \dfrac{\partial \vec{r}}{\partial \varphi} = 0 \\ \dfrac{\partial \vec{r}}{\partial \rho} \cdot \dfrac{\partial \vec{r}}{\partial z} = 0 \\ \dfrac{\partial \vec{r}}{\partial \varphi} \cdot \dfrac{\partial \vec{r}}{\partial z} = 0 \end{cases} \quad (10\text{-}26)$$

证得圆柱坐标系是正交坐标系。

【例 10-1】 证明圆柱坐标系 Lamè 系数为

$$H_\rho = 1, \quad H_\varphi = \rho, \quad H_z = 1 \quad (10\text{-}27)$$

【证明】 已经知道

$$x = \rho\cos\varphi, \quad y = \rho\sin\varphi, \quad z = z$$

于是有

$$\begin{cases} \mathrm{d}x = \cos\varphi \mathrm{d}\rho - \rho\sin\varphi \mathrm{d}\varphi \\ \mathrm{d}y = \sin\varphi \mathrm{d}\rho + \rho\cos\varphi \mathrm{d}\varphi \\ \mathrm{d}z = \mathrm{d}z \end{cases} \quad (10\text{-}28)$$

也即得到

$$\mathrm{d}x^2 + \mathrm{d}y^2 + \mathrm{d}z^2 = \mathrm{d}\rho^2 + \rho^2 \mathrm{d}\varphi^2 + \mathrm{d}z^2 \quad (10\text{-}29)$$

另外，由式(10-23)可知

$$\mathrm{d}x^2 + \mathrm{d}y^2 + \mathrm{d}z^2 = H_1^2 \mathrm{d}q_1^2 + H_2^2 \mathrm{d}q_2^2 + H_3^2 \mathrm{d}q_3^2 \quad (10\text{-}30)$$

对比式(10-29)和式(10-30)，即证出

$$H_\rho = 1, \quad H_\varphi = \rho, \quad H_z = 1$$

附带可给出体积元

$$\mathrm{d}V = H_\rho H_\varphi H_z \mathrm{d}\rho \mathrm{d}\varphi \mathrm{d}z = \rho \mathrm{d}\rho \mathrm{d}\varphi \mathrm{d}z \quad (10\text{-}31)$$

【例 10-2】 给出圆柱坐标系的单位矢 $\hat{e}_\rho, \hat{e}_\varphi$ 和 $\hat{e}_z$ 的直角坐标系表示。

【解】 已经知道

$$\dfrac{\partial \vec{r}}{\partial q_i} = H_i \hat{e}_i \quad (i = 1, 2, 3) \quad (10\text{-}32)$$

容易写出

$$\hat{e}_i = \dfrac{1}{H_i}\dfrac{\partial \vec{r}}{\partial q_i} = \dfrac{1}{H_i}\dfrac{\partial x}{\partial q_i}\hat{i} + \dfrac{1}{H_i}\dfrac{\partial y}{\partial q_i}\hat{j} + \dfrac{1}{H_i}\dfrac{\partial z}{\partial q_i}\hat{k} \quad (i = 1, 2, 3) \quad (10\text{-}33)$$

具体如表 10-3 所示。

表 10-3 圆柱坐标单位矢和直角坐标单位矢

圆柱坐标系	直角坐标系
$\hat{e}_\rho = \cos\varphi \hat{i} + \sin\varphi \hat{j}$	$\hat{i} = \cos\varphi \hat{e}_\rho - \sin\varphi \hat{e}_\varphi$
$\hat{e}_\varphi = -\sin\varphi \hat{i} + \cos\varphi \hat{j}$	$\hat{j} = \sin\varphi \hat{e}_\rho + \cos\varphi \hat{e}_\varphi$
$\hat{e}_z = \hat{k}$	$\hat{k} = \hat{e}_z$

2. 球坐标系

球坐标系中空间任一点 M 用 (r,θ,φ) 表示，如图 10-5 所示。而主要参数如表 10-4 所示。

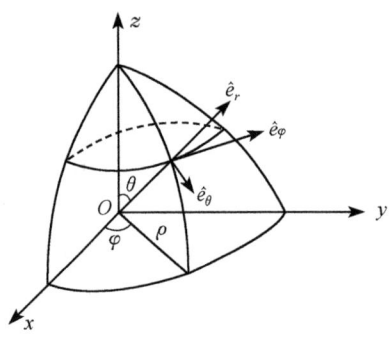

图 10-5 球坐标系

【定理】 球坐标系是正交坐标系。

【证明】 和圆柱坐标系类似，有
$$\vec{r} = x\hat{i} + y\hat{j} + z\hat{k}$$
$$= r\sin\theta\cos\varphi \hat{i} + r\sin\theta\sin\varphi \hat{j} + r\cos\theta \hat{k}$$

则可得
$$\begin{cases} \dfrac{\partial \vec{r}}{\partial r} = \sin\theta\cos\varphi \hat{i} + \sin\theta\sin\varphi \hat{j} + \cos\theta \hat{k} \\ \dfrac{\partial \vec{r}}{\partial \theta} = r\cos\theta\cos\varphi \hat{i} + r\cos\theta\sin\varphi \hat{j} - r\sin\theta \hat{k} \\ \dfrac{\partial \vec{r}}{\partial \varphi} = -r\sin\theta\sin\varphi \hat{i} + r\sin\theta\cos\varphi \hat{j} \end{cases}$$

(10-34)

表 10-4 球坐标系的主要参数

球坐标系坐标变化范围	
$0 \leqslant r < \infty$	
$0 \leqslant \theta \leqslant \pi$	
$0 \leqslant \varphi < 2\pi$	
球坐标系坐标面	
$r =$ constant	以原点 O 为中心的球面
$\theta =$ constant	以 Oz 为轴的圆锥面
$\varphi =$ constant	以 Oz 为界的半平面
球坐标系	直角坐标系
$x = r\sin\theta\cos\varphi$ $y = r\sin\theta\sin\varphi$ $z = r\cos\theta$	$r = \sqrt{x^2 + y^2 + z^2} = \sqrt{\rho^2 + z^2}$ $\theta = \arctan\left(\dfrac{\rho}{z}\right)$ $\varphi = \arctan\left(\dfrac{y}{x}\right)$ $\rho = \sqrt{x^2 + y^2}$

很容易导出

$$\frac{\partial \vec{r}}{\partial r} \cdot \frac{\partial \vec{r}}{\partial \theta} = 0, \quad \frac{\partial \vec{r}}{\partial r} \cdot \frac{\partial \vec{r}}{\partial \varphi} = 0, \quad \frac{\partial \vec{r}}{\partial \theta} \cdot \frac{\partial \vec{r}}{\partial \varphi} = 0 \tag{10-35}$$

即证得球坐标系是正交坐标系。

【例 10-3】 求出球坐标系的 Lamè 系数。

【解】 和圆柱坐标系类似，由于

$$\begin{cases} x = r\sin\theta\cos\varphi \\ y = r\sin\theta\sin\varphi \\ z = r\cos\theta \end{cases} \tag{10-36}$$

所以有

$$\begin{cases} dx = \sin\theta\cos\varphi\, dr + r\cos\theta\cos\varphi\, d\theta - r\sin\theta\sin\varphi\, d\varphi \\ dy = \sin\theta\sin\varphi\, dr + r\cos\theta\sin\varphi\, d\theta + r\sin\theta\cos\varphi\, d\varphi \\ dz = \cos\theta\, dr - r\sin\theta\, d\theta \end{cases} \tag{10-37}$$

容易得到

$$dx^2 + dy^2 + dz^2 = dr^2 + r^2 d\theta^2 + r^2 \sin^2\theta\, d\varphi^2 \tag{10-38}$$

计及

$$dx^2 + dy^2 + dz^2 = H_1^2 dq_1^2 + H_2^2 dq_2^2 + H_3^2 dq_3^2$$

对比可知

$$H_r = 1, \quad H_\theta = r, \quad H_\varphi = r\sin\theta \tag{10-39}$$

且对应的体积元

$$dV = H_r H_\theta H_\varphi\, dr d\theta d\varphi = r^2 \sin\theta\, dr d\theta d\varphi \tag{10-40}$$

【例 10-4】 求出球坐标系的单位矢 $\hat{e}_r, \hat{e}_\theta$ 和 $\hat{e}_\varphi$ 的直角坐标系表示式。

【解】 和圆柱坐标系类似，给出了如表 10-5 的结果。

表 10-5 球坐标系单位矢和直角坐标系单位矢

球坐标系	直角坐标系
$\hat{e}_r = \sin\theta\cos\varphi \hat{i} + \sin\theta\sin\varphi \hat{j} + \cos\theta \hat{k}$	$\hat{i} = \sin\theta\cos\varphi \hat{e}_r + \cos\theta\cos\varphi \hat{e}_\theta - \sin\varphi \hat{e}_\varphi$
$\hat{e}_\theta = \cos\theta\cos\varphi \hat{i} + \cos\theta\sin\varphi \hat{j} - \sin\theta \hat{k}$	$\hat{j} = \sin\theta\sin\varphi \hat{e}_r + \cos\theta\sin\varphi \hat{e}_\theta + \cos\varphi \hat{e}_\varphi$
$\hat{e}_\varphi = -\sin\varphi \hat{i} + \cos\varphi \hat{j}$	$\hat{k} = \cos\theta \hat{e}_r - \sin\theta \hat{e}_\theta$

10.4 曲线坐标的算子表示式

本节将深入讨论在正交曲线坐标中，梯度、散度、旋度和调和量的一般表示公式。

1. ∇ 算子的一般表示式

【定理】 在正交曲线坐标中，∇ 算子的表示式为

$$\nabla = \hat{e}_1 \frac{1}{H_1} \frac{\partial}{\partial q_1} + \hat{e}_2 \frac{1}{H_2} \frac{\partial}{\partial q_2} + \hat{e}_3 \frac{1}{H_3} \frac{\partial}{\partial q_3} \tag{10-41}$$

【证明】 已知 ∇ 算子的直角坐标系表示式

$$\nabla = \hat{i} \frac{\partial}{\partial x} + \hat{j} \frac{\partial}{\partial y} + \hat{k} \frac{\partial}{\partial z}$$

采用链式求导，可知

$$\begin{aligned}
\nabla = & \hat{i} \frac{\partial}{\partial q_1} \frac{\partial q_1}{\partial x} + \hat{i} \frac{\partial}{\partial q_2} \frac{\partial q_2}{\partial x} + \hat{i} \frac{\partial}{\partial q_3} \frac{\partial q_3}{\partial x} \\
& + \hat{j} \frac{\partial}{\partial q_1} \frac{\partial q_1}{\partial y} + \hat{j} \frac{\partial}{\partial q_2} \frac{\partial q_2}{\partial y} + \hat{j} \frac{\partial}{\partial q_3} \frac{\partial q_3}{\partial y} \\
& + \hat{k} \frac{\partial}{\partial q_1} \frac{\partial q_1}{\partial z} + \hat{k} \frac{\partial}{\partial q_2} \frac{\partial q_2}{\partial z} + \hat{k} \frac{\partial}{\partial q_3} \frac{\partial q_3}{\partial z}
\end{aligned}$$

重新整理给出

$$\begin{aligned}
\nabla = & \left(\frac{\partial q_1}{\partial x} \hat{i} + \frac{\partial q_1}{\partial y} \hat{j} + \frac{\partial q_1}{\partial z} \hat{k} \right) \frac{\partial}{\partial q_1} \\
& + \left(\frac{\partial q_2}{\partial x} \hat{i} + \frac{\partial q_2}{\partial y} \hat{j} + \frac{\partial q_2}{\partial z} \hat{k} \right) \frac{\partial}{\partial q_2} \\
& + \left(\frac{\partial q_3}{\partial x} \hat{i} + \frac{\partial q_3}{\partial y} \hat{j} + \frac{\partial q_3}{\partial z} \hat{k} \right) \frac{\partial}{\partial q_3}
\end{aligned} \tag{10-42}$$

这里给出结论

$$\begin{cases} \dfrac{\partial q_1}{\partial x} \hat{i} + \dfrac{\partial q_1}{\partial y} \hat{j} + \dfrac{\partial q_1}{\partial z} \hat{k} = \dfrac{\hat{e}_1}{H_1} \\ \dfrac{\partial q_2}{\partial x} \hat{i} + \dfrac{\partial q_2}{\partial y} \hat{j} + \dfrac{\partial q_2}{\partial z} \hat{k} = \dfrac{\hat{e}_2}{H_2} \\ \dfrac{\partial q_3}{\partial x} \hat{i} + \dfrac{\partial q_3}{\partial y} \hat{j} + \dfrac{\partial q_3}{\partial z} \hat{k} = \dfrac{\hat{e}_3}{H_3} \end{cases} \tag{10-43}$$

而略去证明。

另外，对比式(10-43)和式(10-42)，即证得式(10-41)。

注意到，式(10-43)又可写为

$$\nabla q_1 = \frac{\hat{e}_1}{H_1}, \quad \nabla q_2 = \frac{\hat{e}_2}{H_2}, \quad \nabla q_3 = \frac{\hat{e}_3}{H_3} \tag{10-44}$$

和

$$\begin{cases} \dfrac{\partial \vec{r}}{\partial q_1} = \dfrac{\partial x}{\partial q_1}\hat{i} + \dfrac{\partial y}{\partial q_1}\hat{j} + \dfrac{\partial z}{\partial q_1}\hat{k} = H_1 \hat{e}_1 \\ \dfrac{\partial \vec{r}}{\partial q_2} = \dfrac{\partial x}{\partial q_2}\hat{i} + \dfrac{\partial y}{\partial q_2}\hat{j} + \dfrac{\partial z}{\partial q_2}\hat{k} = H_2 \hat{e}_2 \\ \dfrac{\partial \vec{r}}{\partial q_3} = \dfrac{\partial x}{\partial q_3}\hat{i} + \dfrac{\partial y}{\partial q_3}\hat{j} + \dfrac{\partial z}{\partial q_3}\hat{k} = H_3 \hat{e}_3 \end{cases} \quad (10\text{-}45)$$

则可进一步得到

$$\begin{cases} \dfrac{\partial \vec{r}}{\partial q_1} \cdot \nabla q_1 = 1 \\ \dfrac{\partial \vec{r}}{\partial q_2} \cdot \nabla q_2 = 1 \\ \dfrac{\partial \vec{r}}{\partial q_3} \cdot \nabla q_3 = 1 \end{cases} \quad (10\text{-}46)$$

2. 梯度表示式

很容易得到正交曲线坐标系的梯度表示式

$$\begin{aligned} \nabla u &= \hat{e}_1 \frac{1}{H_1}\frac{\partial u}{\partial q_1} + \hat{e}_2 \frac{1}{H_2}\frac{\partial u}{\partial q_2} + \hat{e}_3 \frac{1}{H_3}\frac{\partial u}{\partial q_3} \\ &= \nabla q_1 \cdot \frac{\partial u}{\partial q_1} + \nabla q_2 \cdot \frac{\partial u}{\partial q_2} + \nabla q_3 \cdot \frac{\partial u}{\partial q_3} \end{aligned} \quad (10\text{-}47)$$

表 10-6 列出了曲线坐标系的单位矢求导。

表 10-6 曲线坐标系的单位矢求导

$\hat{e}_1$	$\dfrac{\partial \hat{e}_1}{\partial q_1} = -\dfrac{\hat{e}_2}{H_2}\dfrac{\partial H_1}{\partial q_2} - \dfrac{\hat{e}_3}{H_3}\dfrac{\partial H_1}{\partial q_3} = -\nabla q_2 \dfrac{\partial H_1}{\partial q_2} - \nabla q_3 \dfrac{\partial H_1}{\partial q_3}$
	$\dfrac{\partial \hat{e}_1}{\partial q_2} = \dfrac{\hat{e}_2}{H_1}\dfrac{\partial H_2}{\partial q_1} = \dfrac{H_2}{H_1}\nabla q_2 \dfrac{\partial H_2}{\partial q_1}$
	$\dfrac{\partial \hat{e}_1}{\partial q_3} = \dfrac{\hat{e}_3}{H_1}\dfrac{\partial H_3}{\partial q_1} = \dfrac{H_3}{H_1}\nabla q_3 \dfrac{\partial H_3}{\partial q_1}$
$\hat{e}_2$	$\dfrac{\partial \hat{e}_2}{\partial q_1} = \dfrac{\hat{e}_1}{H_2}\dfrac{\partial H_1}{\partial q_2} = \dfrac{H_1}{H_2}\nabla q_1 \dfrac{\partial H_1}{\partial q_2}$
	$\dfrac{\partial \hat{e}_2}{\partial q_2} = -\dfrac{\hat{e}_3}{H_3}\dfrac{\partial H_2}{\partial q_3} - \dfrac{\hat{e}_1}{H_1}\dfrac{\partial H_2}{\partial q_1} = -\nabla q_3 \dfrac{\partial H_2}{\partial q_3} - \nabla q_1 \dfrac{\partial H_2}{\partial q_1}$
	$\dfrac{\partial \hat{e}_2}{\partial q_3} = \dfrac{\hat{e}_3}{H_2}\dfrac{\partial H_3}{\partial q_2} = \dfrac{H_3}{H_2}\nabla q_3 \dfrac{\partial H_3}{\partial q_2}$
$\hat{e}_3$	$\dfrac{\partial \hat{e}_3}{\partial q_1} = \dfrac{\hat{e}_1}{H_3}\dfrac{\partial H_1}{\partial q_3} = \dfrac{H_1}{H_3}\nabla q_1 \dfrac{\partial H_1}{\partial q_3}$
	$\dfrac{\partial \hat{e}_3}{\partial q_2} = \dfrac{\hat{e}_2}{H_3}\dfrac{\partial H_2}{\partial q_3} = \dfrac{H_2}{H_3}\nabla q_2 \dfrac{\partial H_2}{\partial q_3}$
	$\dfrac{\partial \hat{e}_3}{\partial q_3} = -\dfrac{\hat{e}_1}{H_1}\dfrac{\partial H_3}{\partial q_1} - \dfrac{\hat{e}_2}{H_2}\dfrac{\partial H_3}{\partial q_2} = -\nabla q_1 \dfrac{\partial H_3}{\partial q_1} - \nabla q_2 \dfrac{\partial H_3}{\partial q_2}$

3. 散度表示式

设矢量场 $\vec{A}$ 的正交曲线坐标表示式为

$$\vec{A} = A_1\hat{e}_1 + A_2\hat{e}_2 + A_3\hat{e}_3 \tag{10-48}$$

则散度可写成

$$\nabla \cdot \vec{A} = \left(\hat{e}_1 \frac{1}{H_1}\frac{\partial}{\partial q_1} + \hat{e}_2 \frac{1}{H_2}\frac{\partial}{\partial q_2} + \hat{e}_3 \frac{1}{H_3}\frac{\partial}{\partial q_3}\right) \cdot (A_1\hat{e}_1 + A_2\hat{e}_2 + A_3\hat{e}_3) \tag{10-49}$$

注意到，$\hat{e}_1$，$\hat{e}_2$ 和 $\hat{e}_3$ 不是常矢，考虑到对称性，把主要结果列于表 10-7 中。

表 10-7　正交曲线坐标系的散度算子 $\nabla \cdot$ 运算

点　积	$A_1\hat{e}_1$	$A_2\hat{e}_2$	$A_3\hat{e}_3$
$\hat{e}_1 \cdot \frac{1}{H_1}\frac{\partial}{\partial q_1}$	$\frac{1}{H_1}\frac{\partial A_1}{\partial q_1}$	$\frac{A_2}{H_1 H_2}\frac{\partial H_1}{\partial q_2}$	$\frac{A_3}{H_1 H_3}\frac{\partial H_1}{\partial q_3}$
$\hat{e}_2 \frac{1}{H_2}\frac{\partial}{\partial q_2}$	$\frac{A_1}{H_1 H_2}\frac{\partial H_2}{\partial q_1}$	$\frac{1}{H_2}\frac{\partial A_2}{\partial q_2}$	$\frac{A_3}{H_2 H_3}\frac{\partial H_2}{\partial q_3}$
$\hat{e}_3 \frac{1}{H_3}\frac{\partial}{\partial q_3}$	$\frac{A_1}{H_1 H_3}\frac{\partial H_3}{\partial q_1}$	$\frac{A_2}{H_2 H_3}\frac{\partial H_3}{\partial q_2}$	$\frac{1}{H_3}\frac{\partial A_3}{\partial q_3}$

只需证明表中第一行，其中

第 1 项

$$\left(\hat{e}_1 \frac{1}{H_1}\frac{\partial}{\partial q_1}\right) \cdot (A_1\hat{e}_1) = \hat{e}_1 \frac{1}{H_1}\frac{\partial}{\partial q_1}(A_1\hat{e}_1) = \hat{e}_1 \frac{1}{H_1}\left(\frac{\partial A_1}{\partial q_1}\hat{e}_1 + A_1\frac{\partial \hat{e}_1}{\partial q_1}\right)$$

$$= \hat{e}_1 \frac{1}{H_1}\left[\frac{\partial A_1}{\partial q_1}\hat{e}_1 + A_1\left(-\frac{\hat{e}_2}{H_2}\frac{\partial H_1}{\partial q_3} - \frac{\hat{e}_3}{H_3}\frac{\partial H_1}{\partial q_3}\right)\right] = \frac{1}{H_1}\frac{\partial A_1}{\partial q_1} \tag{10-50}$$

第 2 项

$$\left(\hat{e}_1 \frac{1}{H_1}\frac{\partial}{\partial q_1}\right) \cdot (A_2\hat{e}_2) = \hat{e}_1 \frac{1}{H_1}\frac{\partial}{\partial q_1}(A_2\hat{e}_2)$$

$$= \hat{e}_1 \cdot \frac{1}{H_1}\left(\frac{\partial A_2}{\partial q_1}\hat{e}_2 + A_2\frac{\partial \hat{e}_2}{\partial q_1}\right) = \frac{A_2}{H_1 H_2}\frac{\partial H_1}{\partial q_2} \tag{10-51}$$

第 3 项

$$\left(\hat{e}_1 \frac{1}{H_1}\frac{\partial}{\partial q_1}\right) \cdot (A_3\hat{e}_3) = \hat{e}_1 \frac{1}{H_1}\frac{\partial}{\partial q_1}(A_3\hat{e}_3)$$

$$= \hat{e}_1 \cdot \frac{1}{H_1}\left(\frac{\partial A_3}{\partial q_1}\hat{e}_3 + A_3\frac{\partial \hat{e}_3}{\partial q_1}\right) = \frac{A_3}{H_1 H_3}\frac{\partial H_1}{\partial q_3} \tag{10-52}$$

统一考虑它们三项构成的第一行，有

$$\frac{1}{H_1}\frac{\partial A_1}{\partial q_1} + \frac{A_1}{H_1 H_2}\frac{\partial H_2}{\partial q_1} + \frac{A_1}{H_1 H_3}\frac{\partial H_3}{\partial q_1} = \frac{1}{H_1 H_2 H_3}\frac{\partial}{\partial q_1}(H_2 H_3 A_1) \quad (10\text{-}53)$$

最后给出正交曲线坐标系的散度公式

$$\boldsymbol{\nabla} \cdot \vec{A} = \frac{1}{H_1 H_2 H_3}\left[\frac{\partial}{\partial q_1}(H_2 H_3 A_1) + \frac{\partial}{\partial q_2}(H_1 H_3 A_2) + \frac{\partial}{\partial q_3}(H_1 H_2 A_3)\right]$$
$$(10\text{-}54)$$

4. 旋度表示式

完全类似,可以写出正交曲线坐标系中旋度的一般表示式

$$\boldsymbol{\nabla} \times \vec{A} = \left(\hat{e}_1 \frac{1}{H_1}\frac{\partial}{\partial q_1} + \hat{e}_2 \frac{1}{H_2}\frac{\partial}{\partial q_2} + \hat{e}_3 \frac{1}{H_3}\frac{\partial}{\partial q_3}\right) \times (A_1\hat{e}_1 + A_2\hat{e}_2 + A_3\hat{e}_3)$$

把运算主要结果列于表 10-8 中。考虑到对称性,只证表中的第一行。

表 10-8 正交曲线坐标系的旋度算子 $\boldsymbol{\nabla}\times$ 运算

叉积	$A_1\hat{e}_1$	$A_2\hat{e}_2$	$A_3\hat{e}_3$
$\hat{e}_1 \dfrac{1}{H_1}\dfrac{\partial}{\partial q_1}$	$-\dfrac{A_1}{H_1 H_2}\dfrac{\partial H_1}{\partial q_2}\hat{e}_3 + \dfrac{A_1}{H_1 H_3}\dfrac{\partial H_1}{\partial q_3}\hat{e}_2$	$\dfrac{1}{H_1}\dfrac{\partial A_2}{\partial q_1}\hat{e}_3$	$-\dfrac{1}{H_1}\dfrac{\partial A_3}{\partial q_1}\hat{e}_2$
$\hat{e}_2 \dfrac{1}{H_2}\dfrac{\partial}{\partial q_2}$	$-\dfrac{1}{H_2}\dfrac{\partial A_1}{\partial q_2}\hat{e}_3$	$-\dfrac{A_2}{H_2 H_3}\dfrac{\partial H_2}{\partial q_3}\hat{e}_1 + \dfrac{A_2}{H_2 H_1}\dfrac{\partial H_2}{\partial q_1}\hat{e}_3$	$\dfrac{1}{H_2}\dfrac{\partial A_3}{\partial q_2}\hat{e}_1$
$\hat{e}_3 \dfrac{1}{H_3}\dfrac{\partial}{\partial q_3}$	$\dfrac{1}{H_3}\dfrac{\partial A_1}{\partial q_3}\hat{e}_2$	$-\dfrac{1}{H_3}\dfrac{\partial A_2}{\partial q_3}\hat{e}_1$	$-\dfrac{A_3}{H_3 H_1}\dfrac{\partial H_3}{\partial q_1}\hat{e}_2 + \dfrac{A_3}{H_3 H_2}\dfrac{\partial H_3}{\partial q_2}\hat{e}_1$

第 1 项

$$\left(\hat{e}_1 \frac{1}{H_1}\frac{\partial}{\partial q_1}\right) \times (A_1\hat{e}_1) = \hat{e}_1 \times \frac{1}{H_1}\frac{\partial}{\partial q_1}(A_1\hat{e}_1) = \hat{e}_1 \times \frac{1}{H_1}\left(\frac{\partial A_1}{\partial q_1}\hat{e}_1 + A_1 \frac{\partial \hat{e}_1}{\partial q_1}\right)$$

$$= \hat{e}_1 \times \frac{1}{H_1}\left[\frac{\partial A_1}{\partial q_1}\hat{e}_1 + A_1\left(-\frac{\hat{e}_2}{H_2}\frac{\partial H_1}{\partial q_2} - \frac{\hat{e}_3}{H_3}\frac{\partial H_1}{\partial q_3}\right)\right]$$

$$= -\frac{A_1}{H_1 H_2}\frac{\partial H_1}{\partial q_2}\hat{e}_3 + \frac{A_1}{H_1 H_3}\frac{\partial H_1}{\partial q_3}\hat{e}_2 \quad (10\text{-}55)$$

第 2 项

$$\left(\hat{e}_1 \frac{1}{H_1}\frac{\partial}{\partial q_1}\right) \times (A_2\hat{e}_2) = \hat{e}_1 \times \frac{1}{H_1}\frac{\partial}{\partial q_1}(A_2\hat{e}_2) = \hat{e}_1 \times \frac{1}{H_1}\left(\frac{\partial A_2}{\partial q_1}\hat{e}_2 + A_2 \frac{\partial \hat{e}_2}{\partial q_1}\right)$$

$$= \hat{e}_1 \times \frac{1}{H_1}\left(\frac{\partial A_2}{\partial q_1}\hat{e}_2 + \frac{A_2}{H_2}\frac{\partial H_1}{\partial q_2}\hat{e}_1\right) = \frac{1}{H_1}\frac{\partial A_2}{\partial q_1}\hat{e}_3 \quad (10\text{-}56)$$

第 3 项

$$\left(\hat{e}_1 \frac{1}{H_1} \frac{\partial}{\partial q_1}\right) \times (A_3 \hat{e}_3) = \hat{e}_1 \times \frac{1}{H_1} \frac{\partial}{\partial q_1}(A_3 \hat{e}_3) = \hat{e}_1 \times \frac{1}{H_1} \left(\frac{\partial A_3}{\partial q_1} \hat{e}_3 + A_3 \frac{\partial \hat{e}_3}{\partial q_1}\right)$$

$$= \hat{e}_1 \times \frac{1}{H_1}\left(\frac{\partial A_3}{\partial q_1}\hat{e}_3 + \frac{A_3}{H_3}\frac{\partial H_1}{\partial q_3}\hat{e}_1\right) = -\frac{1}{H_1}\frac{\partial A_3}{\partial q_1}\hat{e}_2 \quad (10\text{-}57)$$

把表 10-8 中各项系数归类相加,有

$$\boldsymbol{\nabla} \times \vec{A} = \frac{1}{H_2 H_3}\left[\frac{\partial}{\partial q_2}(H_3 A_3) - \frac{\partial}{\partial q_3}(H_2 A_2)\right]\hat{e}_1$$

$$+ \frac{1}{H_1 H_3}\left[\frac{\partial}{\partial q_3}(H_1 A_1) - \frac{\partial}{\partial q_1}(H_3 A_3)\right]\hat{e}_2$$

$$+ \frac{1}{H_1 H_2}\left[\frac{\partial}{\partial q_1}(H_2 A_2) - \frac{\partial}{\partial q_2}(H_1 A_1)\right]\hat{e}_3 \quad (10\text{-}58)$$

正交曲线坐标系的旋度最后可简写作

$$\boldsymbol{\nabla} \times \vec{A} = \frac{1}{H_1 H_2 H_3} \begin{vmatrix} H_1 \hat{e}_1 & H_2 \hat{e}_2 & H_3 \hat{e}_3 \\ \dfrac{\partial}{\partial q_1} & \dfrac{\partial}{\partial q_2} & \dfrac{\partial}{\partial q_3} \\ H_1 A_1 & H_2 A_2 & H_3 A_3 \end{vmatrix} \quad (10\text{-}59)$$

5. 调和量

调和量,即 Laplace 算子 $\boldsymbol{\nabla}^2$ 将分成两种情况做出讨论。

Case1 数量场 $u = u(x,y,z)$

计及

$$\boldsymbol{\nabla}^2 u = \boldsymbol{\nabla} \cdot (\boldsymbol{\nabla} u)$$

容易给出

$$\boldsymbol{\nabla}^2 u = \frac{1}{H_1 H_2 H_3}\left[\frac{\partial}{\partial q_1}\left(\frac{H_2 H_3}{H_1}\frac{\partial u}{\partial q_1}\right) + \frac{\partial}{\partial q_2}\left(\frac{H_1 H_3}{H_2}\frac{\partial u}{\partial q_2}\right) + \frac{\partial}{\partial q_3}\left(\frac{H_1 H_2}{H_3}\frac{\partial u}{\partial q_3}\right)\right]$$

$$(10\text{-}60)$$

Case2 矢量场 $\vec{A} = \vec{A}(x,y,z)$

由数量场引出的 $\boldsymbol{\nabla}^2 u$,很容易获得正交坐标系的 Laplace 算子形式

$$\boldsymbol{\nabla}^2 = \frac{1}{H_1 H_2 H_3}\left[\frac{\partial}{\partial q_1}\left(\frac{H_2 H_3}{H_1}\frac{\partial}{\partial q_1}\right) + \frac{\partial}{\partial q_2}\left(\frac{H_1 H_3}{H_2}\frac{\partial}{\partial q_2}\right) + \frac{\partial}{\partial q_3}\left(\frac{H_1 H_2}{H_3}\frac{\partial}{\partial q_3}\right)\right]$$

$$(10\text{-}61)$$

于是,可给出矢量场 $\vec{A} = \vec{A}(x,y,z)$ 的调和量

$$\boldsymbol{\nabla}^2 \vec{A} = \frac{1}{H_1 H_2 H_3}\left[\frac{\partial}{\partial q_1}\left(\frac{H_2 H_3}{H_1}\frac{\partial (A_1 \hat{e}_1)}{\partial q_1} + \frac{H_2 H_3}{H_1}\frac{\partial (A_2 \hat{e}_2)}{\partial q_1} + \frac{H_2 H_3}{H_1}\frac{\partial (A_3 \hat{e}_3)}{\partial q_1}\right)\right]$$

$$+ \frac{1}{H_1 H_2 H_3}\left[\frac{\partial}{\partial q_2}\left(\frac{H_1 H_3}{H_2}\frac{\partial (A_1 \hat{e}_1)}{\partial q_2} + \frac{H_1 H_3}{H_2}\frac{\partial (A_2 \hat{e}_2)}{\partial q_2} + \frac{H_1 H_3}{H_2}\frac{\partial (A_3 \hat{e}_3)}{\partial q_2}\right)\right]$$

$$+ \frac{1}{H_1 H_2 H_3} \left[\frac{\partial}{\partial q_3} \left(\frac{H_1 H_2}{H_3} \frac{\partial (A_1 \hat{e}_1)}{\partial q_3} + \frac{H_1 H_2}{H_3} \frac{\partial (A_2 \hat{e}_2)}{\partial q_3} + \frac{H_1 H_2}{H_3} \frac{\partial (A_3 \hat{e}_3)}{\partial q_3} \right) \right] \tag{10-62}$$

注意到，式(10-62)中 $\hat{e}_1$，$\hat{e}_2$ 和 $\hat{e}_3$ 要参与导数。

6. 圆柱坐标系和球坐标系

圆柱坐标系和球坐标系是最重要的两种正交曲线坐标系。具体讨论如下：

Case1　圆柱坐标系

$$\nabla u = \frac{\partial u}{\partial \rho} \hat{e}_\rho + \frac{1}{\rho} \frac{\partial u}{\partial \varphi} \hat{e}_\varphi + \frac{\partial u}{\partial z} \hat{e}_z \tag{10-63}$$

$$\nabla \cdot \vec{A} = \frac{1}{\rho} \left[\frac{\partial (\rho A_\rho)}{\partial \rho} + \frac{\partial (A_\varphi)}{\partial \varphi} + \frac{\partial (\rho A_z)}{\partial z} \right] \tag{10-64}$$

$$\nabla \times \vec{A} = \left(\frac{1}{\rho} \frac{\partial A_z}{\partial \varphi} - \frac{\partial A_\varphi}{\partial z} \right) \hat{e}_\rho + \left(\frac{\partial A_\rho}{\partial z} - \frac{\partial A_z}{\partial \rho} \right) \hat{e}_\varphi + \frac{1}{\rho} \left(\frac{\partial (\rho A_\varphi)}{\partial \rho} - \frac{\partial A_\rho}{\partial \varphi} \right) \hat{e}_z \tag{10-65}$$

也可简写成

$$\nabla \times \vec{A} = \frac{1}{\rho} \begin{vmatrix} \hat{e}_\rho & \rho \hat{e}_\varphi & \hat{e}_z \\ \frac{\partial}{\partial \rho} & \frac{\partial}{\partial \varphi} & \frac{\partial}{\partial z} \\ A_\rho & \rho A_\varphi & A_z \end{vmatrix} \tag{10-66}$$

$$\nabla^2 u = \frac{1}{\rho} \left[\frac{\partial}{\partial \rho} \left(\rho \frac{\partial u}{\partial \rho} \right) + \frac{\partial}{\partial \varphi} \left(\frac{1}{\rho} \frac{\partial u}{\partial \varphi} \right) + \frac{\partial}{\partial z} \left(\rho \frac{\partial u}{\partial z} \right) \right] \tag{10-67}$$

$$\nabla^2 \vec{A} = \left(\nabla^2 A_\rho - \frac{A_\rho}{\rho^2} - \frac{2}{\rho^2} \frac{\partial A_\varphi}{\partial \varphi} \right) \hat{e}_\rho + \left(\nabla^2 A_\varphi - \frac{A_\varphi}{\rho^2} + \frac{2}{\rho^2} \frac{\partial A_\rho}{\partial \varphi} \right) \hat{e}_\varphi + \nabla^2 A_z \hat{e}_z \tag{10-68}$$

Case2　球坐标系

$$\nabla u = \frac{\partial u}{\partial r} \hat{e}_r + \frac{1}{r} \frac{\partial u}{\partial \theta} \hat{e}_\theta + \frac{1}{r \sin \theta} \frac{\partial u}{\partial \varphi} \hat{e}_\varphi \tag{10-69}$$

$$\nabla \cdot \vec{A} = \frac{1}{r^2 \sin \theta} \left[\sin \theta \frac{\partial (r^2 A_r)}{\partial r} + r \frac{\partial (\sin \theta A_\theta)}{\partial \theta} + r \frac{\partial A_\varphi}{\partial \varphi} \right] \tag{10-70}$$

$$\nabla \times \vec{A} = \frac{1}{r \sin \theta} \left[\frac{\partial (\sin \theta A_\varphi)}{\partial \theta} - \frac{\partial A_\theta}{\partial \varphi} \right] \hat{e}_r + \frac{1}{r} \left[\frac{1}{\sin \theta} \frac{\partial A_r}{\partial \varphi} - \frac{\partial (r A_\varphi)}{\partial r} \right] \hat{e}_\theta$$
$$+ \frac{1}{r} \left[\frac{\partial (r A_\theta)}{\partial r} - \frac{\partial A_r}{\partial \theta} \right] \hat{e}_\varphi \tag{10-71}$$

也可简写成

$$\nabla \times \vec{A} = \frac{1}{r^2 \sin\theta} \begin{vmatrix} \hat{e}_r & r\hat{e}_\theta & r\sin\theta \hat{e}_\varphi \\ \frac{\partial}{\partial r} & \frac{\partial}{\partial \theta} & \frac{\partial}{\partial \varphi} \\ A_r & rA_\theta & r\sin\theta A_\varphi \end{vmatrix} \tag{10-72}$$

$$\nabla^2 u = \frac{1}{r^2 \sin\theta} \left[\sin\theta \frac{\partial}{\partial r}\left(r^2 \frac{\partial u}{\partial r}\right) + \frac{\partial}{\partial \theta}\left(\sin\theta \frac{\partial u}{\partial \theta}\right) + \frac{1}{\sin\theta} \frac{\partial^2 u}{\partial \varphi^2} \right] \tag{10-73}$$

$$\nabla^2 \vec{A} = \left(\nabla^2 A_r - \frac{2A_r}{r^2} - \frac{2\text{ctan}\theta}{r^2}A_\theta - \frac{2}{r^2}\frac{\partial A_\theta}{\partial \theta} - \frac{2}{r^2 \sin\theta}\frac{\partial A_\varphi}{\partial \varphi} \right)\hat{e}_r$$
$$+ \left(\nabla^2 A_\theta + \frac{2}{r^2}\frac{\partial A_r}{\partial \theta} - \frac{A_\theta}{r^2 \sin^2\theta} - \frac{2\cos\theta}{r^2 \sin^2\theta}\frac{\partial A_\varphi}{\partial \varphi} \right)\hat{e}_\theta$$
$$+ \left(\nabla^2 A_\varphi + \frac{2}{r^2 \sin\theta}\frac{\partial A_r}{\partial \varphi} - \frac{A_\varphi}{r^2 \sin^2\theta} + \frac{2\cos\theta}{r^2 \sin^2\theta}\frac{\partial A_\theta}{\partial \varphi} \right)\hat{e}_\varphi \tag{10-74}$$

第十一章 张量初步

物理领域中所研究的对象,即物理量,按其性质,可以分为标量、矢量和张量。本章将引入张量的基本概念和运算初步,但不涉及微分几何。

11.1 张量概念

在电磁理论中,均匀媒质常数 ε 是一个典型的标量,而电场强度 $\vec{E}$ 和电位移矢量 $\vec{D}$ 则为矢量。$\vec{E}$ 和 $\vec{D}$ 之间的本构关系可写为

$$\vec{D} = \varepsilon \vec{E} \tag{11-1}$$

然而,如果所研究的媒质是等离子体(plasma),则表示 $\vec{D}$ 和 $\vec{E}$ 之间的线性关系,需要九个分量,即

$$\begin{cases} D_x = \varepsilon_{xx} E_x + \varepsilon_{xy} E_y + \varepsilon_{xz} E_z \\ D_y = \varepsilon_{yx} E_x + \varepsilon_{yy} E_y + \varepsilon_{yz} E_z \\ D_z = \varepsilon_{zx} E_x + \varepsilon_{zy} E_y + \varepsilon_{zz} E_z \end{cases} \tag{11-2}$$

这时的复杂媒质参数有两种表示方法:

1. 矩阵法

式(11-2)可以写成矩阵形式,有

$$\begin{bmatrix} D_x \\ D_y \\ D_z \end{bmatrix} = \begin{bmatrix} \varepsilon_{xx} & \varepsilon_{xy} & \varepsilon_{xz} \\ \varepsilon_{yx} & \varepsilon_{yy} & \varepsilon_{yz} \\ \varepsilon_{zx} & \varepsilon_{zy} & \varepsilon_{zz} \end{bmatrix} \begin{bmatrix} E_x \\ E_y \\ E_z \end{bmatrix} \tag{11-3}$$

这种情况下,媒质 ε 不再是一个数(标量),而是 3×3 阶矩阵,有 9 个独立量,即

$$[\varepsilon] = \begin{bmatrix} \varepsilon_{xx} & \varepsilon_{xy} & \varepsilon_{xz} \\ \varepsilon_{yx} & \varepsilon_{yy} & \varepsilon_{yz} \\ \varepsilon_{zx} & \varepsilon_{zy} & \varepsilon_{zz} \end{bmatrix} \tag{11-4}$$

对应本构关系为

$$[D] = [\varepsilon][E] \tag{11-5}$$

式中,$[\varepsilon]$ 为媒质矩阵。

2. 张量法

若引入二阶张量 $\bar{\bar{\varepsilon}}$ 有

$$\bar{\bar{\varepsilon}} = \varepsilon_{xx}\hat{i}\hat{i} + \varepsilon_{xy}\hat{i}\hat{j} + \varepsilon_{xz}\hat{i}\hat{k} + \varepsilon_{yx}\hat{j}\hat{i} + \varepsilon_{yy}\hat{j}\hat{j} + \varepsilon_{yz}\hat{j}\hat{k} + \varepsilon_{zx}\hat{k}\hat{i} + \varepsilon_{zy}\hat{k}\hat{j} + \varepsilon_{zz}\hat{k}\hat{k} \tag{11-6}$$

则利用后边所给出的运算法则可写出

$$\vec{D} = \bar{\bar{\varepsilon}} \cdot \vec{E} \tag{11-7}$$

式中，$\bar{\bar{\varepsilon}} \cdot \vec{E}$ 表示张量与矢量的点积。上面所介绍的两种方法表面看来似乎是等价的，但实际上由于矢量有叉积等原因，张量远比矩阵理论自由度大。这也是物理上必须引入张量的主要原因之一。

【定义】 二阶张量 $\bar{\bar{T}}$ 有 9 个分量，表述如下：

$$\bar{\bar{T}} = T_{xx}\hat{i}\hat{i} + T_{xy}\hat{i}\hat{j} + T_{xz}\hat{i}\hat{k} + T_{yx}\hat{j}\hat{i} + T_{yy}\hat{j}\hat{j} + T_{yz}\hat{j}\hat{k} + T_{zx}\hat{k}\hat{i} + T_{zy}\hat{k}\hat{j} + T_{zz}\hat{k}\hat{k} \tag{11-8}$$

每个分量 $\hat{i}\hat{i}, \hat{i}\hat{j}, \cdots, \hat{k}\hat{k}$ 均构成并矢形式，一般不能进行交换，即

$$\hat{i}\hat{j} \neq \hat{j}\hat{i} \tag{11-9}$$

11.2 张量代数

这里主要介绍二阶张量的代数运算。

1. 张量的加减法

【定义】

$$(\bar{\bar{T}} \pm \bar{\bar{R}}) = (T_{xx} \pm R_{xx})\hat{i}\hat{i} + (T_{xy} \pm R_{xy})\hat{i}\hat{j} + \cdots + (T_{zz} \pm R_{zz})\hat{k}\hat{k} \tag{11-10}$$

也即对应分量相互加减。它服从交换律和结合律。

2. 张量和标量乘法

【定义】 设 λ 为标量（或数），则有

$$\lambda\bar{\bar{T}} = \lambda T_{xx}\hat{i}\hat{i} + \lambda T_{xy}\hat{i}\hat{j} + \cdots + \lambda T_{zz}\hat{k}\hat{k} \tag{11-11}$$

它满足交换律，即有

$$\lambda\bar{\bar{T}} = \bar{\bar{T}}\lambda \tag{11-12}$$

3. 张量与矢量点积

【定义】 张量与矢量点积，其结果是一个矢量。它表示矢量与靠近张量并矢

分量中的那个分量点积,具体有两种基本运算

$$\begin{cases} \vec{f} \cdot (\hat{i}\hat{j}) = (\vec{f} \cdot \hat{i})\hat{j} & (11\text{-}13) \\ (\hat{i}\hat{j}) \cdot \vec{f} = \hat{i}(\hat{j} \cdot \vec{f}) & (11\text{-}14) \end{cases}$$

由此可知,对于张量左点积有

$$\begin{aligned} \vec{f} \cdot \overline{\overline{T}} =& (\vec{f} \cdot \hat{i})T_{xx}\hat{i} + (\vec{f} \cdot \hat{i})T_{xy}\hat{j} + (\vec{f} \cdot \hat{i})T_{xz}\hat{k} \\ &+ (\vec{f} \cdot \hat{j})T_{yx}\hat{i} + (\vec{f} \cdot \hat{j})T_{yy}\hat{j} + (\vec{f} \cdot \hat{j})T_{yz}\hat{k} \\ &+ (\vec{f} \cdot \hat{k})T_{zx}\hat{i} + (\vec{f} \cdot \hat{k})T_{zy}\hat{j} + (\vec{f} \cdot \hat{k})T_{zz}\hat{k} \end{aligned} \quad (11\text{-}15)$$

和张量右点积为

$$\begin{aligned} \overline{\overline{T}} \cdot \vec{f} =& T_{xx}\hat{i}(\hat{i} \cdot \vec{f}) + T_{xy}\hat{i}(\hat{j} \cdot \vec{f}) + T_{xz}\hat{i}(\hat{k} \cdot \vec{f}) \\ &+ T_{yx}\hat{j}(\hat{i} \cdot \vec{f}) + T_{yy}\hat{j}(\hat{j} \cdot \vec{f}) + T_{yz}\hat{j}(\hat{k} \cdot \vec{f}) \\ &+ T_{zx}\hat{k}(\hat{i} \cdot \vec{f}) + T_{zy}\hat{k}(\hat{j} \cdot \vec{f}) + T_{zz}\hat{k}(\hat{k} \cdot \vec{f}) \end{aligned} \quad (11\text{-}16)$$

显见,张量和矢量点积一般不能交换位置,即

$$\vec{f} \cdot \overline{\overline{T}} \neq \overline{\overline{T}} \cdot \vec{f} \quad (11\text{-}17)$$

表 11-1 列出了张量与矢量点积的主要性质。

表 11-1 张量 $\overline{\overline{T}}$ 与矢量 $\vec{f}$ 点积的主要性质

$\vec{f} \cdot (\overline{\overline{T}} \pm \overline{\overline{R}}) = \vec{f} \cdot \overline{\overline{T}} \pm \vec{f} \cdot \overline{\overline{R}}$
$(\vec{f} \pm \vec{g}) \cdot \overline{\overline{T}} = \vec{f} \cdot \overline{\overline{T}} \pm \vec{g} \cdot \overline{\overline{T}}$
$(\overline{\overline{T}} \pm \overline{\overline{R}}) \cdot \vec{f} = \overline{\overline{T}} \cdot \vec{f} \pm \overline{\overline{R}} \cdot \vec{f}$
$\overline{\overline{T}} \cdot (\vec{f} \pm \vec{g}) = \overline{\overline{T}} \cdot \vec{f} \pm \overline{\overline{T}} \cdot \vec{g}$

【注记】 张量与矢量的点积存在矩阵的等价运算

$$f \cdot \overline{\overline{T}} \leftrightarrow [f]^{\mathrm{T}}[T]$$

即有

$$[f_x, f_y, f_z]\begin{bmatrix} T_{xx} & T_{xy} & T_{xz} \\ T_{yx} & T_{yy} & T_{yz} \\ T_{zx} & T_{zy} & T_{zz} \end{bmatrix}$$
$$= [f_x T_{xx} + f_y T_{yx} + f_z T_{zx} \quad f_x T_{xy} + f_y T_{yy} + f_z T_{zy} \quad f_x T_{xz} + f_y T_{yz} + f_z T_{zz}] \quad (11\text{-}18)$$

类似地有

$$\overline{\overline{T}} \cdot \vec{f} \leftrightarrow [T][f]$$

即为

$$\begin{bmatrix} T_{xx} & T_{xy} & T_{xz} \\ T_{yx} & T_{yy} & T_{yz} \\ T_{zx} & T_{zy} & T_{zz} \end{bmatrix} \begin{bmatrix} f_x \\ f_y \\ f_z \end{bmatrix} = \begin{bmatrix} T_{xx}f_x + T_{xy}f_y + T_{xz}f_z \\ T_{yx}f_x + T_{yy}f_y + T_{yz}f_z \\ T_{zx}f_x + T_{zy}f_y + T_{zz}f_z \end{bmatrix} \quad (11\text{-}19)$$

4. 张量与矢量叉积

【定义】 张量与矢量叉积，其结果是一个张量，它有两种基本运算

$$\begin{cases} \vec{f} \times (\hat{i}\hat{j}) = (\vec{f} \times \hat{i})\hat{j} & (11\text{-}20) \\ (\hat{i}\hat{j}) \times \vec{f} = \hat{i}(\hat{j} \times \vec{f}) & (11\text{-}21) \end{cases}$$

于是对于张量左叉积有

$$\begin{aligned}
\vec{f} \times \overline{\overline{T}} &= (\vec{f} \times \hat{i})T_{xx}\hat{i} + (\vec{f} \times \hat{i})T_{xy}\hat{j} + (\vec{f} \times \hat{i})T_{xz}\hat{k} \\
&+ (\vec{f} \times \hat{j})T_{yx}\hat{i} + (\vec{f} \times \hat{j})T_{yy}\hat{j} + (\vec{f} \times \hat{j})T_{yz}\hat{k} \\
&+ (\vec{f} \times \hat{k})T_{zx}\hat{i} + (\vec{f} \times \hat{k})T_{zy}\hat{j} + (\vec{f} \times \hat{k})T_{zz}\hat{k} \quad (11\text{-}22)
\end{aligned}$$

和张量右叉积为

$$\begin{aligned}
\overline{\overline{T}} \times \vec{f} &= T_{xx}\hat{i}(\hat{i} \times \vec{f}) + T_{xy}\hat{i}(\hat{j} \times \vec{f}) + T_{xz}\hat{i}(\hat{k} \times \vec{f}) \\
&+ T_{yx}\hat{j}(\hat{i} \times \vec{f}) + T_{yy}\hat{j}(\hat{j} \times \vec{f}) + T_{yz}\hat{j}(\hat{k} \times \vec{f}) \\
&+ T_{zx}\hat{k}(\hat{i} \times \vec{f}) + T_{zy}\hat{k}(\hat{j} \times \vec{f}) + T_{zz}\hat{k}(\hat{k} \times \vec{f}) \quad (11\text{-}23)
\end{aligned}$$

同样，张量和矢量叉积一般不能交换，即有

$$\vec{f} \times \overline{\overline{T}} \neq \overline{\overline{T}} \times \vec{f} \quad (11\text{-}24)$$

而且，张量与矢量叉积不存在矩阵的等价运算。

5. 张量与张量点积

张量与张量的点积可以分两种情况进行讨论。

Case1　一次点积

【定义】 张量 $\overline{\overline{T}}$ 与张量 $\overline{\overline{R}}$ 的一次点积，其结果还是一个张量，它记作 $\overline{\overline{T}} \cdot \overline{\overline{R}}$，且基本并矢分量点积的法则如下：

$$\begin{cases} (\hat{i}\hat{i}) \cdot (\hat{i}\hat{i}) = \hat{i}(\hat{i} \cdot \hat{i})\hat{i} \\ (\hat{i}\hat{i}) \cdot (\hat{i}\hat{j}) = \hat{i}(\hat{i} \cdot \hat{i})\hat{j} \\ \cdots\cdots \\ (\hat{k}\hat{k}) \cdot (\hat{k}\hat{k}) = \hat{k}(\hat{k} \cdot \hat{k})\hat{k} \end{cases} \quad (11\text{-}25)$$

于是可写出

$$\begin{aligned}
\overline{\overline{T}} \cdot \overline{\overline{R}} &= (T_{xx}\hat{i}\hat{i} + T_{xy}\hat{i}\hat{j} + \cdots T_{zz}\hat{k}\hat{k}) \cdot (R_{xx}\hat{i}\hat{i} + R_{xy}\hat{i}\hat{j} + \cdots + R_{zz}\hat{k}\hat{k}) \\
&= T_{xx}R_{xx}\hat{i}\hat{i} + T_{xx}R_{xy}\hat{i}\hat{j} + \cdots + T_{zz}R_{zz}\hat{k}\hat{k} \quad (11\text{-}26)
\end{aligned}$$

十分明显，张量与张量的一次点积一般不可交换，即

$$\bar{\bar{T}} \cdot \bar{\bar{R}} \neq \bar{\bar{R}} \cdot \bar{\bar{T}} \tag{11-27}$$

【注记】 值得提出的是，张量和张量的一次点积正好对应于矩阵的乘法运算，有

$$\bar{\bar{T}} \cdot \bar{\bar{R}} \leftrightarrow \begin{bmatrix} T_{xx} & T_{xy} & T_{xz} \\ T_{yx} & T_{yy} & T_{yz} \\ T_{zx} & T_{zy} & T_{zz} \end{bmatrix} \begin{bmatrix} R_{xx} & R_{xy} & R_{xz} \\ R_{yx} & R_{yy} & R_{yz} \\ R_{zx} & R_{zy} & R_{zz} \end{bmatrix}$$

$$= \begin{bmatrix} T_{xx}R_{xx}+T_{xy}R_{yx}+T_{xz}R_{zx} & T_{xx}R_{xy}+T_{xy}R_{yy}+T_{xz}R_{zy} & T_{xx}R_{xz}+T_{xy}R_{yz}+T_{xz}R_{zz} \\ T_{yx}R_{xx}+T_{yy}R_{yx}+T_{yz}R_{zx} & T_{yx}R_{xy}+T_{yy}R_{yy}+T_{yz}R_{zy} & T_{yx}R_{xz}+T_{yy}R_{yz}+T_{yz}R_{zz} \\ T_{zx}R_{xx}+T_{zy}R_{yx}+T_{zz}R_{zx} & T_{zx}R_{xy}+T_{zy}R_{yy}+T_{zz}R_{zy} & T_{zx}R_{xz}+T_{zy}R_{yz}+T_{zz}R_{zz} \end{bmatrix}$$

$$\tag{11-28}$$

Case2　二次点积

【定义】 张量 $\bar{\bar{T}}$ 与张量 $\bar{\bar{R}}$ 的二次点积，其结果是一个数（或标量），基本并矢分量两次点积的法则是：先将两个靠近的矢量点乘，待它们成数之后，再点乘所余下的另两个矢量，具体为

$$\begin{cases} (\hat{i}\hat{i}) : (\hat{i}\hat{i}) = (\hat{i} \cdot \hat{i})(\hat{i} \cdot \hat{i}) = 1 \\ (\hat{i}\hat{i}) : (\hat{i}\hat{j}) = (\hat{i} \cdot \hat{i})(\hat{i} \cdot \hat{j}) = 0 \\ \cdots \cdots \\ (\hat{k}\hat{k}) : (\hat{k}\hat{k}) = (\hat{k} \cdot \hat{k})(\hat{k} \cdot \hat{k}) = 1 \end{cases} \tag{11-29}$$

于是

$$\bar{\bar{T}} : \bar{\bar{R}} = (T_{xx}\hat{i}\hat{i} + T_{xy}\hat{i}\hat{j} + \cdots + T_{zz}\hat{k}\hat{k}) : (R_{xx}\hat{i}\hat{i} + R_{xy}\hat{i}\hat{j} + \cdots + R_{zz}\hat{k}\hat{k})$$
$$= T_{xx}R_{xx}(\hat{i}\hat{i}) : (\hat{i}\hat{i}) + T_{xx}R_{xy}(\hat{i}\hat{i}) : (\hat{i}\hat{j}) + \cdots + T_{zz}R_{zz}(\hat{k}\hat{k}) : (\hat{k}\hat{k})$$

$$\tag{11-30}$$

最后给出

$$\begin{aligned}\bar{\bar{T}} : \bar{\bar{R}} =& T_{xx}R_{xx} + T_{xy}R_{yx} + T_{xz}R_{zx} \\ &+ T_{yx}R_{xy} + T_{yy}R_{yy} + T_{yz}R_{zy} \\ &+ T_{zx}R_{xz} + T_{zy}R_{yz} + T_{zz}R_{zz}\end{aligned} \tag{11-31}$$

十分明显，张量与张量的二次点积可交换，有

$$\bar{\bar{T}} : \bar{\bar{R}} = \bar{\bar{R}} : \bar{\bar{T}} \tag{11-32}$$

为了得出张量与张量的二次点积与矩阵运算之间的对应关系，进一步引入矩阵迹（spur）定义。

【定义】 称 spur[ ] 为矩阵的迹。它是一个数，具体为矩阵所有对角元素之和，即有

$$\mathrm{spur}\begin{bmatrix} T_{xx} & T_{xy} & T_{xz} \\ T_{yx} & T_{yy} & T_{yz} \\ T_{zx} & T_{zy} & T_{zz} \end{bmatrix} = T_{xx} + T_{yy} + T_{zz} \tag{11-33}$$

于是,张量二次点积与矩阵之间的对应运算为

$$\bar{T}:\bar{R} \leftrightarrow \mathrm{spur}\{[T]\ [R]\} \tag{11-34}$$

同时有

$$\mathrm{spur}\{[T]\ [R]\} = \mathrm{spur}\{[R]\ [T]\} \tag{11-35}$$

又从另一侧证明:张量的二次点积可交换。

6. 矢量外乘

【定义】 矢量 $\vec{A}\vec{B}$ 外乘,又称为 $\vec{A}\vec{B}$ 并矢,其结果是一个张量,具体有

$$\begin{aligned}\vec{A}\vec{B} &= (A_x\hat{i} + A_y\hat{j} + A_z\hat{k})(B_x\hat{i} + B_y\hat{j} + B_z\hat{k}) \\ &= A_xB_x\hat{i}\hat{i} + A_xB_y\hat{i}\hat{j} + A_xB_z\hat{i}\hat{k} \\ &\quad + A_yB_x\hat{j}\hat{i} + A_yB_y\hat{j}\hat{j} + A_yB_z\hat{j}\hat{k} \\ &\quad + A_zB_x\hat{k}\hat{i} + A_zB_y\hat{k}\hat{j} + A_zB_z\hat{k}\hat{k} \end{aligned} \tag{11-36}$$

十分明显,矢量外乘不可交换,即

$$\vec{A}\vec{B} \neq \vec{B}\vec{A} \tag{11-37}$$

必须指出:矢量外乘是一个特殊的张量,因为一般的二阶张量有 9 个独立分量,而矢量 $\vec{A}\vec{B}$ 外乘所得到的则只有 6 个独立分量的二阶张量。

另外,矢量 $\vec{A}\vec{B}$ 外乘对应矩阵运算

$$\vec{A}\vec{B} \leftrightarrow [A][B]^{\mathrm{T}} = \begin{bmatrix} A_x \\ A_y \\ A_z \end{bmatrix}[B_x\ B_y\ B_z] = \begin{bmatrix} A_xB_x & A_xB_y & A_xB_z \\ A_yB_x & A_yB_y & A_yB_z \\ A_zB_x & A_zB_y & A_zB_z \end{bmatrix}$$

$$\tag{11-38}$$

7. 单位张量 $\bar{I}$

【定义】 单位张量

$$\bar{I} = \hat{i}\hat{i} + \hat{j}\hat{j} + \hat{k}\hat{k} \tag{11-39}$$

很明显,单位张量点乘矢量(不论左乘还是右乘)均等于原矢量;单位张量点乘张量(不论左乘还是右乘)均等于原张量,即有

$$\begin{cases} \vec{f} \cdot \bar{I} = \bar{I} \cdot \vec{f} = \vec{f} & (11\text{-}40) \\ \bar{T} \cdot \bar{I} = \bar{I} \cdot \bar{T} = \bar{T} & (11\text{-}41) \end{cases}$$

形象地说，单位张量 $\bar{\bar{I}}$ 相当于数域中的单位 1。另外，单位张量的矩阵表达对应单位矩阵，有

$$\bar{\bar{I}} \leftrightarrow [I] = \begin{bmatrix} 1 & 0 & 0 \\ 0 & 1 & 0 \\ 0 & 0 & 1 \end{bmatrix} \tag{11-42}$$

11.3 张 量 分 析

张量分析，即讨论张量微积分。为此，把场的概念进一步拓展，即除了数量场和矢量场之外，还存在一种张量场。在空间 (x,y,z) 每一点都存在一个张量。

1. 张量微分

张量场函数与 $\mathbf{V}$ 算子的相互作用构成了基本的张量微分。首先定义三种基本相互作用，即矢量梯度、张量散度和张量旋度。

Case1　矢量场梯度

【定义】　矢量场的梯度是一个张量，它定义为

$$\mathbf{V}\vec{A} = \left(\hat{i}\frac{\partial}{\partial x} + \hat{j}\frac{\partial}{\partial y} + \hat{k}\frac{\partial}{\partial z}\right)\vec{A} = \hat{i}\frac{\partial \vec{A}}{\partial x} + \hat{j}\frac{\partial \vec{A}}{\partial y} + \hat{k}\frac{\partial \vec{A}}{\partial z} \tag{11-43}$$

Case2　张量场散度

【定义】　张量场的散度是一个矢量，它定义为

$$\mathbf{V}\cdot\bar{\bar{T}} = \left(\hat{i}\frac{\partial}{\partial x} + \hat{j}\frac{\partial}{\partial y} + \hat{k}\frac{\partial}{\partial z}\right)\cdot\bar{\bar{T}} = \frac{\partial}{\partial x}(\hat{i}\cdot\bar{\bar{T}}) + \frac{\partial}{\partial y}(\hat{j}\cdot\bar{\bar{T}}) + \frac{\partial}{\partial z}(\hat{k}\cdot\bar{\bar{T}}) \tag{11-44}$$

Case3　张量场旋度

【定义】　张量场的旋度是一个张量，它定义为

$$\begin{aligned}\mathbf{V}\times\bar{\bar{T}} &= \left(\hat{i}\frac{\partial}{\partial x} + \hat{j}\frac{\partial}{\partial y} + \hat{k}\frac{\partial}{\partial z}\right)\times\bar{\bar{T}} \\ &= \hat{i}\left[\frac{\partial}{\partial y}(\hat{k}\cdot\bar{\bar{T}}) - \frac{\partial}{\partial z}(\hat{j}\cdot\bar{\bar{T}})\right] + \hat{j}\left[\frac{\partial}{\partial z}(\hat{i}\cdot\bar{\bar{T}}) - \frac{\partial}{\partial x}(\hat{k}\cdot\bar{\bar{T}})\right] \\ &\quad + \hat{k}\left[\frac{\partial}{\partial x}(\hat{j}\cdot\bar{\bar{T}}) - \frac{\partial}{\partial y}(\hat{i}\cdot\bar{\bar{T}})\right]\end{aligned} \tag{11-45}$$

张量旋度对应行列式法则为

$$\mathbf{V}\times\overline{T} = \begin{vmatrix} \hat{i} & \hat{j} & \hat{k} \\ \dfrac{\partial}{\partial x} & \dfrac{\partial}{\partial y} & \dfrac{\partial}{\partial z} \\ \hat{i}\cdot\overline{T} & \hat{j}\cdot\overline{T} & \hat{k}\cdot\overline{T} \end{vmatrix} \tag{11-46}$$

注意,式(11-46)中行列式第三行表示分块矩阵。

完全和前面所述相同,算子$\mathbf{V}$和场相互作用位置不能交换,如

$$(\overline{T}\cdot\mathbf{V}) = (\overline{T}\cdot\hat{i})\frac{\partial}{\partial x} + (\overline{T}\cdot\hat{j})\frac{\partial}{\partial y} + (\overline{T}\cdot\hat{k})\frac{\partial}{\partial z} \tag{11-47}$$

和

$$(\overline{T}\times\mathbf{V}) = (\overline{T}\times\hat{i})\frac{\partial}{\partial x} + (\overline{T}\times\hat{j})\frac{\partial}{\partial y} + (\overline{T}\times\hat{k})\frac{\partial}{\partial z} \tag{11-48}$$

算子与张量的微分运算如表 11-2 所示。

表 11-2 算子$\mathbf{V}$与张量的微分运算

$$\mathbf{V}\cdot(\vec{A}\vec{B}) = (\mathbf{V}\cdot\vec{A})\vec{B} + (\vec{A}\cdot\mathbf{V})\vec{B}$$
$$\mathbf{V}\cdot(u\overline{T}) = (\mathbf{V}u)\cdot\overline{T} + u\mathbf{V}\cdot\overline{T}$$
$$\mathbf{V}\times(\vec{A}\vec{B}) = (\mathbf{V}\times\vec{A})\vec{B} - (\vec{A}\times\mathbf{V})\vec{B}$$
$$\mathbf{V}\times(u\overline{T}) = (\mathbf{V}u)\times\overline{T} + u\mathbf{V}\times\overline{T}$$
$$\mathbf{V}(u\vec{A}) = (\mathbf{V}u)\vec{A} + u\mathbf{V}\vec{A}$$

作为例子,证明表中$\mathbf{V}\times(\vec{A}\vec{B})$公式:

首先,$\mathbf{V}$作为微分算子应分别作用于$\vec{A},\vec{B}$两个矢量函数,有

$$\mathbf{V}\times(\vec{A}\vec{B}) = \mathbf{V}_A\times(\vec{A}\vec{B}) + \mathbf{V}_B\times(\vec{A}\vec{B}) \tag{11-49}$$

$$\mathbf{V}_A\times(\vec{A}\vec{B}) = (\mathbf{V}\times\vec{A})\vec{B}$$

其次,$\mathbf{V}$又是普通矢量,且$\mathbf{V}_B$必须作用于$\vec{B}$函数,有

$$\mathbf{V}_B\times(\vec{A}\vec{B}) = -(\vec{A}\times\mathbf{V})\vec{B} \tag{11-50}$$

2. 张量的积分变换

这里将不加证明地给出:即使扩展到张量场,仍有

$$\iiint_V \mathrm{d}v\mathbf{V} \leftrightarrow \oiint_S \hat{n}\,\mathrm{d}S \tag{11-51}$$

作为例子,可写出

$$\iiint_V \mathrm{d}v\mathbf{V}\vec{A} = \oiint_S \mathrm{d}S\hat{n}\vec{A} \tag{11-52}$$

$$\iiint_V \mathrm{d}v\mathbf{V}\cdot\overline{T} = \oiint_S \mathrm{d}S\hat{n}\cdot\overline{T} \tag{11-53}$$

和
$$\iiint_V \mathrm{d}v \mathbf{V} \times \overline{\overline{T}} = \oiint_S \mathrm{d}S \hat{n} \times \overline{\overline{T}} \tag{11-54}$$

11.4 高阶张量

进一步可以把前面给出的二阶张量推广到高阶张量,如三阶张量
$$\overline{\overline{\overline{\Phi}}} = \Phi_{xxx}\hat{i}\hat{i}\hat{i} + \Phi_{xxy}\hat{i}\hat{i}\hat{j} + \cdots \tag{11-55}$$
和四阶张量
$$\overline{\overline{\overline{\overline{\Psi}}}} = \Psi_{xxxx}\hat{i}\hat{i}\hat{i}\hat{i} + \Psi_{xxxy}\hat{i}\hat{i}\hat{i}\hat{j} + \cdots \tag{11-56}$$
等。值得指出的是,高阶张量的出现并非是人们臆想的产物,而是复杂系统发展的自然结果。

1. 二阶张量的叉积

【定义】 两个二阶张量 $\overline{\overline{T}}$ 和 $\overline{\overline{R}}$ 其叉积构成三阶张量,基本法则有
$$\begin{cases} (\hat{i}\hat{i}) \times (\hat{j}\hat{j}) = \hat{i}(\hat{i} \times \hat{j})\hat{j} = \hat{i}\hat{k}\hat{j} \\ (\hat{i}\hat{k}) \times (\hat{j}\hat{k}) = \hat{i}(\hat{k} \times \hat{j})\hat{k} = -\hat{i}\hat{i}\hat{k} \\ \vdots \end{cases} \tag{11-57}$$
于是可得
$$\begin{aligned} \overline{\overline{T}} \times \overline{\overline{R}} &= (T_{xx}\hat{i}\hat{i} + T_{xy}\hat{i}\hat{j} + \cdots) \times (R_{xx}\hat{i}\hat{i} + R_{xy}\hat{i}\hat{j} + \cdots) \\ &= T_{xx}R_{xx}\hat{i}(\hat{i} \times \hat{i})\hat{i} + T_{xx}R_{xy}\hat{i}(\hat{i} \times \hat{i})\hat{j} + \cdots \end{aligned} \tag{11-58}$$

2. 并张量

并张量是并矢的一种推广。

【定义】 两个张量 $\overline{\overline{T}}\overline{\overline{R}}$ 构成并张量或四阶并矢,其基本法则有
$$\begin{cases} (\hat{i}\hat{i})(\hat{i}\hat{i}) = \hat{i}\hat{i}\hat{i}\hat{i} \\ (\hat{i}\hat{i})(\hat{i}\hat{j}) = \hat{i}\hat{i}\hat{i}\hat{j} \\ \vdots \end{cases} \tag{11-59}$$
于是
$$\begin{aligned} \overline{\overline{T}}\,\overline{\overline{R}} &= (T_{xx}\hat{i}\hat{i} + T_{xy}\hat{i}\hat{j} + \cdots)(R_{xx}\hat{i}\hat{i} + R_{xy}\hat{i}\hat{j} + \cdots) \\ &= T_{xx}R_{xx}\hat{i}\hat{i}\hat{i}\hat{i} + T_{xx}R_{xy}\hat{i}\hat{i}\hat{i}\hat{j} + \cdots \end{aligned} \tag{11-60}$$
十分明显,并张量不可交换,即有
$$\overline{\overline{T}}\,\overline{\overline{R}} \neq \overline{\overline{R}}\,\overline{\overline{T}} \tag{11-61}$$

第十二章 高维微积分基本定理

著名学者龚昇先生在《话说微积分》中指出:现有的微积分理论是由微分、积分以及指出微分与积分是一对矛盾的微积分基本定理这三个部分组成的,其中微积分基本定理是关联两者最本质的环节。在一维情况下可以写出

$$\frac{\mathrm{d}}{\mathrm{d}x}\int_a^x f(t)\mathrm{d}t = f(x) \tag{12-1}$$

或

$$\int_a^x \frac{\mathrm{d}}{\mathrm{d}x}f(t)\mathrm{d}t = f(x) - f(a) \tag{12-2}$$

式中,a 为常数。如果用这个观点看问题,可以认为矢算场论中的 Gauss 定理、Stokes 定理和 Green 定理实际上是微积分基本定理的三维推广。

在本章中,将引入外微分形式,并把高维 Stokes 定理归结为

$$\int_{\partial\Omega}\omega = \int_\Omega \mathrm{d}\omega \tag{12-3}$$

在式(12-3)中,$\mathrm{d}\omega$ 表示对于 ω 的外微分,而积分的重数即对应于所研究问题的维数,这就是所谓高维微积分基本定理。

12.1 三维微积分

要把问题推广到高维,依然从三维场谈起。正如所述:

(1) 场论所研究的对象是三维空间 (x,y,z) 的数量场函数 $u(x,y,z)$、矢量场函数 $\vec{A}(x,y,z)$ 和张量场函数 $\overline{\overline{T}}(x,y,z)$。

(2) 场函数和空间的微分相互作用可定义出三个"度",如表 12-1 所示。

表 12-1 场函数与三维空间微分相互作用定义的三个"度"

数量场 $u=u(x,y,z)$	梯度 $\nabla u = \frac{\partial u}{\partial x}\vec{i} + \frac{\partial u}{\partial y}\vec{j} + \frac{\partial u}{\partial z}\vec{k}$
矢量场 $\vec{A}=\vec{A}(x,y,z)$	散度 $\nabla \cdot \vec{A} = \frac{\partial A_x}{\partial x} + \frac{\partial A_y}{\partial y} + \frac{\partial A_z}{\partial z}$
	旋度 $\nabla \times \vec{A} = \begin{vmatrix} \vec{i} & \vec{j} & \vec{k} \\ \frac{\partial}{\partial x} & \frac{\partial}{\partial y} & \frac{\partial}{\partial z} \\ A_x & A_y & A_z \end{vmatrix}$

（3）场函数与三维空间的积分作用可归结为 Green 公式、Stokes 公式和 Gauss 公式，如表 12-2 所示。

表 12-2　场函数与三维空间积分作用的三个公式

Green 公式	$\oint_l A_x dx + A_y dy = \iint_D \left(\dfrac{\partial A_y}{\partial x} - \dfrac{\partial A_x}{\partial y}\right) dxdy$ 闭曲线 l 是平面域 D 的边界
Stokes 公式	$\oint_l A_x dx + A_y dy + A_z dz$ $= \iint_D \left(\dfrac{\partial A_z}{\partial y} - \dfrac{\partial A_y}{\partial z}\right) dydz + \left(\dfrac{\partial A_x}{\partial z} - \dfrac{\partial A_z}{\partial x}\right) dzdx + \left(\dfrac{\partial A_y}{\partial x} - \dfrac{\partial A_x}{\partial y}\right) dxdy$ 闭曲线 l 是曲面域 Ω 的边界
Gauss 公式	$\oiint_\Omega A_x dydz + A_y dzdx + A_z dxdy$ $= \iiint_\Omega \left(\dfrac{\partial A_x}{\partial x} + \dfrac{\partial A_y}{\partial y} + \dfrac{\partial A_z}{\partial z}\right) dxdydz$ 闭曲面 Ω 是体积 V 的边界

在表 12-2 中矢量场函数 $\vec{A} = \vec{A}(x, y, z)$ 均有一阶连续偏导数，仔细观察积分的三种作用可以归纳出线积分、面积分和体积分的三种类型，如表 12-3 所示。

表 12-3　场函数与三维空间积分作用的三种形式

线积分 $\int_l A dx + B dy + C dz$	出现一次微分 $\omega = A dx + B dy + C dz$
面积分 $\iint_\Omega P dydz + Q dzdx + R dxdy$	出现二次微分 $d = P dydz + Q dzdx + R dxdy$
体积分 $\iiint_V H dxdydz$	出现三次微分 $\lambda = H dxdydz$

注意到，上述微分中不出现重项，如并不出现 $dxdx$ 或 $dxdydx$ 等。

12.2　外微分形式和外乘积

在场论的线面积分中，曲线 $\vec{l}$ 和曲面 $\vec{s}$ 都有规定方向。

1. 微分外乘积

以二重积分为例定义面积分的正负性。

一般二重积分中，令 $f(x,y)$ 为被积函数，则有

$$\iint_D f(x,y) \mathrm{d}A = \lim_{\Delta A_i \to 0} \sum_{i=1}^{n} f(\xi_i, \eta_i) \Delta A_i \tag{12-4}$$

式中，ΔA_i 为面积元，由于对 D 域没有给出方向定义，因而恒正。

【定向积分定义】 引入 u,v 做变量变换，有

$$\begin{cases} x = x(u,v) \\ y = y(u,v) \end{cases} \tag{12-5}$$

考察面积元的变换

$$\mathrm{d}A = \mathrm{d}x\mathrm{d}y = \left| \frac{\partial(x,y)}{\partial(u,v)} \right| \mathrm{d}u\mathrm{d}v \tag{12-6}$$

其中

$$\left| \frac{\partial(x,y)}{\partial(u,v)} \right| = \begin{vmatrix} \frac{\partial x}{\partial u} & \frac{\partial x}{\partial v} \\ \frac{\partial y}{\partial u} & \frac{\partial y}{\partial v} \end{vmatrix} \tag{12-7}$$

式(12-7)称为 Jacobi 行列式，这时原积分变换成

$$\iint_D f(x,y)\mathrm{d}x\mathrm{d}y = \iint_{D'} f[x(u,v),y(u,v)] \frac{\partial(x,y)}{\partial(u,v)} \mathrm{d}u\mathrm{d}v \tag{12-8}$$

这种情况下，可以规定 D 是有方向的。

(1)

$$\mathrm{d}y\mathrm{d}x = \frac{\partial(y,x)}{\partial(u,v)}\mathrm{d}u\mathrm{d}v = \begin{vmatrix} \frac{\partial y}{\partial u} & \frac{\partial y}{\partial v} \\ \frac{\partial x}{\partial u} & \frac{\partial x}{\partial v} \end{vmatrix} \mathrm{d}u\mathrm{d}v = -\begin{vmatrix} \frac{\partial x}{\partial u} & \frac{\partial x}{\partial v} \\ \frac{\partial y}{\partial u} & \frac{\partial y}{\partial v} \end{vmatrix} \mathrm{d}u\mathrm{d}v \tag{12-9}$$

于是面积元

$$\mathrm{d}y\mathrm{d}x \neq \mathrm{d}x\mathrm{d}y \tag{12-10}$$

(2) 若我们考察重项，如

$$\mathrm{d}x\mathrm{d}x = \begin{vmatrix} \frac{\partial x}{\partial u} & \frac{\partial x}{\partial v} \\ \frac{\partial x}{\partial u} & \frac{\partial x}{\partial v} \end{vmatrix} \mathrm{d}u\mathrm{d}v \equiv 0 \tag{12-11}$$

由此可以给出微分外乘积定义。

【定义】 $\mathrm{d}x \wedge \mathrm{d}y$ 称为微分外乘积，它满足

(1) $$\mathrm{d}x \wedge \mathrm{d}x = 0 \tag{12-12}$$

(2) $$dx \wedge dy = -dy \wedge dx \quad (12\text{-}13)$$

表 12-4 给出微分外乘积的基本性质。

表 12-4　微分外乘积的基本性质

加法结合律	$(\lambda+\mu) \wedge \gamma = \lambda \wedge \gamma + \mu \wedge \gamma$ $\lambda \wedge (\mu+\gamma) = \lambda \wedge \mu + \lambda \wedge \gamma$
乘法结合律	$\lambda \wedge (\mu \wedge \gamma) = (\lambda \wedge \mu) \wedge \gamma$
一般性质	若 λ 为 p 次的外微形式，μ 为 q 次的外微形式，则有 $\mu \wedge \lambda = (-1)^{pq} \lambda \wedge \mu$

表 12-5 给出积分元的外微分形式。

表 12-5　积分元的外微分形式

一次外微分形式	线积分元 $Pdx + Qdy + Rdz$
二次外微分形式	面积分元 $Adx \wedge dy + Bdy \wedge dz + Cdz \wedge dx$
三次外微分形式	体积分元 $Hdx \wedge dy \wedge dz$

Case1　$\lambda \wedge \mu$（两个一次外乘）

设

$$\lambda = Adx + Bdy + Cdz \quad (12\text{-}14)$$
$$\mu = Edx + Fdy + Gdz \quad (12\text{-}15)$$

$$\begin{aligned}
\lambda \wedge \mu &= (Adx + Bdy + Cdz) \wedge (Edx + Fdy + Gdz) \\
&= AEdx \wedge dx + BEdy \wedge dx + CEdz \wedge dx \\
&\quad + AFdx \wedge dy + BFdy \wedge dy + CFdz \wedge dy \\
&\quad + AGdx \wedge dz + BGdy \wedge dz + CGdz \wedge dz
\end{aligned}$$

基本性质

$$dx \wedge dx = dy \wedge dy = dz \wedge dz = 0$$
$$dy \wedge dx = -dx \wedge dy$$
$$dz \wedge dy = -dy \wedge dz$$
$$dx \wedge dz = -dz \wedge dx$$

$$\lambda \wedge \mu = (BG - CF)dy \wedge dz + (CE - AG)dz \wedge dx + (AF - BE)dx \wedge dy \quad (12\text{-}16)$$

十分清楚，上述规定是只要相应各项外微分按次序进行外乘积即可。

特别当 λ 和 μ 均为一次外微分形式时，$\lambda \wedge \mu$ 可以采用行列式形式，即有

$$\lambda \wedge \mu = \begin{vmatrix} dy \wedge dz & dz \wedge dx & dx \wedge dy \\ A & B & C \\ E & F & G \end{vmatrix} \tag{12-17}$$

【注记】 很容易注意到，外乘积与矢量叉积形式形成对应，如表 12-6 所示。

表 12-6 外微分外乘积与矢量叉积对应

	外微分外乘积	矢量叉积
公式对应	$dx \wedge dy = -dy \wedge dx$ $dx \wedge dx = 0$	$\vec{a} \times \vec{b} = -\vec{b} \times \vec{a}$ $\vec{a} \times \vec{a} = 0$
几何对应	$dx \wedge dy$ 可理解为 $\hat{k}$ 方向的微分面积元 $dy \wedge dx$ 则为 $-\hat{k}$ 方向的微分面积元	$\vec{a} \times \vec{b}$ 表示向上平行四边形 $\vec{b} \times \vec{a}$ 则表示向下平行四边形

Case2 $\lambda \wedge \mu$（一次与二次外乘）

$$\lambda = Adx + Bdy + Cdz \tag{12-18}$$
$$\gamma = Pdy \wedge dz + Qdz \wedge dx + Rdx \wedge dy \tag{12-19}$$

$(Adx + Bdy + Cdz) \wedge (Pdy \wedge dz + Qdz \wedge dx + Rdx \wedge dy)$
$= APdx \wedge dy \wedge dz + BPdy \wedge dy \wedge dz + CPdz \wedge dy \wedge dz$
$+ AQdx \wedge dz \wedge dx + BQdy \wedge dz \wedge dx + CQdz \wedge dz \wedge dx$
$+ ARdx \wedge dx \wedge dy + BRdy \wedge dx \wedge dy + CRdz \wedge dx \wedge dy$

基本性质
$$dy \wedge dy \wedge dz = 0$$
$$dz \wedge dy \wedge dz = -dy \wedge dz \wedge dz = 0$$
$$dy \wedge dz \wedge dx = -dy \wedge dx \wedge dz = (-1)^2 dx \wedge dy \wedge dz = dx \wedge dy \wedge dz$$
$$dz \wedge dz \wedge dx = 0$$
$$dx \wedge dx \wedge dy = 0$$
$$dy \wedge dx \wedge dy = -dy \wedge dy \wedge dx = 0$$
$$dz \wedge dx \wedge dy = -dx \wedge dz \wedge dy = (-1)^2 dx \wedge dy \wedge dz = dx \wedge dy \wedge dz$$

$$\lambda \wedge \mu = (AP + BQ + CR) dx \wedge dy \wedge dz \tag{12-20}$$

12.3 外微分运算

我们分几种情况讨论外微分算子 d：

Case1 零次外微分算子

零次外微分形式 ——函数 f	零次外微分算子 $df = \dfrac{\partial f}{\partial x} dx + \dfrac{\partial f}{\partial y} dy + \dfrac{\partial f}{\partial z} dz$ 相当于一般全微分算子

Case2 一次外微分算子

一次外微分形式 $\omega = P dx + Q dy + R dz$	一次外微分算子 $d\omega = dP \wedge dx + dQ \wedge dy + dR \wedge dz$ $= \left(\dfrac{\partial R}{\partial y} - \dfrac{\partial Q}{\partial z}\right) dy \wedge dz + \left(\dfrac{\partial P}{\partial z} - \dfrac{\partial R}{\partial x}\right) dz \wedge dx + \left(\dfrac{\partial Q}{\partial x} - \dfrac{\partial P}{\partial y}\right) dx \wedge dy$

考虑到

$$\begin{cases} dP = \dfrac{\partial P}{\partial x} dx + \dfrac{\partial P}{\partial y} dy + \dfrac{\partial P}{\partial z} dz \\ dQ = \dfrac{\partial Q}{\partial x} dx + \dfrac{\partial Q}{\partial y} dy + \dfrac{\partial Q}{\partial z} dz \\ dR = \dfrac{\partial R}{\partial x} dx + \dfrac{\partial R}{\partial y} dy + \dfrac{\partial R}{\partial z} dz \end{cases} \tag{12-21}$$

此即相当于 P, Q 和 R 的零次外微分算子，于是

$$d\omega = \left(\dfrac{\partial P}{\partial x} dx + \dfrac{\partial P}{\partial y} dy + \dfrac{\partial P}{\partial z} dz\right) \wedge dx + \left(\dfrac{\partial Q}{\partial x} dx + \dfrac{\partial Q}{\partial y} dy + \dfrac{\partial Q}{\partial z} dz\right) \wedge dy$$

$$+ \left(\frac{\partial R}{\partial x}\mathrm{d}x + \frac{\partial R}{\partial y}\mathrm{d}y + \frac{\partial R}{\partial z}\mathrm{d}z\right) \wedge \mathrm{d}z$$

$$= \frac{\partial P}{\partial x}\mathrm{d}x \wedge \mathrm{d}x + \frac{\partial P}{\partial y}\mathrm{d}y \wedge \mathrm{d}x + \frac{\partial P}{\partial z}\mathrm{d}z \wedge \mathrm{d}x + \frac{\partial Q}{\partial x}\mathrm{d}x \wedge \mathrm{d}y + \frac{\partial Q}{\partial y}\mathrm{d}y \wedge \mathrm{d}y$$

$$+ \frac{\partial Q}{\partial z}\mathrm{d}z \wedge \mathrm{d}y + \frac{\partial R}{\partial x}\mathrm{d}x \wedge \mathrm{d}z + \frac{\partial R}{\partial y}\mathrm{d}y \wedge \mathrm{d}z + \frac{\partial R}{\partial z}\mathrm{d}z \wedge \mathrm{d}z \quad (12\text{-}22)$$

计及

$$\begin{cases} \mathrm{d}x \wedge \mathrm{d}x = \mathrm{d}y \wedge \mathrm{d}y = \mathrm{d}z \wedge \mathrm{d}z = 0 \\ \mathrm{d}y \wedge \mathrm{d}x = -\mathrm{d}x \wedge \mathrm{d}y \\ \mathrm{d}z \wedge \mathrm{d}y = -\mathrm{d}y \wedge \mathrm{d}z \\ \mathrm{d}x \wedge \mathrm{d}z = -\mathrm{d}z \wedge \mathrm{d}x \end{cases} \quad (12\text{-}23)$$

最后得到

$$\mathrm{d}\omega = \left(\frac{\partial R}{\partial y} - \frac{\partial Q}{\partial z}\right)\mathrm{d}y \wedge \mathrm{d}z + \left(\frac{\partial P}{\partial z} - \frac{\partial R}{\partial x}\right)\mathrm{d}z \wedge \mathrm{d}x + \left(\frac{\partial Q}{\partial x} - \frac{\partial P}{\partial y}\right)\mathrm{d}x \wedge \mathrm{d}y$$

$$(12\text{-}24)$$

Case3　二次外微分算子

二次外微分形式	二次外微分算子
$\omega = A\mathrm{d}y \wedge \mathrm{d}z + B\mathrm{d}z \wedge \mathrm{d}x + C\mathrm{d}x \wedge \mathrm{d}y$	$\mathrm{d}\omega = \mathrm{d}A \wedge \mathrm{d}y \wedge \mathrm{d}z + \mathrm{d}B \wedge \mathrm{d}z \wedge \mathrm{d}x + \mathrm{d}C \wedge \mathrm{d}x \wedge \mathrm{d}y$ $= \left(\frac{\partial A}{\partial x} + \frac{\partial B}{\partial y} + \frac{\partial C}{\partial z}\right)\mathrm{d}x \wedge \mathrm{d}y \wedge \mathrm{d}z$

完全类似

$$\begin{cases} \mathrm{d}A = \frac{\partial A}{\partial x}\mathrm{d}x + \frac{\partial A}{\partial y}\mathrm{d}y + \frac{\partial A}{\partial z}\mathrm{d}z \\ \mathrm{d}B = \frac{\partial B}{\partial x}\mathrm{d}x + \frac{\partial B}{\partial y}\mathrm{d}y + \frac{\partial B}{\partial z}\mathrm{d}z \\ \mathrm{d}C = \frac{\partial C}{\partial x}\mathrm{d}x + \frac{\partial C}{\partial y}\mathrm{d}y + \frac{\partial C}{\partial z}\mathrm{d}z \end{cases} \quad (12\text{-}25)$$

代入即得

$$\mathrm{d}\omega = \left(\frac{\partial A}{\partial x} + \frac{\partial B}{\partial y} + \frac{\partial C}{\partial z}\right)\mathrm{d}x \wedge \mathrm{d}y \wedge \mathrm{d}z \quad (12\text{-}26)$$

Case4　三次外微分算子

三次外微分形式	三次外微分算子
$\omega = H\mathrm{d}x \wedge \mathrm{d}y \wedge \mathrm{d}z$	$\mathrm{d}\omega = \mathrm{d}H \wedge \mathrm{d}x \wedge \mathrm{d}y \wedge \mathrm{d}z \equiv 0$

只要计及
$$dH = \frac{\partial H}{\partial x}dx + \frac{\partial H}{\partial y}dy + \frac{\partial H}{\partial z}dz \tag{12-27}$$
代入 $d\omega$ 即得
$$d\omega \equiv 0 \tag{12-28}$$

【Poincarè 引理】 若 ω 为一外微分形式，其微分形式的系数具有二阶连续偏微商，则有
$$dd\omega = 0 \tag{12-29}$$

【证明】 将只在三维空间中讨论，则其有四种外微分形式：
$$\begin{cases} \omega_0 = f \\ \omega_1 = Pdx + Qdy + Rdz \\ \omega_2 = Ady \wedge dz + Bdz \wedge dx + Cdx \wedge dy \\ \omega_3 = Hdx \wedge dy \wedge dz \end{cases} \tag{12-30}$$

零次外微分形式

$\omega_0 = f$

$d\omega_0 = df = \frac{\partial f}{\partial x}dx + \frac{\partial f}{\partial y}dy + \frac{\partial f}{\partial z}dz$

$dd\omega_0 = ddf = d\left(\frac{\partial f}{\partial x}\right) \wedge dx + d\left(\frac{\partial f}{\partial y}\right) \wedge dy + d\left(\frac{\partial f}{\partial z}\right) \wedge dz$

$\qquad = \left(\frac{\partial^2 f}{\partial x^2}dx + \frac{\partial^2 f}{\partial x \partial y}dy + \frac{\partial^2 f}{\partial x \partial z}dz\right) \wedge dx$

$\qquad + \left(\frac{\partial^2 f}{\partial y \partial x}dx + \frac{\partial^2 f}{\partial y^2}dy + \frac{\partial^2 f}{\partial y \partial z}dz\right) \wedge dy$

$\qquad + \left(\frac{\partial^2 f}{\partial z \partial x}dx + \frac{\partial^2 f}{\partial z \partial y}dy + \frac{\partial^2 f}{\partial z^2}dz\right) \wedge dz$

于是有

$dd\omega_0 = \left(\frac{\partial^2 f}{\partial y \partial x} - \frac{\partial^2 f}{\partial x \partial y}\right)dx \wedge dy + \left(\frac{\partial^2 f}{\partial z \partial y} - \frac{\partial^2 f}{\partial y \partial z}\right)dy \wedge dz$

$\qquad + \left(\frac{\partial^2 f}{\partial x \partial z} - \frac{\partial^2 f}{\partial z \partial x}\right)dz \wedge dx \equiv 0$

上面证明中已考虑了 f 具有二阶连续偏微商，有
$$\begin{cases} \dfrac{\partial^2 f}{\partial x \partial y} = \dfrac{\partial^2 f}{\partial y \partial x} \\ \dfrac{\partial^2 f}{\partial y \partial z} = \dfrac{\partial^2 f}{\partial z \partial y} \\ \dfrac{\partial^2 f}{\partial z \partial x} = \dfrac{\partial^2 f}{\partial x \partial z} \end{cases} \tag{12-31}$$

一次外微分形式

$$\omega_1 = P\mathrm{d}x + Q\mathrm{d}y + R\mathrm{d}z$$

$$\begin{aligned}\mathrm{d}\omega_1 &= \mathrm{d}P \wedge \mathrm{d}x + \mathrm{d}Q \wedge \mathrm{d}y + \mathrm{d}R \wedge \mathrm{d}z \\ &= \left(\frac{\partial R}{\partial y} - \frac{\partial Q}{\partial z}\right)\mathrm{d}y \wedge \mathrm{d}z + \left(\frac{\partial P}{\partial z} - \frac{\partial R}{\partial x}\right)\mathrm{d}z \wedge \mathrm{d}x + \left(\frac{\partial Q}{\partial x} - \frac{\partial P}{\partial y}\right)\mathrm{d}x \wedge \mathrm{d}y\end{aligned}$$

$$\mathrm{dd}\omega_1 = \left(\frac{\partial^2 R}{\partial x \partial y} - \frac{\partial^2 Q}{\partial x \partial z} + \frac{\partial^2 P}{\partial y \partial z} - \frac{\partial^2 R}{\partial y \partial x} + \frac{\partial^2 Q}{\partial z \partial x} - \frac{\partial^2 P}{\partial z \partial y}\right)\mathrm{d}x \wedge \mathrm{d}y \wedge \mathrm{d}z \equiv 0$$

又一次用到了二阶联系偏微商条件。

二次外微分形式

$$\omega_2 = A\mathrm{d}y \wedge \mathrm{d}z + B\mathrm{d}z \wedge \mathrm{d}x + C\mathrm{d}x \wedge \mathrm{d}y$$

$$\mathrm{d}\omega_2 = \mathrm{d}A \wedge \mathrm{d}y \wedge \mathrm{d}z + \mathrm{d}B \wedge \mathrm{d}z \wedge \mathrm{d}x + \mathrm{d}C \wedge \mathrm{d}x \wedge \mathrm{d}y = \left(\frac{\partial A}{\partial x} + \frac{\partial B}{\partial y} + \frac{\partial C}{\partial z}\right)\mathrm{d}x \wedge \mathrm{d}y \wedge \mathrm{d}z$$

$$\begin{aligned}\mathrm{dd}\omega_2 &= \left[\mathrm{d}\left(\frac{\partial A}{\partial x}\right) + \mathrm{d}\left(\frac{\partial B}{\partial y}\right) + \mathrm{d}\left(\frac{\partial C}{\partial z}\right)\right]\mathrm{d}x \wedge \mathrm{d}y \wedge \mathrm{d}z \\ &= \left[\frac{\partial^2 A}{\partial x^2}\mathrm{d}x + \frac{\partial^2 A}{\partial x \partial y}\mathrm{d}y + \frac{\partial^2 A}{\partial x \partial z}\mathrm{d}z\right] \wedge \mathrm{d}x \wedge \mathrm{d}y \wedge \mathrm{d}z \\ &\quad + \left[\frac{\partial^2 B}{\partial y \partial x}\mathrm{d}x + \frac{\partial^2 B}{\partial y^2}\mathrm{d}y + \frac{\partial^2 B}{\partial y \partial z}\mathrm{d}z\right] \wedge \mathrm{d}x \wedge \mathrm{d}y \wedge \mathrm{d}z \\ &\quad + \left[\frac{\partial^2 C}{\partial z \partial x}\mathrm{d}x + \frac{\partial^2 C}{\partial z \partial y}\mathrm{d}y + \frac{\partial^2 C}{\partial z^2}\mathrm{d}z\right] \wedge \mathrm{d}x \wedge \mathrm{d}y \wedge \mathrm{d}z \\ &\equiv 0\end{aligned}$$

三次外微分形式

$$\omega_3 = H\mathrm{d}x \wedge \mathrm{d}y \wedge \mathrm{d}z$$

$$\mathrm{d}\omega_3 = 0 \qquad \mathrm{dd}\omega_3 = 0$$

【Poincarè 逆引理】 若 ω 是一个 p 次的外微分形式,且有 $\mathrm{d}\omega = 0$,则必存在一个 $p-1$ 次外微分形式 α,使

$$\omega = \mathrm{d}\alpha \tag{12-32}$$

【证明】 还是在三维空间给出论证。

Case1 三次外微分形式 ω_3

$$\omega_3 = H\mathrm{d}x \wedge \mathrm{d}y \wedge \mathrm{d}z$$

恒有

$$\mathrm{d}\omega_3 = 0$$

可取

$$\alpha_0 = \int_0^x H(t, y, z)\mathrm{d}t \tag{12-33}$$

于是有
$$\alpha_2 = \alpha_0 \mathrm{d}y \wedge \mathrm{d}z \tag{12-34}$$
即
$$\omega_3 = \mathrm{d}\alpha_2 \tag{12-35}$$

Case2 二次外微分形式 ω_2

$$\omega_2 = A\mathrm{d}y \wedge \mathrm{d}z + B\mathrm{d}z \wedge \mathrm{d}x + C\mathrm{d}x \wedge \mathrm{d}y$$
$$\mathrm{d}\omega_2 = \left(\frac{\partial A}{\partial x} + \frac{\partial B}{\partial y} + \frac{\partial C}{\partial z}\right)\mathrm{d}x \wedge \mathrm{d}y \wedge \mathrm{d}z \equiv 0 \tag{12-36}$$

故有
$$\frac{\partial A}{\partial x} + \frac{\partial B}{\partial y} + \frac{\partial C}{\partial z} = 0 \tag{12-37}$$

很明显
$$\mathrm{d}\left(\int_0^y A(x,t,z)\mathrm{d}t\mathrm{d}z\right) = A(x,y,z)\mathrm{d}y \wedge \mathrm{d}z + \int_0^y \frac{\partial A(x,t,z)}{\partial x}\mathrm{d}t\mathrm{d}x \wedge \mathrm{d}z \tag{12-38}$$

和
$$\mathrm{d}\left(\int_0^y (-C(x,t,z))\mathrm{d}t\mathrm{d}x\right) = -C(x,y,z)\mathrm{d}y \wedge \mathrm{d}x - \int_0^y \frac{\partial C(x,t,z)}{\partial z}\mathrm{d}t\mathrm{d}z \wedge \mathrm{d}x \tag{12-39}$$

于是
$$\mathrm{d}\left(\int_0^y A(x,t,z)\mathrm{d}t\mathrm{d}z - \int_0^y C(x,t,z)\mathrm{d}t\mathrm{d}x\right)$$
$$= A(x,y,z)\mathrm{d}y \wedge \mathrm{d}z + C(x,y,z)\mathrm{d}x \wedge \mathrm{d}y$$
$$- \int_0^y \left(\frac{\partial A(x,t,z)}{\partial x} + \frac{\partial C(x,t,z)}{\partial z}\right)\mathrm{d}t\mathrm{d}z \wedge \mathrm{d}x$$
$$= A(x,y,z)\mathrm{d}y \wedge \mathrm{d}z + C(x,y,z)\mathrm{d}x \wedge \mathrm{d}y$$
$$+ \int_0^y \frac{\partial B(x,t,z)}{\partial t}\mathrm{d}t\mathrm{d}z \wedge \mathrm{d}x \tag{12-40}$$

可以写出
$$\mathrm{d}\left(\int_0^y A(x,t,z)\mathrm{d}t\mathrm{d}z - \int_0^y C(x,t,z)\mathrm{d}t\mathrm{d}x\right)$$
$$= A(x,y,z)\mathrm{d}y \wedge \mathrm{d}z + C(x,y,z)\mathrm{d}x \wedge \mathrm{d}y$$
$$+ B(x,y,z)\mathrm{d}z \wedge \mathrm{d}x - B(x,0,z)\mathrm{d}z \wedge \mathrm{d}x \tag{12-41}$$

因此，其一次形式为
$$\alpha_1 = \int_0^y A(x,t,z)\mathrm{d}t\mathrm{d}z - \int_0^y C(x,t,z)\mathrm{d}t\mathrm{d}x + B\int_0^y B(x,0,t)\mathrm{d}t\mathrm{d}x \tag{12-42}$$

结果得到
$$d\alpha_1 = \omega_2 \tag{12-43}$$

Case3　一次外微分形式 ω_1

$$\omega_1 = Pdx + Qdy + Rdz$$

$$d\omega_1 = \left(\frac{\partial R}{\partial y} - \frac{\partial Q}{\partial z}\right)dy \wedge dz + \left(\frac{\partial P}{\partial z} - \frac{\partial R}{\partial x}\right)dz \wedge dx + \left(\frac{\partial Q}{\partial x} - \frac{\partial P}{\partial y}\right)dx \wedge dy = 0 \tag{12-44}$$

于是有
$$\begin{cases} \dfrac{\partial R}{\partial y} = \dfrac{\partial Q}{\partial z} \\ \dfrac{\partial P}{\partial z} = \dfrac{\partial R}{\partial x} \\ \dfrac{\partial Q}{\partial x} = \dfrac{\partial P}{\partial y} \end{cases} \tag{12-45}$$

可以取
$$f(x,y,z) = \int_0^x P(t,y,z)dt \tag{12-46}$$

于是写出
$$\begin{aligned} df &= P(x,y,z) + \int_0^x \frac{\partial P(t,y,z)}{\partial y}dt dy + \int_0^x \frac{\partial P(t,y,z)}{\partial z}dt dz \\ &= P(x,y,z)dx + \int_0^x \frac{\partial Q(t,y,z)}{\partial t}dt dy + \int_0^x \frac{\partial R(t,y,z)}{\partial t}dt dz \\ &= P(x,y,z)dx + Q(x,y,z)dy + R(x,y,z)dz - Q(0,y,z)dy - R(0,y,z)dz \end{aligned} \tag{12-47}$$

只要取
$$\alpha = \int_0^x P(t,y,z)dt + \int_0^y Q(0,t,z)dt + \int_0^z R(0,0,t)dt \tag{12-48}$$

即得
$$d\alpha = \omega_1 \tag{12-49}$$

至于在上述证明中的某些限制条件,这里不再深入讨论。

12.4　梯度、散度和旋度与外微分算子

在本节中,进一步讨论矢量场中微分度量与外微分算子之间的深入联系。

1. 梯度与外微分算子

先来观察零次外微分形式
$$\omega_0 = f \tag{12-50}$$

它所对应的外微分算子
$$\mathrm{d}\omega_0 = \mathrm{d}f = \frac{\partial f}{\partial x}\mathrm{d}x + \frac{\partial f}{\partial y}\mathrm{d}y + \frac{\partial f}{\partial z}\mathrm{d}z = \boldsymbol{\nabla} f \cdot \mathrm{d}\vec{l} \tag{12-51}$$

其中
$$\mathrm{d}\vec{l} = \mathrm{d}x\hat{i} + \mathrm{d}y\hat{j} + \mathrm{d}z\hat{k} \tag{12-52}$$

而梯度为
$$\boldsymbol{\nabla} f = \frac{\partial f}{\partial x}\hat{i} + \frac{\partial f}{\partial y}\hat{j} + \frac{\partial f}{\partial z}\hat{k} \tag{12-53}$$

十分明显,零次外微分算子与梯度有深刻联系。

2. 旋度与外微分算子

一次外微分形式
$$\omega_1 = P\mathrm{d}x + Q\mathrm{d}y + R\mathrm{d}z \tag{12-54}$$

其外微分算子是
$$\mathrm{d}\omega_1 = \left(\frac{\partial R}{\partial y} - \frac{\partial Q}{\partial z}\right)\mathrm{d}y \wedge \mathrm{d}z + \left(\frac{\partial P}{\partial z} - \frac{\partial R}{\partial x}\right)\mathrm{d}z \wedge \mathrm{d}x + \left(\frac{\partial Q}{\partial x} - \frac{\partial P}{\partial y}\right)\mathrm{d}x \wedge \mathrm{d}y \tag{12-55}$$

若令
$$\mathrm{d}\vec{s} = \hat{n}\mathrm{d}s = (\mathrm{d}y \wedge \mathrm{d}z)\hat{i} + (\mathrm{d}z \wedge \mathrm{d}x)\hat{j} + (\mathrm{d}x \wedge \mathrm{d}y)\hat{k} \tag{12-56}$$

以及矢量场
$$\vec{A} = P\hat{i} + Q\hat{j} + R\hat{k} \tag{12-57}$$

则它所对应的旋度是
$$\boldsymbol{\nabla} \times \vec{A} = \left(\frac{\partial R}{\partial y} - \frac{\partial Q}{\partial z}\right)\hat{i} + \left(\frac{\partial P}{\partial z} - \frac{\partial R}{\partial x}\right)\hat{j} + \left(\frac{\partial Q}{\partial x} - \frac{\partial P}{\partial y}\right)\hat{k} \tag{12-58}$$

很容易得到一次外微分算子
$$\mathrm{d}\omega_1 = \boldsymbol{\nabla} \times \vec{A} \cdot \mathrm{d}\vec{s} = \boldsymbol{\nabla} \times \vec{A} \cdot \hat{n}\mathrm{d}S \tag{12-59}$$

3. 散度与外微分算子

二次外微分形式
$$\omega_2 = A\mathrm{d}y \wedge \mathrm{d}z + B\mathrm{d}z \wedge \mathrm{d}x + C\mathrm{d}x \wedge \mathrm{d}y \tag{12-60}$$

其所对应的外微分算子为

$$d\omega_2 = \left(\frac{\partial A}{\partial x} + \frac{\partial B}{\partial y} + \frac{\partial C}{\partial z}\right) dx \wedge dy \wedge dz \qquad (12\text{-}61)$$

引入矢量场 $\vec{I}$

$$\vec{I} = A\hat{i} + B\hat{j} + C\hat{k} \qquad (12\text{-}62)$$

则对应散度是

$$\mathbf{\nabla} \cdot \vec{I} = \left(\frac{\partial A}{\partial x} + \frac{\partial B}{\partial y} + \frac{\partial C}{\partial z}\right) \qquad (12\text{-}63)$$

且

$$dv = dx \wedge dy \wedge dz \qquad (12\text{-}64)$$

特别注意到 dv 是有正有负的，于是可写出散度与外微分算子的关系为

$$d\omega_2 = \mathbf{\nabla} \cdot \vec{I} dv \qquad (12\text{-}65)$$

表 12-7 给出外微分算子与矢量算子。

表 12-7　外微分算子与矢量算子

零次外微分 ω_0	$d\omega_0 \leftrightarrow \mathbf{\nabla}$（梯度）
一次外微分 ω_1	$d\omega_1 \leftrightarrow \mathbf{\nabla} \times$（旋度）
二次外微分 ω_3	$d\omega_2 \leftrightarrow \mathbf{\nabla} \cdot$（散度）
三次外微分 ω_3	$d\omega_3 \leftrightarrow \equiv 0$

由表 12-7 可知，三维空间的情况下，对应矢量场论只能有三个度：梯度、旋度和散度。除此之外，不能再有其他的"度"了。

表 12-8 还给出了 Poincarè 引理的矢量场论意义。

表 12-8　Poincarè 引理的矢量场论意义

ω	$d\omega$	$dd\omega = 0$
零次外微分形式 $\omega_0 = f$	$d\omega_0 = df$ $\leftrightarrow \mathbf{\nabla} f$ 梯度	$dd\omega_0 = ddf$ 即 $\mathbf{\nabla} \times \mathbf{\nabla} f \equiv 0$
一次外微分形式 $\omega_1 \leftrightarrow \vec{A}$	$d\omega_1 \leftrightarrow d\vec{A}$ $\leftrightarrow \mathbf{\nabla} \times \vec{A}$	$dd\omega_1 \leftrightarrow dd\vec{A}$ 即 $\mathbf{\nabla} \cdot \mathbf{\nabla} \times \vec{A} \equiv 0$

12.5　高维微积分基本定理

现在，我们可以利用外微分形式，讨论高维空间的微积分基本原理。

Case1　零次外微分形式（一维）

$$\omega_0 = f$$
$$d\omega_0 = \frac{df}{dx}dx$$

Ω——一维区域直线段$[a,b]$

$\partial\Omega$——Ω 的边界，即端点 a 和 b

于是给出了 Newton-Lebnitz 公式 —— 微积分基本定理

$$\int_a^b \frac{d}{dx}f(x)dx = f(x)\Big|_a^b = f(b) - f(a)$$

其对应的外微分形式是

$$\int_{\partial\Omega}\omega_0 = \int_{\Omega}d\omega_0$$

Case2　一次外微分形式

(1) Green 公式（二维平面情况）

$$\omega_1 = Pdx + Qdy$$
$$d\omega_1 = \left(\frac{\partial Q}{\partial x} - \frac{\partial P}{\partial y}\right)dx \wedge dy$$

∂D —— 平面曲线 $\vec{l}$

D —— $\vec{l}$ 包围的平面域

Green 公式

$$\oint_l Pdx + Qdy = \iint_D \left(\frac{\partial Q}{\partial x} - \frac{\partial P}{\partial y}\right)dxdy$$

其对应外微分形式是

$$\oint_{\partial\Omega}\omega_1 = \iint_{\Omega}d\omega_1$$

(2) Stokes 公式（三维平面情况）

$$\omega_1 = Pdx + Qdy + Rdz$$
$$d\omega_1 = \left(\frac{\partial R}{\partial y} - \frac{\partial Q}{\partial z}\right)dy \wedge dz + \left(\frac{\partial P}{\partial z} - \frac{\partial R}{\partial x}\right)dz \wedge dx$$
$$+ \left(\frac{\partial Q}{\partial x} - \frac{\partial P}{\partial y}\right)dx \wedge dy$$

$\partial\Omega$——$\vec{l}$ 空间闭合曲线

Ω——$\vec{l}$ 所包围的三维曲面

Stokes 公式

$$\oint_l P\mathrm{d}x + Q\mathrm{d}y + R\mathrm{d}z = \iint_\Omega \left(\frac{\partial R}{\partial y} - \frac{\partial Q}{\partial z}\right)\mathrm{d}y\mathrm{d}z + \left(\frac{\partial P}{\partial z} - \frac{\partial R}{\partial x}\right)\mathrm{d}z\mathrm{d}x + \left(\frac{\partial Q}{\partial x} - \frac{\partial P}{\partial y}\right)\mathrm{d}x\mathrm{d}y$$

其对应外微分形式是

$$\oint_{\partial \Omega} \omega_1 = \iint_\Omega \mathrm{d}\omega_1$$

Case3 二次外微分形式

$$\omega_2 = P\mathrm{d}y \wedge \mathrm{d}z + Q\mathrm{d}z \wedge \mathrm{d}x + R\mathrm{d}x \wedge \mathrm{d}y$$

$$\mathrm{d}\omega_2 = \left(\frac{\partial P}{\partial x} + \frac{\partial Q}{\partial y} + \frac{\partial R}{\partial z}\right)\mathrm{d}x \wedge \mathrm{d}y \wedge \mathrm{d}z$$

$\partial \Omega$—— 闭曲面 S

Ω—— 由 S 所包围的区域 V

Gauss 公式

$$\oiint_S P\mathrm{d}y\mathrm{d}z + Q\mathrm{d}z\mathrm{d}x + R\mathrm{d}x\mathrm{d}y = \iiint_V \left(\frac{\partial P}{\partial x} + \frac{\partial Q}{\partial y} + \frac{\partial R}{\partial z}\right)\mathrm{d}x\mathrm{d}y\mathrm{d}z$$

其对应的外微分形式是

$$\oiint_{\partial \Omega} \omega_2 = \oiiint_\Omega \mathrm{d}\omega_2$$

完全可以把这一思想推广到任意 n 维情况。即广义的 Stokes 公式

$$\oint_{\partial \Omega} \omega = \iint_\Omega \mathrm{d}\omega \tag{12-66}$$

也即所要讨论的高维微积分基本定理。

主要参考文献

曹昌祺. 1961. 电动力学. 北京:人民教育出版社
方能航. 1996. 矢量,并矢分析域符号运算法. 北京:教育科学出版社
高里德凡 Ｎ Ａ. 1960. 矢算概论. 北京:商务印书馆
龚昇. 1998. 话说微积分. 合肥:中国科技大学出版社
李政道. 1980. 物理中的数学方法. 南京:江苏科学技术出版社
李忠,周建莹. 1999. 高等数学简明教程. 北京:北京大学出版社
刘鹏程. 1991. 工程电磁场简明手册. 北京:高等教育出版社
清华大学,等. 1960. 高等数学. 北京:人民教育出版社
谢树艺. 1985. 矢量场论. 北京:高等教育出版社

附录1 坐 标 系

附表1.1 正交曲线坐标系

坐标系图示	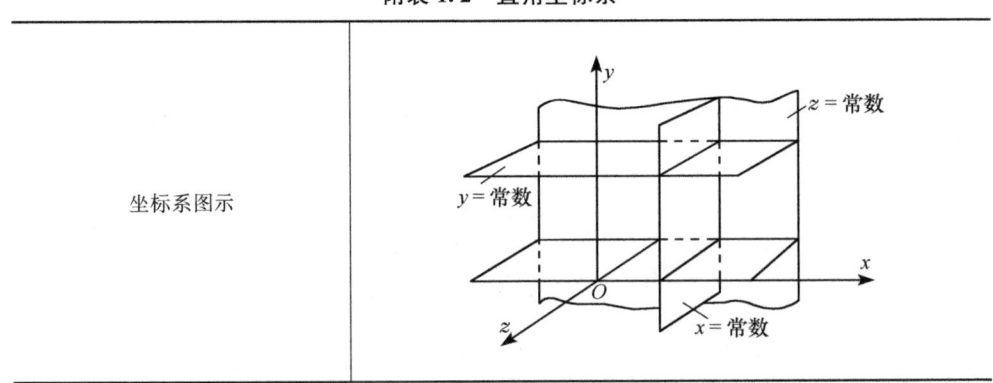
坐标	$u_1 \quad u_2 \quad u_3$
坐标面	$u_1=$常数 $\quad u_2=$常数 $\quad u_3=$常数
单位矢量	$\hat{e}_1 \quad \hat{e}_2 \quad \hat{e}_3$
拉梅系数	$h_1 \quad h_2 \quad h_3$
长度元素	$\mathrm{d}l=\sqrt{h_1^2(\mathrm{d}u_1)^2+h_2^2(\mathrm{d}u_2)^2+h_3^2(\mathrm{d}u_3)^2}$
面积元素	$\mathrm{d}S_1=h_2h_3\mathrm{d}u_2\mathrm{d}u_3 \quad (u_1=$常数坐标面上的面积元$)$ $\mathrm{d}S_2=h_1h_3\mathrm{d}u_1\mathrm{d}u_3 \quad (u_2=$常数坐标面上的面积元$)$ $\mathrm{d}S_3=h_1h_2\mathrm{d}u_1\mathrm{d}u_2 \quad (u_3=$常数坐标面上的面积元$)$
体积元素	$\mathrm{d}V=h_1h_2h_3\mathrm{d}u_1\mathrm{d}u_2\mathrm{d}u_3$

附表1.2 直角坐标系

坐标系图示	

续表

坐标	$u_1=x \quad -\infty<x<\infty$ $u_2=y \quad -\infty<y<\infty$ $u_3=z \quad -\infty<z<\infty$
坐标面	$x=$常数 （平面） $y=$常数 （平面） $z=$常数 （平面）
基本单位矢量	$\hat{e}_x \quad \hat{e}_y \quad \hat{e}_z$
拉梅系数	$h_1=1 \quad h_2=1 \quad h_3=1$
长度元素	$\mathrm{d}l=\sqrt{(\mathrm{d}x)^2+(\mathrm{d}y)^2+(\mathrm{d}z)^2}$
面积元素	$\mathrm{d}S_x=\mathrm{d}y\mathrm{d}z \quad$（$x=$常数坐标面上的面积元） $\mathrm{d}S_y=\mathrm{d}x\mathrm{d}z \quad$（$y=$常数坐标面上的面积元） $\mathrm{d}S_z=\mathrm{d}x\mathrm{d}y \quad$（$z=$常数坐标面上的面积元）
体积元素	$\mathrm{d}V=\mathrm{d}x\mathrm{d}y\mathrm{d}z$

附表 1.3　圆柱坐标系

坐标系图示	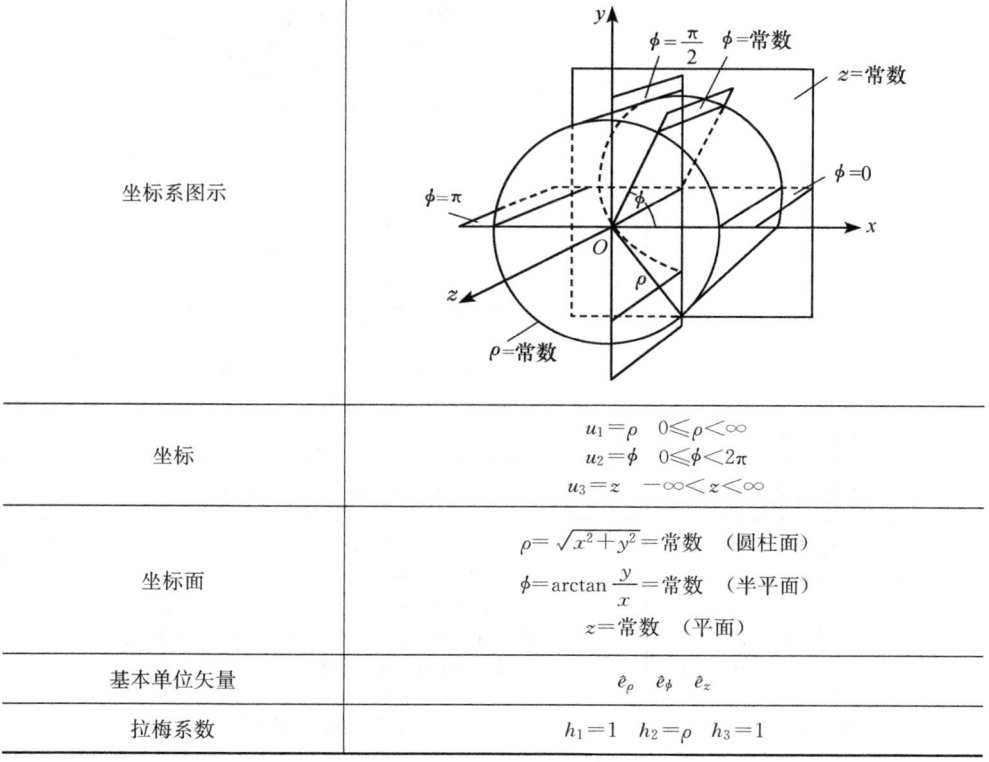
坐标	$u_1=\rho \quad 0\leqslant\rho<\infty$ $u_2=\phi \quad 0\leqslant\phi<2\pi$ $u_3=z \quad -\infty<z<\infty$
坐标面	$\rho=\sqrt{x^2+y^2}=$常数 （圆柱面） $\phi=\arctan\dfrac{y}{x}=$常数 （半平面） $z=$常数 （平面）
基本单位矢量	$\hat{e}_\rho \quad \hat{e}_\phi \quad \hat{e}_z$
拉梅系数	$h_1=1 \quad h_2=\rho \quad h_3=1$

续表

长度元素	$dl = \sqrt{(d\rho)^2 + \rho^2(d\phi)^2 + (dz)^2}$
面积元素	$dS_\rho = \rho d\phi dz$　（$\rho=$常数坐标面上的面积元） $dS_\phi = d\rho dz$　（$\phi=$常数坐标面上的面积元） $dS_z = \rho d\rho d\phi$　（$z=$常数坐标面上的面积元）
体积元素	$dV = \rho d\rho d\phi dz$

附表 1.4　球坐标系

坐标系图示	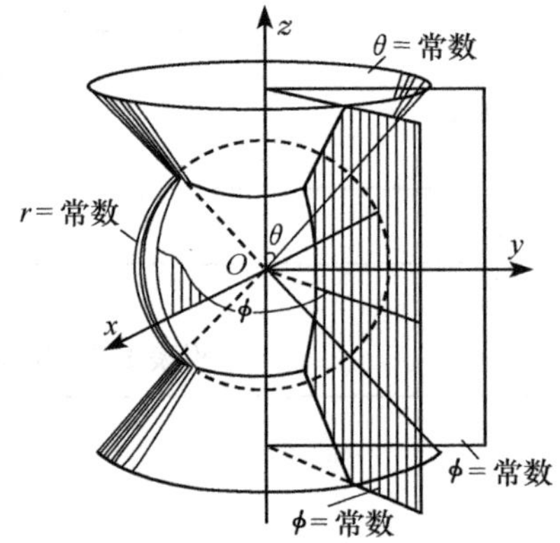
坐标	$u_1 = r$　$0 \leqslant r < \infty$ $u_2 = \theta$　$0 \leqslant \theta \leqslant \pi$ $u_3 = \phi$　$0 \leqslant \phi < 2\pi$
坐标面	$r = \sqrt{x^2+y^2+z^2} =$常数　（球面） $\theta = \arctan\dfrac{\sqrt{x^2+y^2}}{z} =$常数　（圆锥面） $\phi = \arctan\dfrac{y}{x} =$常数　（半平面）
单位矢量	$\hat{e}_r$　$\hat{e}_\theta$　$\hat{e}_\phi$
拉梅系数	$h_1 = 1$　$h_2 = r$　$h_3 = r\sin\theta$
长度元素	$dl = \sqrt{(dr)^2 + r^2(d\theta)^2 + r^2\sin^2\theta(d\phi)^2}$
面积元素	$dS_r = r^2\sin\theta d\theta d\phi$　（$r=$常数坐标面上的面积元） $dS_\theta = r\sin\theta dr d\phi$　（$\theta=$常数坐标面上的面积元） $dS_\phi = r dr d\theta$　（$\phi=$常数坐标面上的面积元）
体积元素	$dV = r^2\sin\theta dr d\theta d\phi$

附表 1.5 椭圆柱面坐标系

坐标系图示	(图示)
坐标	$u_1 = \eta \quad 0 \leqslant \eta < \infty$ $u_2 = \phi \quad 0 \leqslant \phi < 2\pi$ $u_3 = z \quad -\infty < z < \infty$
与直角坐标的关系	$x = a\,\mathrm{ch}\,\eta\cos\phi$ $y = a\,\mathrm{sh}\,\eta\sin\phi$ $z = z$
坐标面方程	$\left(\dfrac{x}{a\,\mathrm{ch}\,\eta}\right)^2 + \left(\dfrac{y}{a\,\mathrm{sh}\,\eta}\right)^2 = 1 \quad (\eta = 常数为椭圆柱面)$ $\left(\dfrac{x}{a\cos\phi}\right)^2 - \left(\dfrac{y}{a\sin\phi}\right)^2 = 1 \quad (\phi = 常数为双曲柱面)$ $z = 常数 \quad (平面)$
拉梅系数	$h_1 = h_2 = a(\mathrm{ch}^2\eta - \cos^2\phi)^{\frac{1}{2}} = a(\mathrm{sh}^2\eta + \sin^2\phi)^{\frac{1}{2}}$ $h_3 = 1$

附表 1.6 抛物柱面坐标系

坐标系图示	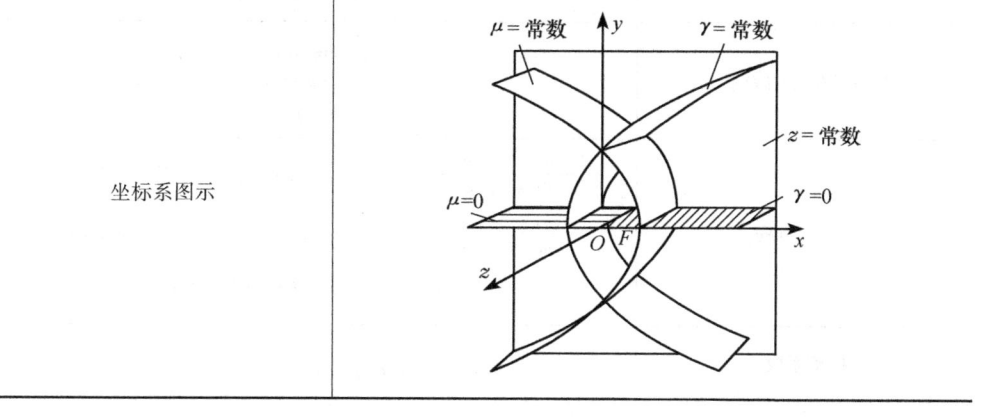

续表

坐标	$u_1=\mu$ $0\leqslant\mu<\infty$ $u_2=\gamma$ $-\infty<\gamma<\infty$ $u_3=z$ $-\infty<z<\infty$
与直接坐标的关系	$x=\dfrac{1}{2}(\mu^2-\gamma^2)$ $y=\mu\gamma$ $z=z$
坐标面方程	$y^2=\mu^2(\mu^2-2x)$ ($\mu=$常数为开口向左的抛物柱面) $y^2=\gamma^2(\gamma^2+2x)$ ($\gamma=$常数为开口向右的抛物柱面) $z=$常数 (平面)
拉梅系数	$h_1=h_2=(\mu^2+\gamma^2)^{\frac{1}{2}}$ $h_3=1$

附表 1.7   长旋转椭球坐标系

坐标系图示	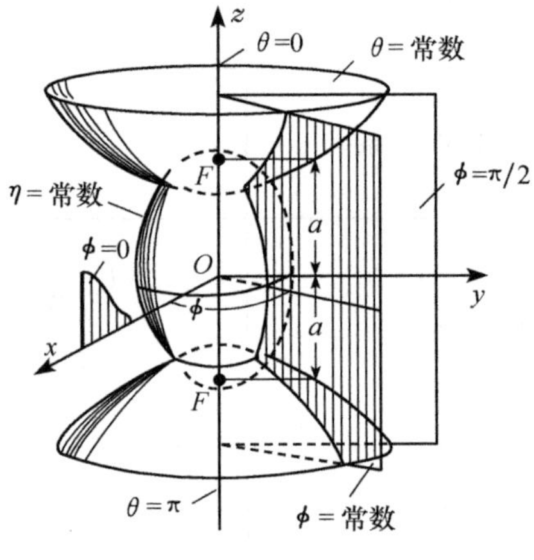
坐标	$u_1=\eta$ $0\leqslant\eta<\infty$ $u_2=\theta$ $0\leqslant\theta\leqslant\pi$ $u_3=\phi$ $0\leqslant\phi<2\pi$
与直角坐标的关系	$x=a\,\mathrm{sh}\eta\sin\theta\cos\phi$ $y=a\,\mathrm{sh}\eta\sin\theta\sin\phi$ $z=a\,\mathrm{ch}\eta\cos\theta$
坐标面方程	$\dfrac{x^2}{a^2\mathrm{sh}^2\eta}+\dfrac{y^2}{a^2\mathrm{sh}^2\eta}+\dfrac{z^2}{a^2\mathrm{ch}^2\eta}=1$ ($\eta=$常数为长旋转椭球面) $\dfrac{x^2}{a^2\sin^2\theta}-\dfrac{y^2}{a^2\sin^2\theta}+\dfrac{z^2}{a^2\cos^2\theta}=1$ ($\theta=$常数为双叶双曲面) $\tan\phi=\dfrac{y}{x}$ ($\phi=$常数为半平面)
拉梅系数	$h_1=h_2=a(\mathrm{sh}^2\eta+\sin^2\theta)^{\frac{1}{2}}$ $h_3=a\,\mathrm{sh}\eta\sin\theta$

附表1.8 扁旋转椭球坐标系

坐标系图示	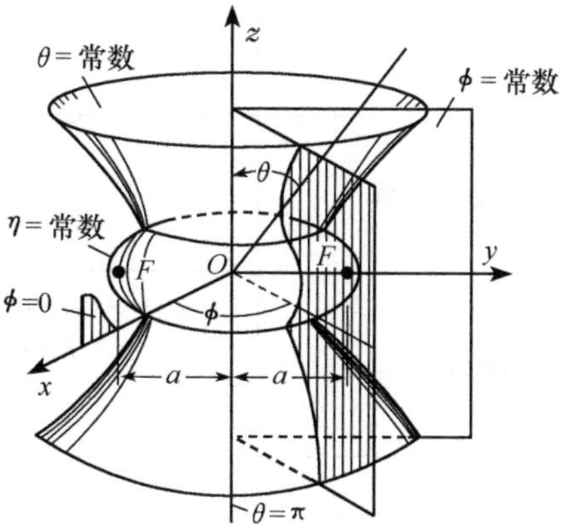 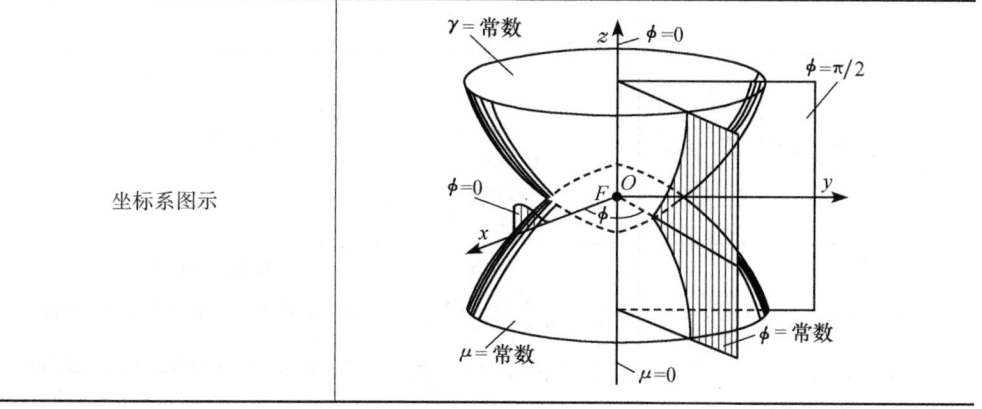
坐标	$u_1 = \eta \quad 0 \leqslant \eta < \infty$ $u_2 = \theta \quad 0 \leqslant \theta \leqslant \pi$ $u_3 = \phi \quad 0 \leqslant \phi < 2\pi$
与直角坐标的关系	$x = a\,\mathrm{ch}\eta \sin\theta \cos\phi$ $y = a\,\mathrm{ch}\eta \sin\theta \sin\phi$ $z = a\,\mathrm{sh}\eta \cos\theta$
坐标面方程	$\dfrac{x^2}{a^2\mathrm{ch}^2\eta} + \dfrac{y^2}{a^2\mathrm{ch}^2\eta} + \dfrac{z^2}{a^2\mathrm{sh}^2\eta} = 1$ （η=常数为扁旋转椭球面） $\dfrac{x^2}{a^2\sin^2\theta} + \dfrac{y^2}{a^2\sin^2\theta} - \dfrac{z^2}{a^2\cos^2\theta} = 1$ （θ=常数为单叶双曲面） $\tan\phi = \dfrac{y}{x}$ （ϕ=常数为半平面）
拉梅系数	$h_1 = h_2 = a(\mathrm{ch}^2\eta - \sin^2\theta)^{\frac{1}{2}} \quad h_3 = a\,\mathrm{ch}\eta\sin\theta$

附表1.9 旋转抛物面坐标系

坐标系图示	

续表

坐标	$u_1=\mu \quad 0\leqslant \mu<\infty$ $u_2=\gamma \quad 0\leqslant \gamma<\infty$ $u_3=\phi \quad 0\leqslant \phi<2\pi$
与直角坐标的关系	$x=\mu\gamma\cos\phi$ $y=\mu\gamma\sin\phi$ $z=\dfrac{1}{2}(\mu^2-\gamma^2)$
坐标面方程	$x^2+y^2=\mu^2(\mu^2-2z)$ （$\mu=$常数为开口向下的旋转抛物面） $x^2+y^2=\gamma^2(\gamma^2+2z)$ （$\gamma=$常数为开口向上的旋转抛物面） $\tan\phi=\dfrac{y}{x}$ （$\phi=$常数为半平面）
拉梅系数	$h_1=h_2=(\mu^2+\gamma^2)^{\frac{1}{2}} \quad h_3=\mu\gamma$

附表 1.10　圆锥曲面坐标系

坐标系图示	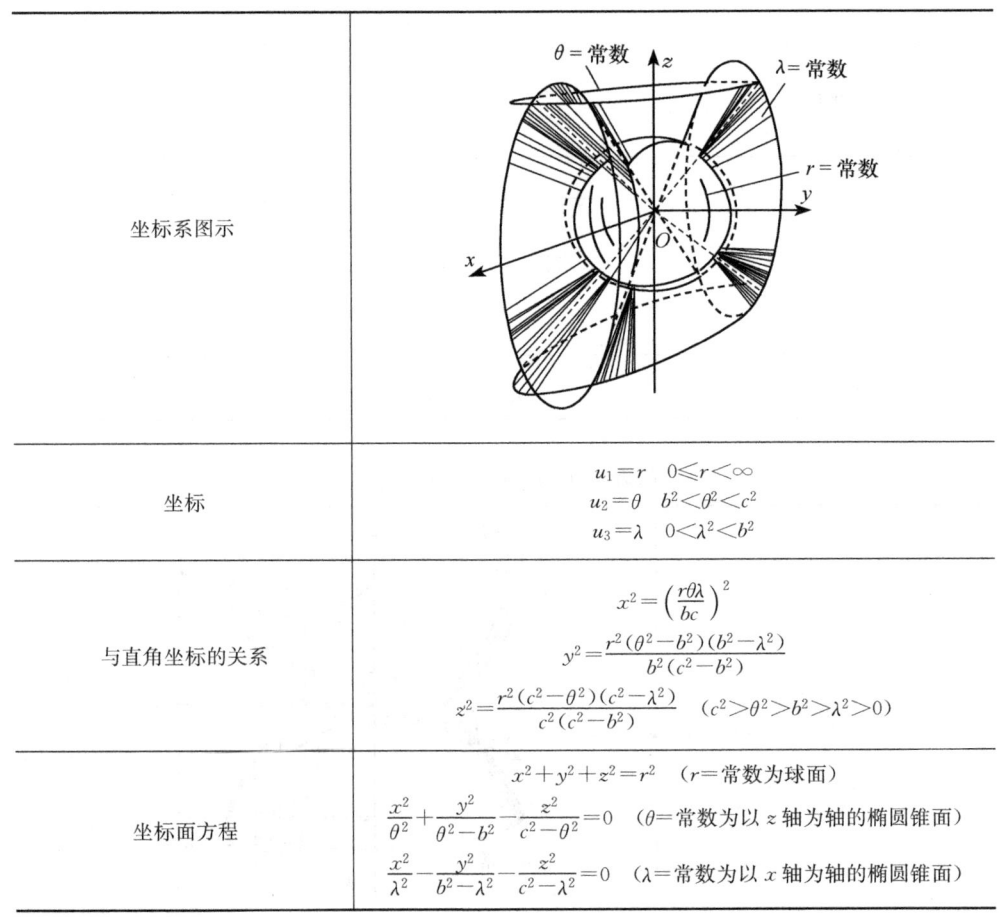
坐标	$u_1=r \quad 0\leqslant r<\infty$ $u_2=\theta \quad b^2<\theta^2<c^2$ $u_3=\lambda \quad 0<\lambda^2<b^2$
与直角坐标的关系	$x^2=\left(\dfrac{r\theta\lambda}{bc}\right)^2$ $y^2=\dfrac{r^2(\theta^2-b^2)(b^2-\lambda^2)}{b^2(c^2-b^2)}$ $z^2=\dfrac{r^2(c^2-\theta^2)(c^2-\lambda^2)}{c^2(c^2-b^2)}$ （$c^2>\theta^2>b^2>\lambda^2>0$）
坐标面方程	$x^2+y^2+z^2=r^2$ （$r=$常数为球面） $\dfrac{x^2}{\theta^2}+\dfrac{y^2}{\theta^2-b^2}-\dfrac{z^2}{c^2-\theta^2}=0$ （$\theta=$常数为以 z 轴为轴的椭圆锥面） $\dfrac{x^2}{\lambda^2}-\dfrac{y^2}{b^2-\lambda^2}-\dfrac{z^2}{c^2-\lambda^2}=0$ （$\lambda=$常数为以 x 轴为轴的椭圆锥面）

	续表
拉梅系数	$h_1 = 1$ $h_2 = \left[\dfrac{r^2(\theta^2-\lambda^2)}{(\theta^2-b^2)(c^2-\theta^2)}\right]^{\frac{1}{2}}$ $h_3 = \left[\dfrac{r^2(\theta^2-\lambda^2)}{(b^2-\lambda^2)(c^2-\lambda^2)}\right]^{\frac{1}{2}}$

附表 1.11 椭球坐标系

坐标系图示	(图示：θ=常数，λ=常数，η=常数，坐标轴 x, y, z)
坐标	$u_1 = \eta \quad c^2 < \eta^2 < \infty$ $u_2 = \theta \quad b^2 < \theta^2 < c^2$ $u_3 = \lambda \quad 0 \leqslant \lambda^2 < b^2$
与直角坐标的关系	$x^2 = \left(\dfrac{\eta\theta\lambda}{bc}\right)^2$ $y^2 = \dfrac{(\eta^2-b^2)(\theta^2-b^2)(b^2-\lambda^2)}{b^2(c^2-b^2)}$ $z^2 = \dfrac{(\eta^2-c^2)(c^2-\theta^2)(c^2-\lambda^2)}{c^2(c^2-b^2)}$ $(\eta^2 > c^2 > \theta^2 > b^2 > \lambda^2 > 0)$
坐标面方程	$\dfrac{x^2}{\eta^2} + \dfrac{y^2}{\eta^2-b^2} + \dfrac{z^2}{\eta^2-c^2} = 1$ （η=常数为椭球面） $\dfrac{x^2}{\theta^2} + \dfrac{y^2}{\theta^2-b^2} - \dfrac{z^2}{c^2-\theta^2} = 1$ （θ=常数为单叶双曲面） $\dfrac{x^2}{\lambda^2} - \dfrac{y^2}{b^2-\lambda^2} - \dfrac{z^2}{c^2-\lambda^2} = 1$ （λ=常数为双叶双曲面）
拉梅系数	$h_1 = \left[\dfrac{(\eta^2-\theta^2)(\eta^2-\lambda^2)}{(\eta^2-b^2)(\eta^2-c^2)}\right]^{\frac{1}{2}}$ $h_2 = \left[\dfrac{(\theta^2-\lambda^2)(\eta^2-\theta^2)}{(\theta^2-b^2)(c^2-\theta^2)}\right]^{\frac{1}{2}}$ $h_3 = \left[\dfrac{(\eta^2-\lambda^2)(\theta^2-\lambda^2)}{(b^2-\lambda^2)(c^2-\lambda^2)}\right]^{\frac{1}{2}}$

附表 1.12　抛物面坐标系

坐标系图示	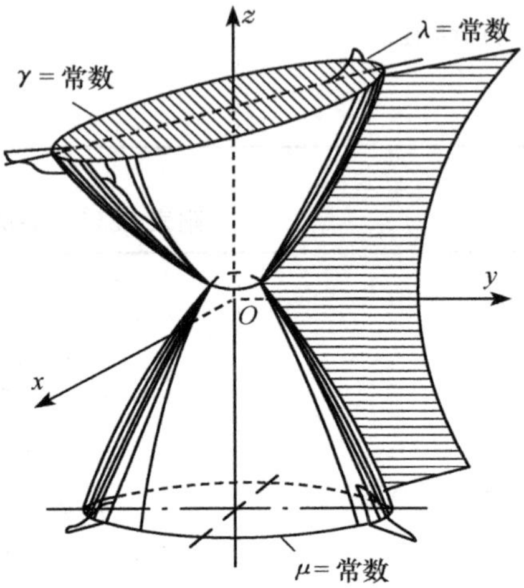
坐标	$u_1 = \mu \quad b < \mu < \infty$ $u_2 = \gamma \quad 0 < \gamma < c$ $u_3 = \lambda \quad 0 < \lambda < b$
与直角坐标的关系	$x^2 = \dfrac{4}{b-c}(\mu-b)(b-r)(b-\lambda)$ $y^2 = \dfrac{4}{b-c}(\mu-c)(c-\gamma)(\lambda-c)$ $z = \mu + \gamma + \lambda - b - c$ $(\mu > b > \lambda > c > \gamma > 0)$
坐标面方程	$\dfrac{x^2}{\mu-b} + \dfrac{y^2}{\mu-c} = -4(z-\mu)$　（μ=常数为开口向下的椭圆抛物面） $\dfrac{x^2}{b-\gamma} + \dfrac{y^2}{c-\gamma} = 4(z-\gamma)$　（γ=常数为开口向上的椭圆抛物面） $\dfrac{x^2}{b-\lambda} - \dfrac{y^2}{\lambda-c} = 4(z-\lambda)$　（λ=常数为双曲抛物面）
拉梅系数	$h_1 = \left[\dfrac{(\mu-\gamma)(\mu-\lambda)}{(\mu-b)(\mu-c)}\right]^{\frac{1}{2}}$ $h_2 = \left[\dfrac{(\mu-\gamma)(\lambda-\gamma)}{(b-\gamma)(c-\gamma)}\right]^{\frac{1}{2}}$ $h_3 = \left[\dfrac{(\lambda-\gamma)(\mu-\gamma)}{(b-\lambda)(\lambda-c)}\right]^{\frac{1}{2}}$

附表 1.13　坐标系单位矢和 Lamè 系数

正交曲线坐标和直角坐标间变换关系	基本单位矢量的变换公式	拉梅系数的计算公式
$u_1 = f_1(x,y,z)$ $u_2 = f_2(x,y,z)$ $u_3 = f_3(x,y,z)$	$\vec{e}_1 = h_1 \left(\dfrac{\partial f_1}{\partial x} \vec{e}_x + \dfrac{\partial f_1}{\partial y} \vec{e}_y + \dfrac{\partial f_1}{\partial z} \vec{e}_z \right)$ $\vec{e}_2 = h_2 \left(\dfrac{\partial f_2}{\partial x} \vec{e}_x + \dfrac{\partial f_2}{\partial y} \vec{e}_y + \dfrac{\partial f_2}{\partial z} \vec{e}_z \right)$ $\vec{e}_3 = h_3 \left(\dfrac{\partial f_3}{\partial x} \vec{e}_x + \dfrac{\partial f_3}{\partial y} \vec{e}_y + \dfrac{\partial f_3}{\partial z} \vec{e}_z \right)$ $\vec{e}_x = h_1 \dfrac{\partial f_1}{\partial x} \vec{e}_1 + h_2 \dfrac{\partial f_2}{\partial x} \vec{e}_2 + h_3 \dfrac{\partial f_3}{\partial x} \vec{e}_3$ $\vec{e}_y = h_1 \dfrac{\partial f_1}{\partial y} \vec{e}_1 + h_2 \dfrac{\partial f_2}{\partial y} \vec{e}_2 + h_3 \dfrac{\partial f_3}{\partial y} \vec{e}_3$ $\vec{e}_z = h_1 \dfrac{\partial f_1}{\partial z} \vec{e}_1 + h_2 \dfrac{\partial f_2}{\partial z} \vec{e}_2 + h_3 \dfrac{\partial f_3}{\partial z} \vec{e}_3$	$h_1 = \left[\left(\dfrac{\partial f_1}{\partial x} \right)^2 + \left(\dfrac{\partial f_1}{\partial y} \right)^2 + \left(\dfrac{\partial f_1}{\partial z} \right)^2 \right]^{-\frac{1}{2}}$ $h_2 = \left[\left(\dfrac{\partial f_2}{\partial x} \right)^2 + \left(\dfrac{\partial f_2}{\partial y} \right)^2 + \left(\dfrac{\partial f_2}{\partial z} \right)^2 \right]^{-\frac{1}{2}}$ $h_3 = \left[\left(\dfrac{\partial f_3}{\partial x} \right)^2 + \left(\dfrac{\partial f_3}{\partial y} \right)^2 + \left(\dfrac{\partial f_3}{\partial z} \right)^2 \right]^{-\frac{1}{2}}$
$x = g_1(u_1, u_2, u_3)$ $y = g_2(u_1, u_2, u_3)$ $z = g_3(u_1, u_2, u_3)$	$\vec{e}_x = \dfrac{1}{h_1} \dfrac{\partial g_1}{\partial u_1} \vec{e}_1 + \dfrac{1}{h_2} \dfrac{\partial g_1}{\partial u_2} \vec{e}_2 + \dfrac{1}{h_3} \dfrac{\partial g_1}{\partial u_3} \vec{e}_3$ $\vec{e}_y = \dfrac{1}{h_1} \dfrac{\partial g_2}{\partial u_1} \vec{e}_1 + \dfrac{1}{h_2} \dfrac{\partial g_2}{\partial u_2} \vec{e}_2 + \dfrac{1}{h_3} \dfrac{\partial g_2}{\partial u_3} \vec{e}_3$ $\vec{e}_z = \dfrac{1}{h_1} \dfrac{\partial g_3}{\partial u_1} \vec{e}_1 + \dfrac{1}{h_2} \dfrac{\partial g_3}{\partial u_2} \vec{e}_2 + \dfrac{1}{h_3} \dfrac{\partial g_3}{\partial u_3} \vec{e}_3$ $\vec{e}_1 = \dfrac{1}{h_1} \left(\dfrac{\partial g_1}{\partial u_1} \vec{e}_x + \dfrac{\partial g_2}{\partial u_1} \vec{e}_y + \dfrac{\partial g_3}{\partial u_1} \vec{e}_z \right)$ $\vec{e}_2 = \dfrac{1}{h_2} \left(\dfrac{\partial g_1}{\partial u_2} \vec{e}_x + \dfrac{\partial g_2}{\partial u_2} \vec{e}_y + \dfrac{\partial g_3}{\partial u_2} \vec{e}_z \right)$ $\vec{e}_3 = \dfrac{1}{h_3} \left(\dfrac{\partial g_1}{\partial u_3} \vec{e}_x + \dfrac{\partial g_2}{\partial u_3} \vec{e}_y + \dfrac{\partial g_3}{\partial u_3} \vec{e}_z \right)$	$h_1 = \left[\left(\dfrac{\partial g_1}{\partial u_1} \right)^2 + \left(\dfrac{\partial g_2}{\partial u_1} \right)^2 + \left(\dfrac{\partial g_3}{\partial u_1} \right)^2 \right]^{\frac{1}{2}}$ $h_2 = \left[\left(\dfrac{\partial g_1}{\partial u_2} \right)^2 + \left(\dfrac{\partial g_2}{\partial u_2} \right)^2 + \left(\dfrac{\partial g_3}{\partial u_2} \right)^2 \right]^{\frac{1}{2}}$ $h_3 = \left[\left(\dfrac{\partial g_1}{\partial u_3} \right)^2 + \left(\dfrac{\partial g_2}{\partial u_3} \right)^2 + \left(\dfrac{\partial g_3}{\partial u_3} \right)^2 \right]^{\frac{1}{2}}$

附表 1.14　直角坐标系，圆柱坐标系和球坐标系之间的相互转换

1. 单位矢变换

	直角坐标系	圆柱坐标系	球坐标系
直角坐标系	$\vec{e}_x = \vec{e}_x$ $\vec{e}_y = \vec{e}_y$ $\vec{e}_z = \vec{e}_z$	$\vec{e}_x = \vec{e}_\rho \cos\phi - \vec{e}_\phi \sin\phi$ $\vec{e}_y = \vec{e}_\rho \sin\phi + \vec{e}_\phi \cos\phi$ $\vec{e}_z = \vec{e}_z$	$\vec{e}_x = \vec{e}_r \sin\theta \cos\phi + \vec{e}_\theta \cos\theta \cos\phi - \vec{e}_\phi \sin\phi$ $\vec{e}_y = \vec{e}_r \sin\theta \sin\phi + \vec{e}_\theta \cos\theta \sin\phi + \vec{e}_\phi \cos\phi$ $\vec{e}_z = \vec{e}_r \cos\theta - \vec{e}_\theta \sin\theta$
圆柱坐标系	$\vec{e}_\rho = \vec{e}_x \cos\phi + \vec{e}_y \sin\phi$ $\vec{e}_\phi = -\vec{e}_x \sin\phi + \vec{e}_y \cos\phi$ $\vec{e}_z = \vec{e}_z$	$\vec{e}_\rho = \vec{e}_\rho$ $\vec{e}_\phi = \vec{e}_\phi$ $\vec{e}_z = \vec{e}_z$	$\vec{e}_\rho = \vec{e}_r \sin\theta + \vec{e}_\theta \cos\theta$ $\vec{e}_\phi = \vec{e}_\phi$ $\vec{e}_z = \vec{e}_r \cos\theta - \vec{e}_\theta \sin\theta$
球坐标系	$\vec{e}_r = \vec{e}_x \sin\theta \cos\phi$ $\quad + \vec{e}_y \sin\theta \sin\phi + \vec{e}_z \cos\theta$ $\vec{e}_\theta = \vec{e}_x \cos\theta \cos\phi$ $\quad + \vec{e}_y \cos\theta \sin\phi - \vec{e}_z \sin\theta$ $\vec{e}_\phi = -\vec{e}_x \sin\phi + \vec{e}_y \cos\phi$	$\vec{e}_r = \vec{e}_\rho \sin\theta + \vec{e}_z \cos\theta$ $\vec{e}_\theta = \vec{e}_\rho \cos\theta - \vec{e}_z \sin\theta$ $\vec{e}_\phi = \vec{e}_\phi$	$\vec{e}_r = \vec{e}_r$ $\vec{e}_\theta = \vec{e}_\theta$ $\vec{e}_\phi = \vec{e}_\phi$

续表

2. 坐标转换

变换坐标系 \ 坐标系	直角坐标	圆柱坐标系	球坐标系
直角坐标系	$x=x$ $y=y$ $z=z$	$x=\rho\cos\phi$ $y=\rho\sin\phi$ $z=z$	$x=r\sin\theta\cos\phi$ $y=r\sin\theta\sin\phi$ $z=r\cos\theta$
圆柱坐标系	$\rho=\sqrt{x^2+y^2}$ $\phi=\arctan\dfrac{y}{x}$ $z=z$	$\rho=\rho$ $\phi=\phi$ $z=z$	$\rho=r\sin\theta$ $\phi=\phi$ $z=r\cos\theta$
球坐标系	$r=\sqrt{x^2+y^2+z^2}$ $\theta=\arctan\dfrac{\sqrt{x^2+y^2}}{z}$ $\phi=\arctan\dfrac{y}{x}$	$r=\sqrt{\rho^2+z^2}$ $\theta=\arcsin\dfrac{\rho}{\sqrt{\rho^2+z^2}}$ $\phi=\phi$	$r=r$ $\theta=\theta$ $\phi=\phi$

附录 2 矢 量 运 算

1. 矢量的加法

$$\vec{a}+\vec{b}=(a_x+b_x)\hat{e}_x+(a_y+b_y)\hat{e}_y+(a_z+b_z)\hat{e}_z$$

其中

$$\vec{a}=a_x\hat{e}_x+a_y\hat{e}_y+a_z\hat{e}_z$$
$$\vec{b}=b_x\hat{e}_x+b_y\hat{e}_y+b_z\hat{e}_z$$

2. 矢量的数乘

$$\lambda\vec{a}=\lambda a_x\hat{e}_x+\lambda a_y\hat{e}_y+\lambda a_z\hat{e}_z \quad (\lambda \text{ 为实数})$$

3. 矢量的点积

(1) $\vec{a}\cdot\vec{b}=ab\cos\theta$ （$0\leqslant\theta\leqslant\pi$） （$\theta$ 为矢量 $\vec{a},\vec{b}$ 间的夹角）

(2) $\vec{a}\cdot\vec{b}=\vec{b}\cdot\vec{a}$

(3) $\vec{a}\cdot(\vec{b}+\vec{c})=\vec{a}\cdot\vec{b}+\vec{a}\cdot\vec{c}$

(4) $(\lambda\vec{a})\cdot(\mu\vec{b})=\lambda\mu\vec{a}\cdot\vec{b}$ （λ,μ 为实数）

(5) $\vec{a}\cdot\vec{a}=|\vec{a}|^2$

4. 矢量的叉积

(1) $\vec{a}\times\vec{b}=\vec{n}_0 ab\sin\theta$ （$0\leqslant\theta\leqslant\pi$）

式中，$\vec{n}_0$ 为垂直矢量 $\vec{a}$ 和 $\vec{b}$，并和 $\vec{a},\vec{b}$ 构成右手螺旋关系的单位矢量。

(2) $\vec{a}\times\vec{b}=-(\vec{b}\times\vec{a})$

(3) $\vec{a}\times\vec{a}=\vec{0}$

5. 矢量的夹角

(1) $\cos(\vec{a},\vec{b})=\dfrac{\vec{a}\cdot\vec{b}}{|\vec{a}||\vec{b}|}$

(2) $\sin(\vec{a},\vec{b})=\dfrac{|\vec{a}\times\vec{b}|}{|\vec{a}||\vec{b}|}$

6. 矢量的混合积

(1) $\vec{a} \cdot (\vec{b} \times \vec{c}) = \vec{c} \cdot (\vec{a} \times \vec{b}) = \vec{b} \cdot (\vec{c} \times \vec{a})$

(2) $\vec{a} \times (\vec{b} \times \vec{c}) = \vec{b}(\vec{a} \cdot \vec{c}) - \vec{c}(\vec{a} \cdot \vec{b})$

(3) $(\vec{a} \times \vec{b}) \cdot (\vec{c} \times \vec{d}) = (\vec{a} \cdot \vec{c})(\vec{b} \cdot \vec{d}) - (\vec{a} \cdot \vec{d})(\vec{b} \cdot \vec{c})$

(4) $\vec{a} \times [\vec{b} \times (\vec{c} \times \vec{d})] = (\vec{b} \cdot \vec{d})(\vec{a} \times \vec{c}) - (\vec{b} \cdot \vec{c})(\vec{a} \times \vec{d})$

(5) $(\vec{a} \times \vec{b}) \cdot [(\vec{b} \times \vec{c}) \times (\vec{c} \times \vec{a})] = [\vec{a} \cdot (\vec{b} \times \vec{c})]^2$

7. 矢性函数的导数和微分

(1) $\dfrac{\mathrm{d}\vec{A}}{\mathrm{d}t} = \dfrac{\mathrm{d}A_x}{\mathrm{d}t}\hat{e}_x + \dfrac{\mathrm{d}A_y}{\mathrm{d}t}\hat{e}_y + \dfrac{\mathrm{d}A_z}{\mathrm{d}t}\hat{e}_z$

(2) $\mathrm{d}\vec{A} = \mathrm{d}A_x \hat{e}_x + \mathrm{d}A_y \hat{e}_y + \mathrm{d}A_z \hat{e}_z$

(3) $\dfrac{\mathrm{d}\vec{c}}{\mathrm{d}t} = 0$ （$\vec{c}$ 为常矢）

(4) $\dfrac{\mathrm{d}}{\mathrm{d}t}(\vec{A} \pm \vec{B}) = \dfrac{\mathrm{d}\vec{A}}{\mathrm{d}t} \pm \dfrac{\mathrm{d}\vec{B}}{\mathrm{d}t}$

(5) $\dfrac{\mathrm{d}}{\mathrm{d}t}(k\vec{A}) = k\dfrac{\mathrm{d}\vec{A}}{\mathrm{d}t}$ （k 为常数）

(6) $\dfrac{\mathrm{d}}{\mathrm{d}t}(u\vec{A}) = \dfrac{\mathrm{d}u}{\mathrm{d}t}\vec{A} + u\dfrac{\mathrm{d}\vec{A}}{\mathrm{d}t}$

(7) $\dfrac{\mathrm{d}}{\mathrm{d}t}(\vec{A} \cdot \vec{B}) = \vec{A} \cdot \dfrac{\mathrm{d}\vec{B}}{\mathrm{d}t} + \dfrac{\mathrm{d}\vec{A}}{\mathrm{d}t} \cdot \vec{B}$

(8) $\dfrac{\mathrm{d}}{\mathrm{d}t}(\vec{A} \times \vec{B}) = \vec{A} \times \dfrac{\mathrm{d}\vec{B}}{\mathrm{d}t} + \dfrac{\mathrm{d}\vec{A}}{\mathrm{d}t} \times \vec{B}$

(9) 若 $\vec{A} = \vec{A}(u)$ 而 $u = u(t)$ $\dfrac{\mathrm{d}\vec{A}}{\mathrm{d}t} = \dfrac{\mathrm{d}\vec{A}}{\mathrm{d}u}\dfrac{\mathrm{d}u}{\mathrm{d}t}$

8. 矢性函数的积分

(1) $\int \vec{A}(t)\mathrm{d}t = \vec{B}(t) + \vec{c}$ （$\vec{c}$ 为任意常矢） $\vec{B}(t)$ 为 $\vec{A}(t)$ 的一个原函数

(2) $\int a \cdot \vec{A}(t)\mathrm{d}t = a \cdot \int \vec{A}(t)\mathrm{d}t$ （$\vec{a}$ 为常矢）

(3) $\int k\vec{A}(t)\mathrm{d}t = k\int \vec{A}(t)\mathrm{d}t$ （k 为常数）

(4) $\int [\vec{A}_1(t) \pm \vec{A}_2(t)]\mathrm{d}t = \int \vec{A}_1(t)\mathrm{d}t \pm \int \vec{A}_2(t)\mathrm{d}t$

(5) $\int \vec{A}(t)\mathrm{d}t = \left(\int \vec{A}_x(t)\mathrm{d}t\right)\vec{e}_x + \left(\int \vec{A}_y(t)\mathrm{d}t\right)\vec{e}_y + \left(\int \vec{A}_z(t)\mathrm{d}t\right)\vec{e}_z$

(6) $\int_{T_1}^{T_2} \vec{A}(t)\mathrm{d}t = \vec{B}(T_2) - \vec{B}(T_1)$

   ($\vec{B}(t)$ 为 $\vec{A}(t)$ 在区间 $[T_1, T_2]$ 上的一个原函数)

(7) $\int_{T_1}^{T_2} \vec{A}(t)\mathrm{d}t = \left(\int_{T_1}^{T_2} \vec{A}_x(t)\mathrm{d}t\right)\vec{e}_x + \left(\int_{T_1}^{T_2} \vec{A}_y(t)\mathrm{d}t\right)\vec{e}_y + \left(\int_{T_1}^{T_2} \vec{A}_z(t)\mathrm{d}t\right)\vec{e}_z$

附录 3　梯度、散度和旋度

附表 3.1　积分表示式

	积分表示式
ψ 的旋度 $\begin{pmatrix} \nabla \psi \\ \mathrm{grad}\psi \end{pmatrix}$	$\nabla \psi = \lim\limits_{V \to 0} \dfrac{1}{V} \oint_S \vec{n} \psi \mathrm{d}S^{1)}$
$\vec{a}$ 的散度 $\begin{pmatrix} \nabla \cdot \vec{a} \\ \mathrm{div}\vec{a} \end{pmatrix}$	$\nabla \cdot \vec{a} = \lim\limits_{V \to 0} \dfrac{1}{V} \oint_S \vec{n} \cdot \vec{a} \mathrm{d}S$
$\vec{a}$ 的旋度 $\begin{pmatrix} \nabla \times \vec{a} \\ \mathrm{rot}\vec{a} \\ \mathrm{curl}\vec{a} \end{pmatrix}$	$\nabla \times \vec{a} = \lim\limits_{V \to 0} \dfrac{1}{V} \oint_S \vec{n} \times \vec{a} \mathrm{d}S$ 或 $(\nabla \times \vec{a})_{\vec{n}^0} = \lim\limits_{S \to 0} \dfrac{1}{S} \oint_l \vec{a} \cdot \mathrm{d}\vec{l}^{\,2)}$

1) $\vec{n}$ 为 S 面外法线方向的单位矢量，下同。

2) $(\nabla \times \vec{a})_{\vec{n}^0}$ 为 $\nabla \times \vec{a}$ 在 $\vec{n}^0$ 方向的分量，$\vec{n}^0$ 与 $\mathrm{d}\vec{l}$ 成右手螺旋关系，并与闭合曲线 $\vec{l}$ 所围成的平面垂直。

附表 3.2　微分表示式

1. 正交曲线坐标系中的表示式	
	微分表示式
ψ 的梯度	$\nabla \psi = \hat{e}_1 \dfrac{1}{h_1} \dfrac{\partial \psi}{\partial u_1} + \hat{e}_2 \dfrac{1}{h_2} \dfrac{\partial \psi}{\partial u_2} + \hat{e}_3 \dfrac{1}{h_3} \dfrac{\partial \psi}{\partial u_3} = \sum\limits_{i=1}^{3} \dfrac{1}{h_i} \dfrac{\partial \psi}{\partial u_i} \hat{e}_i$
$\vec{a}$ 的散度	$\nabla \cdot \vec{a} = \dfrac{1}{h_1 h_2 h_3} \left[\dfrac{\partial}{\partial u_1}(a_1 h_2 h_3) + \dfrac{\partial}{\partial u_2}(a_2 h_1 h_3) + \dfrac{\partial}{\partial u_3}(a_3 h_1 h_2) \right]$ $= \dfrac{1}{h_1 h_2 h_3} \sum\limits_{i=1}^{3} \left[\dfrac{\partial}{\partial u_i} \left(\dfrac{h_1 h_2 h_3}{h_i} a_i \right) \right]$
$\vec{a}$ 的旋度	$\nabla \times \vec{a} = \dfrac{1}{h_1 h_2 h_3} \left\{ h_1 \hat{e}_1 \left[\dfrac{\partial(h_3 a_3)}{\partial u_2} - \dfrac{\partial(h_2 a_2)}{\partial u_3} \right] + h_2 \hat{e}_2 \left[\dfrac{\partial(h_1 a_1)}{\partial u_3} - \dfrac{\partial(h_3 a_3)}{\partial u_1} \right] \right.$ $\left. + h_3 \hat{e}_3 \left[\dfrac{\partial(h_2 a_2)}{\partial u_1} - \dfrac{\partial(h_1 a_1)}{\partial u_2} \right] \right\} = \dfrac{1}{h_1 h_2 h_3} \begin{vmatrix} h_1 \hat{e}_1 & h_2 \hat{e}_2 & h_3 \hat{e}_3 \\ \dfrac{\partial}{\partial u_1} & \dfrac{\partial}{\partial u_2} & \dfrac{\partial}{\partial u_3} \\ h_1 a_1 & h_2 a_2 & h_3 a_3 \end{vmatrix}$

续表

2. 三种常用坐标系中的表示式

坐标系	微分表示式
直角坐标系	$\nabla\psi = \dfrac{\partial\psi}{\partial x}\vec{e}_x + \dfrac{\partial\psi}{\partial y}\vec{e}_y + \dfrac{\partial\psi}{\partial z}\vec{e}_z$ $\nabla\cdot\vec{a} = \dfrac{\partial a_x}{\partial x} + \dfrac{\partial a_y}{\partial y} + \dfrac{\partial a_z}{\partial z}$ $\nabla\times\vec{a} = \left(\dfrac{\partial a_z}{\partial y} - \dfrac{\partial a_y}{\partial z}\right)\vec{e}_x + \left(\dfrac{\partial a_x}{\partial z} - \dfrac{\partial a_z}{\partial x}\right)\vec{e}_y + \left(\dfrac{\partial a_y}{\partial x} - \dfrac{\partial a_x}{\partial y}\right)\vec{e}_z$
圆柱坐标系	$\nabla\psi = \dfrac{\partial\psi}{\partial\rho}\vec{e}_\rho + \dfrac{1}{\rho}\dfrac{\partial\psi}{\partial\phi}\vec{e}_\phi + \dfrac{\partial\psi}{\partial z}\vec{e}_z$ $\nabla\cdot\vec{a} = \dfrac{1}{\rho}\dfrac{\partial}{\partial\rho}(\rho a_\rho) + \dfrac{1}{\rho}\dfrac{\partial a_\phi}{\partial\phi} + \dfrac{\partial a_z}{\partial z}$ $= \dfrac{\partial a_\rho}{\partial\rho} + \dfrac{a_\rho}{\rho} + \dfrac{1}{\rho}\dfrac{\partial a_\phi}{\partial\phi} + \dfrac{\partial a_z}{\partial z}$ $\nabla\times\vec{a} = \left[\dfrac{1}{\rho}\dfrac{\partial a_z}{\partial\phi} - \dfrac{\partial a_\phi}{\partial z}\right]\vec{e}_\rho + \left[\dfrac{\partial a_\rho}{\partial z} - \dfrac{\partial a_z}{\partial\rho}\right]\vec{e}_\phi$ $+ \left[\dfrac{1}{\rho}\dfrac{\partial}{\partial\rho}(\rho a_\phi) - \dfrac{1}{\rho}\dfrac{\partial a_\rho}{\partial\phi}\right]\vec{e}_z$
球坐标系	$\nabla\psi = \dfrac{\partial\psi}{\partial r}\vec{e}_r + \dfrac{1}{r}\dfrac{\partial\psi}{\partial\theta}\vec{e}_\theta + \dfrac{1}{r\sin\theta}\dfrac{\partial\psi}{\partial\phi}\vec{e}_\phi$ $\nabla\cdot\vec{a} = \dfrac{1}{r^2}\dfrac{\partial}{\partial r}(r^2 a_r) + \dfrac{1}{r\sin\theta}\dfrac{\partial}{\partial\theta}(\sin\theta a_\theta) + \dfrac{1}{r\sin\theta}\dfrac{\partial a_\phi}{\partial\phi}$ $= \dfrac{\partial a_r}{\partial r} + \dfrac{2a_r}{r} + \dfrac{1}{r}\dfrac{\partial a_\theta}{\partial\theta} + \dfrac{a_\theta}{r\tan\theta} + \dfrac{1}{r\sin\theta}\dfrac{\partial a_\phi}{\partial\phi}$ $\nabla\times\vec{a} = \dfrac{1}{r\sin\theta}\left[\dfrac{\partial}{\partial\theta}(\sin\theta a_\phi) - \dfrac{\partial a_\theta}{\partial\phi}\right]\vec{e}_r + \dfrac{1}{r}\left[\dfrac{1}{\sin\theta}\dfrac{\partial a_r}{\partial\phi} - \dfrac{\partial}{\partial r}(r a_\phi)\right]\vec{e}_\theta$ $+ \dfrac{1}{r}\left[\dfrac{\partial}{\partial r}(r a_\theta) - \dfrac{\partial a_r}{\partial\theta}\right]\vec{e}_\phi$

附录 4 矢量分析公式

1. 算子 ∇ 的常用恒等式

(1) $\nabla(\varphi\psi) = \varphi\nabla\psi + \psi\nabla\varphi$

(2) $\nabla \cdot (\varphi\vec{a}) = \vec{a} \cdot \nabla\varphi + \varphi\nabla \cdot \vec{a}$

(3) $\nabla \times (\varphi\vec{a}) = \nabla\varphi \times \vec{a} + \varphi\nabla \times \vec{a}$

(4) $\nabla(\vec{a} \cdot \vec{b}) = (\vec{a} \cdot \nabla)\vec{b} + (\vec{b} \cdot \nabla)\vec{a} + \vec{a} \times \nabla \times \vec{b} + \vec{b} \times \nabla \times \vec{a}$

(5) $\nabla \cdot (\vec{a} \times \vec{b}) = \vec{b} \cdot \nabla \times \vec{a} - \vec{a} \cdot \nabla \times \vec{b}$

(6) $\nabla \times (\vec{a} \times \vec{b}) = \vec{a}\nabla \cdot \vec{b} - \vec{b}\nabla \cdot \vec{a} + (\vec{b} \cdot \nabla)\vec{a} - (\vec{a} \cdot \nabla)\vec{b}$

(7) $\nabla \times \nabla \times \vec{a} = \nabla\nabla \cdot \vec{a} - \nabla^2\vec{a}$

(8) $\nabla \times \nabla\varphi = 0$

(9) $\nabla \cdot \nabla \times \vec{a} = 0$

(10) $\nabla \cdot \nabla\varphi = \nabla^2\varphi$

(11) $\nabla f(\varphi) = f'(\varphi)\nabla\varphi$

(12) $\nabla^2(\varphi\psi) = \varphi\nabla^2\psi + 2\nabla\varphi \cdot \nabla\psi + \psi\nabla^2\varphi$

(13) $\nabla^2(\varphi\vec{a}) = \varphi\nabla^2\vec{a} + \vec{a}\nabla^2\varphi + 2(\nabla\varphi \cdot \nabla)\vec{a}$

(14) $\nabla\nabla \cdot (\varphi\vec{a}) = \nabla\varphi\nabla \cdot \vec{a} + \varphi\nabla\nabla \cdot \vec{a} + \nabla\varphi \times \nabla \times \vec{a} + (\vec{a} \cdot \nabla)\nabla\varphi + (\nabla\varphi \cdot \nabla)\vec{a}$

(15) $\nabla \times \nabla \times (\varphi\vec{a}) = \nabla\varphi \times \nabla \times \vec{a} - \vec{a}\nabla^2\varphi + (\vec{a} \cdot \nabla)\nabla\varphi + \varphi\nabla \times \nabla \times \vec{a}$
$\qquad + \nabla\varphi\nabla \cdot \vec{a} - (\nabla\varphi \cdot \nabla)\vec{a}$

2. 常用公式

(A) 高斯公式

(1) $\int_V \nabla f \, dV = \oint_S f\hat{n} \, dS$

(2) $\int_V \nabla \cdot \vec{a} \, dV = \oint_S \vec{a} \cdot \hat{n} \, dS$

(3) $\int_V \nabla \times \vec{a} \, dV = \oint_S (\hat{n} \times \vec{a}) \, dS$

(B) 斯托克斯公式

(1) $\int_S (\hat{n} \cdot \nabla \times \vec{a}) \, dS = \oint_l \vec{a} \cdot d\vec{l}$

(2) $\int_S (\hat{n} \times \nabla f) \mathrm{d}S = \oint_l f \mathrm{d}\vec{l}$

(3) $\int_S (\hat{n} \times \nabla) \times \vec{a} \mathrm{d}S = \oint_l \mathrm{d}\vec{l} \times \vec{a}$

(4) $\int_S (\nabla f \times \nabla g) \cdot \hat{n} \mathrm{d}S = \oint_l f \nabla g \cdot \mathrm{d}\vec{l} = -\oint_l g \nabla f \cdot \mathrm{d}\vec{l}$

(C) 格林积分公式

(1) $\int_V (\psi \nabla^2 \varphi + \nabla \psi \cdot \nabla \varphi) \mathrm{d}V = \oint_S \psi \dfrac{\partial \varphi}{\partial n} \mathrm{d}S$

(2) $\int_V (\psi \nabla^2 \varphi - \varphi \nabla^2 \psi) \mathrm{d}V = \oint_S \left(\psi \dfrac{\partial \varphi}{\partial n} - \varphi \dfrac{\partial \psi}{\partial n} \right) \mathrm{d}S = \oint_S (\psi \nabla \varphi - \varphi \nabla \psi) \cdot \hat{n} \mathrm{d}S$

(3) $\int_V (\nabla \times \vec{a} \cdot \nabla \times \vec{b} - \vec{a} \cdot \nabla \times \nabla \times \vec{b}) \mathrm{d}V = \oint_S (\vec{a} \times \nabla \times \vec{b}) \cdot \hat{n} \mathrm{d}S$

(4) $\int_V (\vec{b} \cdot \nabla \times \nabla \times \vec{a} - \vec{a} \cdot \nabla \times \nabla \times \vec{b}) \mathrm{d}V$

$\quad = \oint_S [(\hat{n} \times \vec{a}) \cdot \nabla \times \vec{b} - (\hat{n} \times \vec{b}) \cdot \nabla \times \vec{a}] \mathrm{d}S$

$\quad = \oint_S (\vec{a} \times \nabla \times \vec{b} - \vec{b} \times \nabla \times \vec{a}) \cdot \hat{n} \mathrm{d}S$

(5) $\int_V (\nabla \cdot \vec{a} \nabla \cdot \vec{b} - \vec{b} \cdot \nabla \nabla \cdot \vec{a}) \mathrm{d}V = \oint_S \nabla \cdot \vec{a} (\vec{b} \cdot \hat{n}) \mathrm{d}S$

(6) $\int_V (\vec{a} \cdot \nabla \nabla \cdot \vec{b} - \vec{b} \cdot \nabla \nabla \cdot \vec{a}) \mathrm{d}V = \oint_S [(\vec{a} \cdot \hat{n}) \nabla \cdot \vec{b} - (\vec{b} \cdot \hat{n}) \nabla \cdot \vec{a}] \mathrm{d}S$

(7) $\int_V (\vec{a} \cdot \nabla^2 \vec{b} + \nabla \times \vec{a} \cdot \nabla \times \vec{b} + \nabla \cdot \vec{a} \nabla \cdot \vec{b}) \mathrm{d}V$

$\quad = \oint_S [(\hat{n} \times \vec{a}) \cdot \nabla \times \vec{b} + (\hat{n} \cdot \vec{a}) \nabla \cdot \vec{b}] \mathrm{d}S$

(8) $\int_V (\vec{a} \cdot \nabla^2 \vec{b} - \vec{b} \cdot \nabla^2 \vec{a}) \mathrm{d}V$

$\quad = \oint_S [(\hat{n} \cdot \vec{a}) \nabla \cdot \vec{b} - (\hat{n} \cdot \vec{b}) \nabla \cdot \vec{a} + (\hat{n} \times \vec{a}) \cdot \nabla \times \vec{b} - (\hat{n} \times \vec{b}) \cdot \nabla \times \vec{a}] \mathrm{d}S$

(9) $\int_V (\vec{a} \nabla \cdot \vec{b} + \vec{b} \nabla \cdot \vec{a} - \vec{a} \times \nabla \times \vec{b} - \vec{b} \times \nabla \times \vec{a}) \mathrm{d}V$

$\quad = \oint_S [\vec{a}(\hat{n} \cdot \vec{b}) + \vec{b}(\hat{n} \cdot \vec{a}) - \hat{n}(\vec{a} \cdot \vec{b})] \mathrm{d}S$

(10) $\int_V [\vec{b} \nabla \cdot \vec{a} + (\vec{a} \cdot \nabla) \vec{b}] \mathrm{d}V = \oint_S (\hat{n} \cdot \vec{a}) \vec{b} \mathrm{d}S$

(11) $\int_V [\varphi \nabla \times \nabla \times \vec{a} + a \nabla^2 \varphi + (\nabla \cdot \vec{a}) \nabla \varphi] \mathrm{d}V$

$\quad = \int_S [\varphi \hat{n} \times \nabla \times \vec{a} + (\hat{n} \times \vec{a}) \times \nabla \varphi + (\hat{n} \cdot \vec{a}) \nabla \varphi] \mathrm{d}S$

$$(12)\int_V \boldsymbol{\nabla}\varphi \cdot \boldsymbol{\nabla}\times\vec{a}\,\mathrm{d}V = \oint_S \varphi\boldsymbol{\nabla}\times\vec{a}\cdot\hat{n}\,\mathrm{d}S = \oint_S (\vec{a}\times\boldsymbol{\nabla}\varphi)\cdot\hat{n}\,\mathrm{d}S$$

(D) 运动回路和曲面的积分公式

$$(1)\ \frac{\mathrm{d}}{\mathrm{d}t}\oint\vec{A}\cdot\mathrm{d}\vec{l} = \oint\left[\frac{\partial\vec{A}}{\partial t} - \vec{v}\times(\boldsymbol{\nabla}\times\vec{A})\right]\cdot\mathrm{d}\vec{l} \qquad (\text{Maxwell 定理})$$

$$(2)\ \frac{\mathrm{d}}{\mathrm{d}t}\int_S \vec{F}\cdot\mathrm{d}\vec{S} = \int_S\left[\frac{\partial\vec{F}}{\partial t} - \boldsymbol{\nabla}\times(\vec{v}\times\vec{F}) + \vec{v}\,\boldsymbol{\nabla}\cdot\vec{F}\right]\cdot\mathrm{d}\vec{S} \qquad (\text{Helmholtz 定理})$$

$$(3)\ \frac{\mathrm{d}}{\mathrm{d}t}\int_V \rho\,\mathrm{d}V = \int_V\left[\frac{\partial\rho}{\partial t} + \boldsymbol{\nabla}\cdot(\rho\vec{v})\right]\mathrm{d}V$$

$$= \int_V \frac{\partial\rho}{\partial t}\,\mathrm{d}V + \oint_S \rho\vec{v}\cdot\mathrm{d}\vec{S} \qquad (\text{Reynolds 定理})$$

(v 为 S、l 的运动速度)

3. 三种常用坐标系中的矢量公式

(A) 直角坐标系中的矢量公式

(1) $\vec{a}\cdot\vec{b} = a_x b_x + a_y b_y + a_z b_z$

(2) $\vec{a}\times\vec{b} = (a_y b_z - a_z b_y)\hat{e}_x + (a_z b_x - a_x b_z)\hat{e}_y + (a_x b_y - a_y b_x)\hat{e}_z$

(3) $\boldsymbol{\nabla}\cdot(\hat{e}_z\times\vec{a}) = -\hat{e}_z\cdot\boldsymbol{\nabla}\times\vec{a}$

(4) $\boldsymbol{\nabla}(\hat{e}_z\cdot\vec{a}) = \hat{e}_z\times(\boldsymbol{\nabla}\times\vec{a}) + \dfrac{\partial\vec{a}}{\partial z}$

(5) $\boldsymbol{\nabla}\times(\hat{e}_z\times\vec{a}) = \hat{e}_z\boldsymbol{\nabla}\cdot\vec{a} - \dfrac{\partial\vec{a}}{\partial z}$

(6) $\boldsymbol{\nabla}\times(f\hat{e}_z) = \boldsymbol{\nabla}f\times\hat{e}_z$

(7) $\boldsymbol{\nabla}^2(\hat{e}_z\times\vec{a}) = \hat{e}_z\times\boldsymbol{\nabla}^2\vec{a}$

(8) $\boldsymbol{\nabla}\boldsymbol{\nabla}\cdot(\hat{e}_z\times\vec{a}) = -\hat{e}_z\times\boldsymbol{\nabla}\times\boldsymbol{\nabla}\times\vec{a} - \boldsymbol{\nabla}\times\dfrac{\partial\vec{a}}{\partial z}$

(9) $\boldsymbol{\nabla}\times\boldsymbol{\nabla}\times(\hat{e}_z\times\vec{a}) = -\hat{e}_z\times\boldsymbol{\nabla}\boldsymbol{\nabla}\cdot\vec{a} - \boldsymbol{\nabla}\times\dfrac{\partial\vec{a}}{\partial z}$

(10) $\boldsymbol{\nabla}^2(f\hat{e}_z) = \hat{e}_z\boldsymbol{\nabla}^2 f$

(11) $\boldsymbol{\nabla}\boldsymbol{\nabla}\cdot(f\hat{e}_z) = \dfrac{\partial}{\partial z}(\boldsymbol{\nabla}f) = \boldsymbol{\nabla}\dfrac{\partial f}{\partial z}$

(12) $\boldsymbol{\nabla}\times\boldsymbol{\nabla}\times(f\hat{e}_z) = -\hat{e}_z\boldsymbol{\nabla}^2 f + \boldsymbol{\nabla}\dfrac{\partial f}{\partial z}$

(13) $\boldsymbol{\nabla}^2(\sin kz\,\vec{a}) = \sin kz(\boldsymbol{\nabla}^2\vec{a} - k^2\vec{a}) + 2k\cos kz\,\dfrac{\partial\vec{a}}{\partial z}$

(14) $\boldsymbol{\nabla}\boldsymbol{\nabla}\cdot(\sin kz\,\vec{a}) = \sin kz(\boldsymbol{\nabla}\boldsymbol{\nabla}\cdot\vec{a} - k^2 a_z) + k\cos kz(\hat{e}_z\boldsymbol{\nabla}\cdot\vec{a} + \boldsymbol{\nabla}a_z)$

(15) $\nabla \times \nabla \times (\sin kz \vec{a}) = \sin kz (\nabla \times \nabla \times \vec{a} + k^2 \vec{a}_t)$
$$+ k\cos kz \left(\hat{e}_z \nabla \cdot \vec{a} - \frac{\partial \vec{a}}{\partial z} + \hat{e}_z \times \nabla \times \vec{a} \right)$$

式中,$\vec{a}_t$ 为与 $\hat{e}_z$ 垂直的横向矢量。

(B) 圆柱坐标系中的矢量公式

(1) $\vec{a} \cdot \vec{b} = a_\rho b_\rho + a_\phi b_\phi + a_z b_z$

(2) $\vec{a} \times \vec{b} = (a_\phi b_z - a_z b_\phi) \hat{e}_\rho + (a_z b_\rho - a_\rho b_z) \hat{e}_\phi + (a_\rho b_\phi - a_\phi b_\rho) \hat{e}_z$

(3) $\hat{e}_\rho \times \hat{e}_\phi = \hat{e}_z \quad \hat{e}_\phi \times \hat{e}_z = \hat{e}_\rho \quad \hat{e}_z \times \hat{e}_\rho = \hat{e}_\phi$

(4) $\dfrac{\partial \vec{a}}{\partial \rho} = \dfrac{\partial a_\rho}{\partial \rho} \hat{e}_\rho + \dfrac{\partial a_\phi}{\partial \rho} \hat{e}_\phi + \dfrac{\partial a_z}{\partial \rho} \hat{e}_z$

(5) $\dfrac{\partial \vec{a}}{\partial \phi} = (\hat{e}_z \times \vec{a}) + \dfrac{\partial a_\rho}{\partial \phi} \hat{e}_\rho + \dfrac{\partial a_\phi}{\partial \phi} \hat{e}_\phi + \dfrac{\partial a_z}{\partial \phi} \hat{e}_z$

(6) $\dfrac{\partial \vec{a}}{\partial z} = \dfrac{\partial a_\rho}{\partial z} \hat{e}_\rho + \dfrac{\partial a_\phi}{\partial z} \hat{e}_\phi + \dfrac{\partial a_z}{\partial z} \hat{e}_z$

(7) $\dfrac{\partial \hat{e}_\rho}{\partial \phi} = \hat{e}_\phi \quad \dfrac{\partial \hat{e}_\phi}{\partial \phi} = -\hat{e}_\rho \quad \dfrac{\partial \hat{e}_\rho}{\partial \rho} = \dfrac{\partial \hat{e}_\rho}{\partial z} = \dfrac{\partial \hat{e}_\phi}{\partial \rho} = \dfrac{\partial \hat{e}_\phi}{\partial z} = \dfrac{\partial \hat{e}_z}{\partial \rho} = \dfrac{\partial \hat{e}_z}{\partial \phi} = \dfrac{\partial \hat{e}_z}{\partial z} = 0$

(8) $\nabla \cdot \hat{e}_\rho = \dfrac{1}{\rho} \quad \nabla \cdot \hat{e}_\phi = \nabla \cdot \hat{e}_z = 0$

(9) $\nabla \times \hat{e}_\phi = \dfrac{1}{\rho} \hat{e}_z \quad \nabla \times \hat{e}_\rho = \nabla \times \hat{e}_z = 0$

(10) $\nabla \cdot (\hat{e}_\rho \times \vec{a}) = -\hat{e}_\rho \cdot \nabla \times \vec{a}$

(11) $\nabla \cdot (\hat{e}_\phi \times \vec{a}) = \dfrac{a_z}{\rho} - \hat{e}_\phi \cdot \nabla \times \vec{a}$

(12) $\nabla \cdot (\hat{e}_z \times \vec{a}) = -\hat{e}_z \cdot \nabla \times \vec{a}$

(13) $\nabla \cdot (\hat{e}_\rho \times \vec{a}) = \hat{e}_\rho \nabla \cdot \vec{a} - \dfrac{\partial \vec{a}}{\partial \rho} - \dfrac{1}{\rho}(a_\rho \hat{e}_\rho + a_z \hat{e}_z)$

(14) $\nabla \times (\hat{e}_\phi \times \vec{a}) = -\hat{e}_\rho \dfrac{a_\phi}{\rho} + \hat{e}_\phi \nabla \cdot \vec{a} - \dfrac{1}{\rho} \dfrac{\partial \vec{a}}{\partial \phi}$

(15) $\nabla \times (\hat{e}_z \times \vec{a}) = \hat{e}_z \nabla \cdot \vec{a} - \dfrac{\partial \vec{a}}{\partial z}$

(C) 球坐标系中的矢量公式

(1) $\vec{a} \cdot \vec{b} = a_r b_r + a_\theta a_\theta + a_\phi b_\phi$

(2) $\vec{a} \times \vec{b} = (a_\theta b_\phi - a_\phi b_\theta) \hat{e}_r + (a_\phi b_r - a_r b_\phi) \hat{e}_\theta + (a_r b_\theta - a_\theta b_r) \hat{e}_\phi$

(3) $\hat{e}_r \times \hat{e}_\theta = \hat{e}_\phi \quad \hat{e}_\theta \times \hat{e}_\phi = \hat{e}_r \quad \hat{e}_\phi \times \hat{e}_r = \hat{e}_\theta$

(4) $\dfrac{\partial \vec{a}}{\partial r} = \dfrac{\partial a_r}{\partial r} \hat{e}_r + \dfrac{\partial a_\theta}{\partial r} \hat{e}_\theta + \dfrac{\partial a_\phi}{\partial r} \hat{e}_\phi$

(5) $\dfrac{\partial \vec{a}}{\partial \theta} = (\hat{e}_\phi \times \vec{a}) + \dfrac{\partial a_r}{\partial \theta}\hat{e}_r + \dfrac{\partial a_\theta}{\partial \theta}\hat{e}_\theta + \dfrac{\partial a_\phi}{\partial \theta}\hat{e}_\phi$

(6) $\dfrac{\partial \vec{a}}{\partial \phi} = \dfrac{\partial a_r}{\partial \phi}\hat{e}_r + \dfrac{\partial a_\theta}{\partial \phi}\hat{e}_\theta + \dfrac{\partial a_\phi}{\partial \phi}\hat{e}_\phi + (\hat{e}_z \times \vec{a})$

(7) $\dfrac{\partial \hat{e}_r}{\partial \phi} = \sin\theta \hat{e}_\phi \quad \dfrac{\partial \hat{e}_r}{\partial \theta} = \hat{e}_\theta \quad \dfrac{\partial \hat{e}_\theta}{\partial \theta} = -\hat{e}_r$

(8) $\dfrac{\partial \hat{e}_\theta}{\partial \phi} = \cos\theta \hat{e}_\phi \quad \dfrac{\partial \hat{e}_\phi}{\partial \phi} = -\hat{e}_r \sin\theta - \hat{e}_\theta \cos\theta$

(9) $\dfrac{\partial \hat{e}_r}{\partial r} = \dfrac{\partial \hat{e}_\theta}{\partial r} = \dfrac{\partial \hat{e}_\phi}{\partial r} = \dfrac{\partial \hat{e}_\phi}{\partial \theta} = 0$

(10) $\nabla \cdot \hat{e}_r = \dfrac{2}{r} \quad \nabla \cdot \hat{e}_\theta = 0 \quad \nabla \cdot \hat{e}_\phi = \dfrac{1}{r\tan\theta}$

(11) $\nabla \times \hat{e}_r = 0 \quad \nabla \times \hat{e}_\theta = \dfrac{\hat{e}_\phi}{r} \quad \nabla \times \hat{e}_\phi = \dfrac{\hat{e}_r}{r\tan\theta} - \dfrac{\hat{e}_\theta}{r}$

(12) $\nabla \cdot (\hat{e}_r \times \vec{a}) = -\hat{e}_r \cdot \nabla \times \vec{a} + \nabla \cdot (\hat{e}_\phi \times \vec{a}) = \dfrac{a_r}{r\tan\theta} - \dfrac{a_\theta}{r} - \hat{e}_\phi \cdot \nabla \times \vec{a}$

$\nabla \cdot (\hat{e}_\theta \times \vec{a}) = \dfrac{a_\phi}{r} - \hat{e}_\theta \cdot \nabla \times \vec{a}$

(13) $\nabla \times (\hat{e}_r \times \vec{a}) = \hat{e}_r \nabla \cdot \vec{a} - \dfrac{\vec{a}}{r} - \dfrac{\vec{a}_r}{r} - \dfrac{\partial \vec{a}}{\partial r}$

(14) $\nabla \times (\hat{e}_\theta \times \vec{a}) = \hat{e}_\theta \nabla \cdot \vec{a} - \dfrac{\vec{a}_m}{r\tan\theta} - \dfrac{a_\theta}{r}\hat{e}_r - \dfrac{1}{r}\dfrac{\partial \vec{a}}{\partial \theta}$ （式中,$\vec{a}_m = a_r\hat{e}_r + a_\theta\hat{e}_\theta$）

(15) $\nabla \times (\hat{e}_\phi \times \vec{a}) = \hat{e}_\phi \nabla \cdot \vec{a} - \dfrac{a_\phi}{r}\hat{e}_r - \dfrac{a_\phi}{r\tan\theta}\hat{e}_\theta - \dfrac{1}{r\sin\theta}\dfrac{\partial \vec{a}}{\partial \phi} = -\dfrac{1}{r\sin\theta}\dfrac{\partial a_r}{\partial \phi}\hat{e}_r$

$-\dfrac{1}{r\sin\theta}\dfrac{\partial a_\theta}{\partial \phi}\hat{e}_\theta + \left(\dfrac{\partial a_r}{\partial r} + \dfrac{a_r}{r} + \dfrac{1}{r}\dfrac{\partial a_\theta}{\partial \theta}\right)\hat{e}_\phi$

4. 场点与源点间距离的微分公式

设 $(x'\ y'\ z')$ 为源点坐标，$(x\ y\ z)$ 为场点坐标，则源点到场点的矢径为

$$\vec{R} = (\vec{r} - \vec{r}') = [(x-x')^2 + (y-y')^2 + (z-z')^2]^{\frac{1}{2}}\hat{e}_R$$

其中

$$\hat{e}_R = \dfrac{\vec{R}}{R} = \dfrac{x-x'}{R}\hat{e}_x + \dfrac{y-y'}{R}\hat{e}_y + \dfrac{z-z'}{R}\hat{e}_z$$

(1) $\dfrac{\partial R}{\partial x} = \dfrac{x-x'}{R} = -\dfrac{\partial R}{\partial x'} \quad \dfrac{\partial R}{\partial y} = \dfrac{y-y'}{R} = -\dfrac{\partial R}{\partial y'} \quad \dfrac{\partial R}{\partial z} = \dfrac{z-z'}{R} = -\dfrac{\partial R}{\partial z'}$

(2) $\nabla R = \hat{e}_R$

(3) $\nabla f(R) = f'(R)\hat{e}_R = -\nabla' f(R)$

其中

$$\nabla' = \frac{\partial}{\partial x'}\hat{e}_x + \frac{\partial}{\partial y'}\hat{e}_y + \frac{\partial}{\partial z'}\hat{e}_z$$

式中，f' 表示对总量的导数，下同。

(4) $\nabla R^n = nR^{n-1}\hat{e}_R$

(5) $\nabla \cdot [f(R)\hat{e}_R] = \frac{2}{R}f(R) + f'(R) = -\nabla' \cdot [f(R)\hat{e}_R]$

(6) $\nabla \cdot (R^n \hat{e}_R) = (n+2)R^{n-1}$

(7) $\nabla \cdot \hat{e}_R = \frac{2}{R}$

(8) $\nabla \times [f(R)\hat{e}_R] = 0$

(9) $\nabla^2 f(R) = \frac{2}{R}f'(R) + f''(R) = \nabla'^2 f(R)$

(10) $\nabla^2 R^n = n(n+1)R^{n-2}$

(11) $\nabla^2 \left(\frac{1}{R}\right) = -4\pi\delta(R)$

(12) $\nabla f\left(t - \frac{R}{c}\right) = -\frac{f'\left(t - \frac{R}{c}\right)}{cR}\hat{e}_R = -\nabla' f\left(t - \frac{R}{c}\right)$

(13) $\nabla \frac{f\left(t - \frac{R}{c}\right)}{R} = \left[-\frac{f'\left(t - \frac{R}{c}\right)}{cR} + \frac{f\left(t - \frac{R}{c}\right)}{R^2}\right]\hat{e}_R = -\nabla' \frac{f\left(t - \frac{R}{c}\right)}{R}$

(14) $\nabla \cdot \vec{J}\left(t - \frac{R}{c}\right) = -\frac{1}{c}\hat{e}_R \cdot \vec{J}'\left(t - \frac{R}{c}\right)$ （其中 $\vec{J}' = J_x'\hat{e}_x + J_y'\hat{e}_y + J_z'\hat{e}_z$）

(15) $\nabla \cdot \frac{\vec{J}\left(t - \frac{R}{c}\right)}{R} = -\left[\frac{\vec{J}\left(t - \frac{R}{c}\right)}{R^2} + \frac{\vec{J}'\left(t - \frac{R}{c}\right)}{cR}\right] \cdot \hat{e}_R$

(16) $\nabla \times \vec{J}\left(t - \frac{R}{c}\right) = -\frac{1}{c}\hat{e}_R \times \vec{J}'\left(t - \frac{R}{c}\right)$

(17) $\nabla \times \frac{\vec{J}\left(t - \frac{R}{c}\right)}{R} = -\frac{1}{R^2}\hat{e}_R \times \vec{J}\left(t - \frac{R}{c}\right) - \frac{1}{cR}\hat{e}_R \times \vec{J}'\left(t - \frac{R}{c}\right)$

(18) $\nabla^2 f\left(t - \frac{R}{c}\right) = -\frac{2}{cR}f'\left(t - \frac{R}{c}\right) + \frac{f''\left(t - \frac{R}{c}\right)}{c^2}$

(19) $\nabla^2 \vec{J}\left(t - \frac{R}{c}\right) = -\frac{2}{cR}\vec{J}'\left(t - \frac{R}{c}\right) + \frac{1}{c^2}\vec{J}''\left(t - \frac{R}{c}\right)$

(20) $\nabla^2 \frac{\vec{J}\left(t - \frac{R}{c}\right)}{R} = \frac{\vec{J}''\left(t - \frac{R}{c}\right)}{c^2 R}$

(21) $\nabla \dfrac{e^{-jkR}}{R} = -\left(\dfrac{1}{R}+jk\right)\dfrac{e^{-jkR}}{R}\hat{e}_R$

(22) $\nabla \cdot \left(\dfrac{e^{-jkR}}{R}\hat{e}_R\right) = \left(\dfrac{1}{R}-jk\right)\dfrac{e^{-jkR}}{R}$

5. 二次微分算子

二次微分算子如附表 4.1～附表 4.3 所示。

附表 4.1　算子 ∇^2

坐标系	表达式
直角坐标系	$\nabla^2\psi = \dfrac{\partial^2\psi}{\partial x^2} + \dfrac{\partial^2\psi}{\partial y^2} + \dfrac{\partial^2\psi}{\partial z^2}$ $\nabla^2\vec{a} = \nabla^2 a_x \hat{e}_x + \nabla^2 a_y \hat{e}_y + \nabla^2 a_z \hat{e}_z$
圆柱坐标系	$\nabla^2\psi = \dfrac{1}{\rho}\dfrac{\partial}{\partial\rho}\left(\rho\dfrac{\partial\psi}{\partial\rho}\right) + \dfrac{1}{\rho^2}\dfrac{\partial^2\psi}{\partial\phi^2} + \dfrac{\partial^2\psi}{\partial z^2}$ $= \dfrac{\partial^2\psi}{\partial\rho^2} + \dfrac{1}{\rho}\dfrac{\partial\psi}{\partial\rho} + \dfrac{1}{\rho^2}\dfrac{\partial^2\psi}{\partial\phi^2} + \dfrac{\partial^2\psi}{\partial z^2}$ $\nabla^2\vec{a} = \left(\nabla^2 a_\rho - \dfrac{a_\rho}{\rho^2} - \dfrac{2}{\rho^2}\dfrac{\partial a_\phi}{\partial\phi}\right)\hat{e}_\rho$ $+ \left(\nabla^2 a_\phi - \dfrac{a_\phi}{\rho^2} + \dfrac{2}{\rho^2}\dfrac{\partial a_\rho}{\partial\phi}\right)\hat{e}_\phi + (\nabla^2 a_z)\hat{e}_z$
球坐标系	$\nabla^2\psi = \dfrac{1}{r^2}\dfrac{\partial}{\partial r}\left(r^2\dfrac{\partial\psi}{\partial r}\right) + \dfrac{1}{r^2\sin\theta}\dfrac{\partial}{\partial\theta}\left(\sin\theta\dfrac{\partial\psi}{\partial\theta}\right)$ $+ \dfrac{1}{r^2\sin^2\theta}\dfrac{\partial^2\psi}{\partial\phi^2} = \dfrac{\partial^2\psi}{\partial r^2} + \dfrac{2}{r}\dfrac{\partial\psi}{\partial r} + \dfrac{1}{r^2}\dfrac{\partial^2\psi}{\partial\theta^2}$ $+ \dfrac{1}{r^2\tan\theta}\dfrac{\partial\psi}{\partial\theta} + \dfrac{1}{r^2\sin^2\theta}\dfrac{\partial^2\psi}{\partial\phi^2}$ $\nabla^2\vec{a} = \left(\nabla^2 a_r - \dfrac{2a_r}{r^2} - \dfrac{2\cot\theta}{r^2}a_\theta - \dfrac{2}{r^2}\dfrac{\partial a_\theta}{\partial\theta} - \dfrac{2}{r^2\sin\theta}\dfrac{\partial a_\phi}{\partial\phi}\right)\hat{e}_r$ $+ \left(\nabla^2 a_\theta + \dfrac{2}{r^2}\dfrac{\partial a_r}{\partial\theta} - \dfrac{a_\theta}{r^2\sin^2\theta} - \dfrac{2\cos\theta}{r^2\sin^2\theta}\dfrac{\partial a_\phi}{\partial\phi}\right)\hat{e}_\theta$ $+ \left(\nabla^2 a_\phi + \dfrac{2}{r^2\sin\theta}\dfrac{\partial a_r}{\partial\phi} - \dfrac{1}{r^2\sin^2\theta}a_\phi + \dfrac{2\cos\theta}{r^2\sin^2\theta}\dfrac{\partial a_\theta}{\partial\phi}\right)\hat{e}_\phi$

附表 4.2　算子

坐标系	表达式
直角坐标系	$\nabla\nabla\cdot\vec{a} = \left(\dfrac{\partial^2 a_x}{\partial x^2} + \dfrac{\partial^2 a_y}{\partial x\partial y} + \dfrac{\partial^2 a_z}{\partial x\partial z}\right)\hat{e}_x + \left(\dfrac{\partial^2 a_x}{\partial x\partial y} + \dfrac{\partial^2 a_y}{\partial y^2} + \dfrac{\partial^2 a_z}{\partial y\partial z}\right)\hat{e}_y$ $+ \left(\dfrac{\partial^2 a_x}{\partial x\partial z} + \dfrac{\partial^2 a_y}{\partial y\partial z} + \dfrac{\partial^2 a_z}{\partial z^2}\right)\hat{e}_z$

续表

坐标系	表达式
圆柱坐标系	$\nabla\nabla \cdot \vec{a} = \left(\dfrac{\partial^2 a_\rho}{\partial \rho^2} + \dfrac{\partial^2 a_z}{\partial \rho \partial z} + \dfrac{1}{\rho}\dfrac{\partial^2 a_\phi}{\partial \rho \partial \phi} + \dfrac{1}{\rho}\dfrac{\partial a_\rho}{\partial \rho} - \dfrac{1}{\rho^2}\dfrac{\partial a_\phi}{\partial \phi} - \dfrac{a_\rho}{\rho^2}\right)\vec{e}_\rho$ $+ \left(\dfrac{1}{\rho}\dfrac{\partial^2 a_z}{\partial \phi \partial z} + \dfrac{1}{\rho^2}\dfrac{\partial^2 a_\phi}{\partial \phi^2} + \dfrac{1}{\rho}\dfrac{\partial^2 a_\phi}{\partial \rho \partial \phi} + \dfrac{1}{\rho^2}\dfrac{\partial a_\rho}{\partial \phi}\right)\vec{e}_\phi$ $+ \left(\dfrac{\partial^2 a_z}{\partial z^2} + \dfrac{1}{\rho}\dfrac{\partial^2 a_\phi}{\partial \phi \partial z} + \dfrac{\partial^2 a_\rho}{\partial \rho \partial z} + \dfrac{1}{\rho}\dfrac{\partial a_\rho}{\partial z}\right)\vec{e}_z$
球坐标系	$\nabla\nabla \cdot \vec{a} = -\dfrac{1}{r^2}\dfrac{\partial a_\theta}{\partial \theta}\left(\dfrac{\partial^2 a_r}{\partial r^2} + \dfrac{2}{r}\dfrac{\partial a_r}{\partial r} - \dfrac{2a_r}{r^2} - \dfrac{a_\theta}{r^2\tan\theta} + \dfrac{1}{r^2\tan\theta}\dfrac{\partial a_\theta}{\partial r} + \dfrac{1}{r}\dfrac{\partial^2 a_\theta}{\partial r \partial \theta}\right.$ $\left. - \dfrac{1}{r^2}\dfrac{\partial a_\theta}{\partial \theta} + \dfrac{1}{r\sin\theta}\dfrac{\partial^2 a_\phi}{\partial \phi \partial r} - \dfrac{1}{r^2\sin\theta}\dfrac{\partial a_\phi}{\partial \phi}\right)\vec{e}_r + \left(\dfrac{1}{r}\dfrac{\partial^2 a_r}{\partial r \partial \theta} + \dfrac{2}{r^2}\dfrac{\partial a_r}{\partial \theta} - \dfrac{a_\theta}{r^2\sin^2\theta}\right.$ $\left. + \dfrac{1}{r^2\tan\theta}\dfrac{\partial a_\theta}{\partial \theta} + \dfrac{1}{r}\dfrac{\partial^2 a_\theta}{\partial \theta^2} + \dfrac{1}{r^2\sin\theta}\dfrac{\partial^2 a_\phi}{\partial \phi \partial \theta} - \dfrac{\cos\theta}{r^2\sin^2\theta}\dfrac{\partial a_\phi}{\partial \phi}\right)\vec{e}_\theta$ $+ \left(\dfrac{1}{r\sin\theta}\dfrac{\partial^2 a_r}{\partial r \partial \phi} + \dfrac{2}{r^2\sin\theta}\dfrac{\partial a_r}{\partial \phi} + \dfrac{\cos\theta}{r^2\sin^2\theta}\dfrac{\partial a_\theta}{\partial \phi} + \dfrac{1}{r^2\sin\theta}\dfrac{\partial^2 a_\theta}{\partial \phi \partial \theta} + \dfrac{1}{r^2\sin^2\theta}\dfrac{\partial^2 a_\phi}{\partial \phi^2}\right)\vec{e}_\phi$

附表 4.3 算子 $\nabla \times \nabla \times$

坐标系	表达式
直角坐标系	$\nabla \times \nabla \times \vec{a} = \left(-\dfrac{\partial^2 a_x}{\partial y^2} - \dfrac{\partial^2 a_x}{\partial z^2} + \dfrac{\partial^2 a_y}{\partial x \partial y} + \dfrac{\partial^2 a_z}{\partial x \partial z}\right)\vec{e}_x + \left(-\dfrac{\partial^2 a_y}{\partial x^2} - \dfrac{\partial^2 a_y}{\partial z^2} + \dfrac{\partial^2 a_x}{\partial x \partial y} + \dfrac{\partial^2 a_z}{\partial y \partial z}\right)\vec{e}_y$ $+ \left(-\dfrac{\partial^2 a_z}{\partial x^2} - \dfrac{\partial^2 a_x}{\partial y^2} + \dfrac{\partial^2 a_x}{\partial x \partial z} + \dfrac{\partial^2 a_y}{\partial y \partial z}\right)\vec{e}_z$
圆柱坐标系	$\nabla \times \nabla \times \vec{a} = \left(-\dfrac{1}{\rho^2}\dfrac{\partial^2 a_\rho}{\partial \phi^2} - \dfrac{\partial^2 a_\rho}{\partial z^2} + \dfrac{\partial^2 a_z}{\partial \rho \partial z} + \dfrac{1}{\rho}\dfrac{\partial^2 a_\phi}{\partial \rho \partial \phi} + \dfrac{1}{\rho^2}\dfrac{\partial a_\phi}{\partial \phi}\right)\vec{e}_\rho$ $+ \left(-\dfrac{\partial^2 a_\phi}{\partial z^2} + \dfrac{1}{\rho}\dfrac{\partial^2 a_z}{\partial \phi \partial z} - \dfrac{\partial^2 a_\phi}{\partial \rho^2} - \dfrac{1}{\rho}\dfrac{\partial a_\phi}{\partial \rho} + \dfrac{a_\phi}{\rho^2} - \dfrac{1}{\rho^2}\dfrac{\partial a_\rho}{\partial \phi} + \dfrac{1}{\rho}\dfrac{\partial^2 a_\rho}{\partial \rho \partial \phi}\right)\vec{e}_\phi$ $+ \left(-\dfrac{\partial^2 a_z}{\partial \rho^2} + \dfrac{1}{\rho^2}\dfrac{\partial^2 a_z}{\partial \phi^2} + \dfrac{\partial^2 a_\rho}{\partial \rho \partial z} + \dfrac{1}{\rho}\dfrac{\partial^2 a_\phi}{\partial \phi \partial z} + \dfrac{1}{\rho}\dfrac{\partial a_\rho}{\partial z} - \dfrac{1}{\rho}\dfrac{\partial a_z}{\partial \rho}\right)\vec{e}_z$
球坐标系	$\nabla \times \nabla \times \vec{a} = \left(\dfrac{1}{r}\dfrac{\partial^2 a_\theta}{\partial r \partial \theta} + \dfrac{1}{r^2}\dfrac{\partial a_\theta}{\partial \theta} - \dfrac{1}{r^2}\dfrac{\partial^2 a_r}{\partial \theta^2} + \dfrac{1}{r\tan\theta}\dfrac{\partial a_\theta}{\partial r} + \dfrac{1}{r\tan\theta}\dfrac{a_\theta}{r} - \dfrac{1}{r^2\tan\theta}\dfrac{\partial a_r}{\partial \theta} - \dfrac{1}{r^2\sin^2\theta}\dfrac{\partial^2 a_r}{\partial \phi^2}\right.$ $\left. + \dfrac{1}{r\sin\theta}\dfrac{\partial^2 a_\phi}{\partial r \partial \phi} + \dfrac{1}{r^2\sin\theta}\dfrac{\partial a_\phi}{\partial \phi}\right)\vec{e}_r + \left(\dfrac{1}{r\sin^2\theta}\dfrac{\partial^2 a_\phi}{\partial \theta \partial \phi} + \dfrac{\cos\theta}{r\sin^2\theta}\dfrac{\partial a_\phi}{\partial \phi} - \dfrac{1}{r^2\sin^2\theta}\dfrac{\partial^2 a_\theta}{\partial \phi^2} - \dfrac{2}{r}\dfrac{\partial a_\theta}{\partial r}\right.$ $\left. + \dfrac{1}{r}\dfrac{\partial^2 a_r}{\partial r \partial \theta} - \dfrac{\partial^2 a_\theta}{\partial r^2}\right)\vec{e}_\theta + \left(\dfrac{1}{r\sin\theta}\dfrac{\partial^2 a_r}{\partial \phi \partial r} - \dfrac{2}{r}\dfrac{\partial a_\phi}{\partial r} - \dfrac{1}{r^2}\dfrac{\partial^2 a_\phi}{\partial \theta^2} - \dfrac{\partial^2 a_\phi}{\partial r^2}\right.$ $\left. - \dfrac{1}{r^2\tan\theta}\dfrac{\partial a_\phi}{\partial \theta} + \dfrac{a_\phi}{r^2\sin^2\theta} + \dfrac{1}{r^2\sin^2\theta}\dfrac{\partial^2 a_\theta}{\partial \theta \partial \phi} - \dfrac{\cos\theta}{r^2\sin^2\theta}\dfrac{\partial a_\theta}{\partial \phi}\right)\vec{e}_\phi$

附录 5　Helmholtz 定理

设 $\vec{F}$ 为在曲面 S 围成的空间 V 内任一有界连续矢量函数，则
$$\vec{F} = -\nabla\varphi + \nabla\times\vec{A}$$
其中
$$\varphi(x,y,z) = \frac{1}{4\pi}\int_V \frac{\nabla'\cdot\vec{F}(x',y',z')}{R}\mathrm{d}V' - \frac{1}{4\pi}\oint_S \frac{\vec{F}(x',y',z')\cdot\hat{n}}{R}\mathrm{d}S'$$

$$\vec{A}(x,y,z) = \frac{1}{4\pi}\int_V \frac{\nabla'\times\vec{F}(x',y',z')}{R}\mathrm{d}V' + \frac{1}{4\pi}\oint_S \frac{\vec{F}(x',y',z')\times\hat{n}}{R}\mathrm{d}S'$$

$$R = [(x-x')^2 + (y-y')^2 + (z-z')^2]^{\frac{1}{2}}$$

式中，∇' 是对源点坐标 (x',y',z') 取微分。

若 $\vec{F}$ 在无源远处以足够的速度减弱至零，式中面积分项为零。

几种特殊情况的亥姆霍兹定理如下：

$\nabla\cdot\vec{F}\|_V=0$	$\hat{n}\cdot\vec{F}\|_S=0$	$\vec{F}=\nabla\times\vec{A}$
$\nabla\times\vec{F}\|_V=0$	$\hat{n}\times\vec{F}\|_S=0$	$\vec{F}=-\nabla\varphi$
$\nabla\cdot\vec{F}\|_V=0$	$\hat{n}\cdot\vec{F}\|_S\neq 0$	$\vec{F}=-\nabla\varphi+\nabla\times\vec{A}$
$\nabla\times\vec{F}\|_V=0$	$\hat{n}\times\vec{F}\|_S\neq 0$	$\vec{F}=-\nabla\varphi+\nabla\times\vec{A}$